UNDERSTANDING ECMASCRIPT 6

THE DEFINITIVE GUIDE FOR JAVASCRIPT DEVELOPERS

深入理解ES6

[美] NICHOLAS C. ZAKAS 著

刘振涛 译

贺师俊 张克军 李松峰 审校

電子工業出版社

Publishing House of Electronics Industry

北京•BEIJING

内容简介

ES6是ECMAScript标准十余年来变动最大的一个版本，其中添加了许多新的语法特性，既有大家耳熟能详的Promise，也有闻所未闻的Proxy代理和Reflection反射；既有可以通过转译器（Transpiler）等方式在旧版本浏览器中实现兼容的 let、const、不定参数、展开运算符等功能，亦有无论如何都无法实现向前兼容的尾调用优化。深入理解ES6的特性对于所有JavaScript开发者而言至关重要，在可预见的未来，ES6中引入的语言特性会成为JavaScript应用程序的主流特性，这也是本书的初衷。希望你通过阅读本书可以了解ES6的新特性，并在需要时能够随时使用。

图书在版编目（CIP）数据

深入理解ES6 /（美）尼古拉斯·泽卡斯（Nicholas C. Zakas）著；刘振涛译. —北京：电子工业出版社，2017.7
书名原文: Understanding ECMAScript 6
ISBN 978-7-121-31798-9

Ⅰ. ①深… Ⅱ. ①尼… ②刘… Ⅲ. ①JAVA语言—程序设计 Ⅳ. ①TP312

中国版本图书馆CIP数据核字（2017）第129960号

策划编辑：张春雨
责任编辑：徐津平
印　　刷：北京天宇星印刷厂
装　　订：北京天宇星印刷厂
出版发行：电子工业出版社
　　　　　北京市海淀区万寿路173信箱　　邮编：100036
开　　本：787×980　1/16　印张：24.75　字数：474千字
版　　次：2017年7月第1版
印　　次：2022年8月第17次印刷
定　　价：99.00元

凡所购买电子工业出版社图书有缺损问题，请向购买书店调换。若书店售缺，请与本社发行部联系，联系及邮购电话：（010）88254888，88258888。
质量投诉请发邮件至zlts@phei.com.cn，盗版侵权举报请发邮件至dbqq@phei.com.cn。
本书咨询联系方式：010-51260888-819　faq@phei.com.cn。

译者序

十年前谁也无法料到，彼时只能写小动画的玩具语言 JavaScript 竟会有如今之威力，这愈发显现出 Atwood 定律“凡是能用 JavaScript 写出来的应用，最终都会用 JavaScript 来写”的正确性。追本溯源，这与 ECMAScript 的发展功不可没。

然而，ECMAScript 的发展并非一帆风顺。

1999 年末，ECMA-262 第 3 版[1]正式定稿，在之后的五六年中，几乎看不到标准的任何新进展。直到 2005 年左右，随着 Google 在多个重交互的应用中普及 Ajax，开发者们逐渐接受这项新技术并逐步恢复对 JavaScript 的关注。于是，JavaScript 创始人 Brendan Eich 紧锣密鼓地筹划 ECMAScript 4 标准，直到 2007 年，耗时两年的 ECMAScript 4 标准扩充工作在 Jeff Dyer 看来已经达到 ECMAScript 3 的两倍[2]，Brendan 遂撰文[3] 进一步澄清与解释。

Douglas Crockford 认为这是一种过度复杂的税负[4]，并联合微软起草 ECMAScript 3.1 提案，同时，微软也在 TC-39 会议中正式反对 ES4 中的部分标准。冲突过后，占据舆论优势的 ECMAScript 3.1 于 2009 年作为 ES5 正式发布[5]。

ECMAScript 4 并未就此消亡。委员会全体成员将 ECMAScript 3.1 与 ECMAScript 4 中的精华保留，作为 ECMAScript Harmony（取和谐之意），它转而成为委员会的下一个目标 ECMAScript 6，并于 2015 年 6 月正式定稿，最终被命名为 ECMAScript 2015。委员会一改往日冗长的议程，约定每年必出一版，通常以当年年份命名。截至此书翻译完毕，ECMAScript 2016 也于 2016 年 6 月正式定稿[6]，最新标准尚在进程中[7]。

《Understanding ECMAScript 6》一书是作者 Nicholas C. Zakas 在 GitHub 开

源社区[8]撰写而成。作为标准的转述者，存在部分理解误区合情合理，本译作基于 No Starch Press 出版社于 2016 年 8 月出版的首印版，适当参考 GitHub 中的讨论集结而成。

在本书翻译结束之际，感慨万千。首先感谢裕波，是他的引荐让我有机会翻译本书。特别感谢李松峰老师、Hax 老师与克军老师的不吝赐教，帮助我审校翻译内容。还要感谢博文视点的侠少（张春雨编辑），他高标准、严要求的专业态度时刻鞭策我前行。

感谢就职于腾讯的时光，带我入行的导师张坤、为我解答所有疑惑的 Leader 陈恕胜、共同学习成长的兄弟陈炜鑫及其他伙伴，你们一丝不苟的态度不断磨练我的心性。

最后，特别要感谢我的母亲杨虹女士，每当我不堪于兼顾工作与翻译的时候，总是您的鼓励点亮我前进的道路。

在本书的翻译过程中我力求还原作者本意，但限于时间与水平，翻译不当之处在所难免，还敬请各位读者不吝赐教，我也会及时与出版社同步以备再版时进行修正，或以勘误的形式公布。如您有任何想法与建议，欢迎写信至我的邮箱：*lenville@gmail.com*。

[1] https://www.ecma-international.org/publications/files/ECMA-ST-ARCH/ECMA-262, 3rd edition, December 1999.pdf

[2] https://mail.mozilla.org/pipermail/es-discuss/2007-October/001442.html

[3] https://brendaneich.com/2007/11/es4-news-and-opinion/

[4] https://mail.mozilla.org/pipermail/es-discuss/2008-March/002529.html

[5] http://www.ecma-international.org/publications/files/ECMA-ST-ARCH/ECMA-262 5th edition December 2009.pdf

[6] https://www.ecma-international.org/ecma-262/7.0/index.html

[7] https://tc39.github.io/ecma262/

[8] https://github.com/nzakas/understandinges6

关于作者

Nicholas C. Zakas 自 2000 年以来一直致力于 Web 应用程序的开发，重点关注前端开发，并以写作和讲述前沿最佳实践而闻名。他曾于雅虎主页任职 5 年有余，他也是多本书的作者，其中包括 *The Principles of Object-Oriented JavaScript*（No Starch Press 出版社）和 *Professional JavaScript for Web Developers*（Wrox 出版社）。

关于技术评审

Juriy Zaytsev（在网上以 kangax 著称）是纽约的一位前端网站开发人员。自 2007 年以来，他一直在探索 JavaScript 的怪异特性并撰写相关文章。Juriy 为多个开源项目做出过贡献，其中包括 Prototype.js 和其他的热门项目，如他自己的 Fabric.js。他是按需定制打印服务 printio.ru 的共同创始人，目前任职于 Facebook。

序

ECMAScript 6 如暴风雨般骤临世界，人们期待已久而它却突然出现，传播之快始料未及。每个人都与 ECMAScript 6 有着一段不同的故事，以下是我的故事。

2013 年，我还在一家创业公司工作，正在从 iOS 转向 Web 研发，之后我参加了 JavaScript 开源社区并共同创建了 Redux。当时我正在努力学习 Web 开发，而且我非常害怕，我的团队必须在短短几个月的时间内将我们的产品用 JavaScript 重构为 Web 版。

起初我认为用JavaScript编写大型软件的想法很可笑，但是一名团队成员说服了我，他说JavaScript不是一门玩具语言。我同意撇开成见试一试，于是打开MDN和StackOverflow首次深入学习JavaScript。我对这门简约的语言着了迷，我的同事还教我如何使用工具，例如代码整理工具（linter）和代码合并工具（bundler）[1]。在这几个星期里我恍然大悟，原来我如此喜欢编写JavaScript代码。

但没有一门语言是完美的，由于使用过其他语言，我非常希望 JavaScript 也可以频繁更新，但在这 10 年间，ECMAScript 5 是唯一的重大更新，它只实现了一小部分特性，完全支持浏览器需要数 10 年的时间。彼时，即将到来的代号为 Harmony 的 ECMAScript 6（ES6）规范尚未完成，遥遥无期。“也许在 10 年内我能够写一些 ECMAScript 6 代码吧。”我想。

一些实验性的“转译器（Transpiler）”，如谷歌的 Traceur，可以将代码从 ECMAScript 6 转换成 ECMAScript 5。它们大多功能非常有限，或难以插入现有

---

[1] 译者注：代码压缩工具（minifier）对于生产力和性能来说也至关重要。

的 JavaScript 构建管道。但是，随后出现的新型转译器 6to5 改变了一切。它易于安装，可以很好地集成在现有的工具中，生成的代码可读，于是其像野火般蔓延开来。6to5 现在被称作 Babel，在标准定稿前就开始为主流受众提供 ECMAScript 6 的特性。几个月以来，ECMAScript 6 无处不在。

出于各种原因，ECMAScript 6 已经把社区割裂开来。正如本书所讲，在许多主流浏览器中 ECMAScript 6 仍未完全实现。当你学习这门语言时，不得不进行的构建步骤足以使人退缩。一些库的文档和示例中有 ECMAScript 6 的代码，你可能想知道这些库是否可以在 ECMAScript 5 环境中使用。这令人感到困惑，由于这门语言之前几乎从未改变过，因此许多人对于新特性的加入并没有十分期待，而有一部分人在焦急地等待新功能的到来，并希望所有的这些新功能能放在一起使用——在某些情况下，甚至为了使用而使用，不管是否必要。

正当我对 JavaScript 的使用逐渐熟练时，我感觉再往前走很困难，我不得不学习一门新的语言。那几个月的时间里我感到很糟糕。最后在圣诞节前夕，我开始阅读本书的草稿，我简直爱不释手，在凌晨 3 点，当参加聚会的每一位成员都已熟睡，而我却理解了 ECMAScript 6！

Nicholas 是一位非常有天赋的老师。他以直截了当的方式传达深刻的细节，让你能够理解所有这些知识。除了本书之外，他也因创建 ESLint 而出名，这是一个被下载了数百万次的 JavaScript 代码分析器。

Nicholas 对 JavaScript 的了解程度很少有人能够企及，所以不要错过吸取新知识的机会。阅读本书，你将对掌握 ECMAScript 6 充满信心。

Dan Abramov

React 核心团队成员及 Redux 的创造者

鸣谢

感谢 Jennifer Griffith-Delgado、Alison Law 及 No Starch Press 的每位同仁，感谢你们对本书的支持与帮助，即使在我病重时生产力降低，你们依然保持理解与耐心，我永远难忘。

非常感谢技术编辑 Juriy Zaytsev，非常感谢 Axel Rauschmayer 博士对于本书的反馈，在几次对话中你澄清的一些概念对我非常有帮助。

感谢所有对托管在 Github 上的本书当前版本提交修订的每一位同仁：404、alexyans、Ahmad Ali、Raj Anand、Arjunkumar、Pahlevi Fikri Auliya、Mohsen Azimi、Peter Bakondy、Sarbbottam Bandyopadhyay、blacktail、Philip Borisov、Nick Bottomley、Ethan Brown、Jeremy Caney、Jake Champion、David Chang、Carlo Costantini、Aaron Dandy、Niels Dequeker、Aleksandar Djindjic、Joe Eames、Lewis Ellis、Ronen Elster、Jamund Ferguson、Steven Foote、Ross Gerbasi、Shaun Hickson、Darren Huskie、jakub-g、kavun、Navaneeth Kesavan、Dan Kielp、Roy Ling、Roman Lo、Lonniebiz、Kevin Lozandier、Josh Lubaway、Mallory、Jakub Narębski、Robin Pokorný、Kyle Pollock、Francesco Pongiluppi、Nikolas Poniros、AbdulFattah Popoola、Ben Regenspan、Adam Richeimer、robertd、Marián Rusnák、Paul Salaets、Shidhin、ShMcK、Kyle Simpson、Igor Skuhar、Yang Su、Erik Sundahl、Dmitri Suvorov、Kevin Sweeney、Prayag Verma、Rick Waldron、Kale Worsley、Juriy Zaytsev 还有 Eugene Zubarev。

此外，感谢 Casey Visco 在 Patreon 上支持本书。

前言

JavaScript 核心的语言特性是在标准 ECMA-262 中被定义的。该标准中定义的语言被称作 ECMAScript，它是 JavaScript 的子集。在浏览器与 Node.js 环境中通过附加的对象和方法可添加更多新功能，而 JavaScript 的核心依然保持 ECMAScript 的定义。总的来说，ECMA-262 标准的持续发展对于 JavaScript 的成功功不可没。ECMAScript 6 是 JavaScript 最新的重大更新，本书将为你讲解其中的改动。

ECMAScript 6 之路

2007 年，JavaScript 走向了发展中的转折点，逐渐兴起的 Ajax 开创了动态 Web 应用的新时代，而自 1999 年第三版 ECMA-262 发布以来，JavaScript 却没有丝毫改变。当时，负责推动 ECMAScript 语言发展的 TC-39 委员会将大量规范草案整合在了 ECMAScript 4 中，新增的语言特性涉足甚广，包括：模块、类、类继承、私有对象成员、可选类型注释及众多其他的特性。

然而，TC-39 组织内部对 ECMAScript 4 的动议草案产生了巨大分歧，部分成员认为不应该一次性在第四版标准中加入过多的新功能，而来自雅虎、谷歌和微软的技术负责人则共同商讨并提交了一份“ECMAScript 3.1”草案作为下一代 ECMAScript 的可选方案，此处的“3.1”意在表明只是对现有标准进行小幅的增量修改。

ECMAScript 3.1 引入的语法变化极少，这一版标准相对而言更专注于优化属性特性，支持原生 JSON，以及为已有对象增添新的方法。委员会曾经尝试融合 ECMAScript 3.1 与 ECMAScript 4，但由于对峙双方对语言未来的发展方向分歧过大，最后以失败告终。

到了 2008 年，JavaScript 创始人 Brendan Eich 宣布 TC-39 委员会将合力推进 ECMAScript 3.1 的标准化工作。他们选择将 ECMAScript 4 中提出的大部分针对语法及特性的改动暂时搁置，到下一个版本 ECMAScript 的标准化工作完成之后，委员会全体成员再努力融合 ECMAScript 3.1 和 4 中的精华，他们还给这个版本起了一个昵称——ECMAScript Harmony（取和谐之意）。

经过标准化的 ECMAScript 3.1 最终作为 ECMA-262 第五版正式发布，它同时也被称为 ECMAScript 5。委员会表示他们永不发布第四版，以避免与从未面世的“ECMAScript 4”产生命名冲突。基于 ECMAScript Harmony 的工作随后陆续展开，继承了精华的 ECMAScript 6 将成为继 ECMAScript 5 之后发布的首个新标准。

ECMAScript 6 标准的特性已于 2015 年全部完成，并被正式命名为“ECMAScript 2015”（由于开发者们对 ECMAScript 6 更为熟悉，因此本书将继续沿用此称谓）。新标准的变化俯拾即是，大到全新的对象和模式、大幅的语法改动，小到为已有对象扩充新的方法。更令人激动的是，ECMAScript 6 中点滴的变化全都致力于解决开发者实际工作中遇到的问题。

关于本书

深入理解 ECMAScript 6 的特性对于所有 JavaScript 开发人员来说至关重要，在可预见的未来，ECMAScript 6 中引入的语言特性将构成构建 JavaScript 应用程序的基础。这也是本书的初衷，笔者希望你通过阅读本书来了解 ECMAScript 6 的新特性，并在需要时随时能够予以使用。

浏览器与 Node.js 中的兼容性

开发者们正积极地为 Web 浏览器及 Node.js 这些 JavaScript 的宿主环境添加 ECMAScript 6 的新功能。本书只关注规范中定义的正确行为，不会对比每种实现间的差异。如此一来，读者所使用的 JavaScript 环境有可能与本书中描述的不一致。

本书的目标读者

本书是专门为熟悉 JavaScript 和 ECMAScript 5 的读者准备的指南，帮助大家理解 ECMAScript 5 和 6 之间的差异。对 ECMAScript 6 早已熟稔于心的读者不必继续阅读下去。本书特别适合想了解语言未来特性的 JavaScript 中高级开发者，无论你的工作环境是 Node.js 还是 Web 浏览器，本书都非常适合你。

本书不适合从未写过 JavaScript 代码的初学者，读者们需要对这门语言的基础知识有一定的理解，这样才能发挥本书的最大效用。

本书概览

本书中的每一个章节与附录都涵盖有 ECMAScript 6 的不同方面，许多章节一开始都会讨论 ECMAScript 6 中新变化的来龙去脉，以及这些改动试图解决的问题。所有章节都包含代码示例来帮助你学习新的语法及概念。

- **第 1 章　块级作用域绑定**　讨论 var 在块级作用域中的替代方案——let 和 const。
- **第 2 章　字符串和正则表达式**　详尽介绍字符串模板，以及新增的操作与检查字符串的功能。
- **第 3 章　函数**　讨论函数的多处改动，包括箭头函数（Arrow Function）、默认参数（Default Parameters）、不定参数（Rest Parameters）等。
- **第 4 章　扩展对象的功能性**　解读对象创建、修改及使用方面的改动，包括对象字面量语法的变化、新的反射方法等。
- **第 5 章　解构：使数据访问更便捷**　介绍一种通过简明的语法分解对象和数组的方法——对象和数组解构。
- **第 6 章　Symbol 和 Symbol 属性**　介绍定义属性的新途径——Symbol。Symbol 是一种新的原始类型，可用于创建外部无法直接访问的对象属性和方法。
- **第 7 章　Set 集合与 Map 集合**　详述四种新的集合类型：Set、WeakSet、Map 及 WeakMap。这些类型为数组增添了新的语义、去重机制，以及专门为 JavaScript 设计的内存管理机制，极大地扩展了数组的实用性。
- **第 8 章　迭代器（Iterator）和生成器（Generator）**　这两个全新的功能可以协助你更有效地处理集合数据，在早期版本的 JavaScript 中无法实现这样的功能。
- **第 9 章　JavaScript 中的类**　介绍 JavaScript 中首次正式加入的类概念。接触过其他语言的开发者通常会对 JavaScript 的语法感到困惑，新增的类语法使 JavaScript 变得更易上手，而且对热衷于 JavaScript 的开发者来说新的语法变得更加简洁。

- **第 10 章　改进数组的功能**　详述针对原生数组进行的改动，以及这些有趣的变化为开发者所带来的新体验。
- **第 11 章　Promise 与异步编程**　介绍语言的新成员——Promise。它是草根群体不断努力的结晶，由于各大 JavaScript 库的鼎立支持，这一功能逐渐被广大开发者所接受。ECMAScript 6 正式将 Promise 纳入标准并为其提供可用的 Polyfill。
- **第 12 章　代理（Proxy）和反射（Reflection）API**　介绍正式加入 JavaScript 的反射 API 和新的代理对象，开发者可以通过代理对象拦截每一个在对象中执行的操作，代理也赋予了开发者空前的对象控制权，同样也为定义新的交互模式带来无限可能。
- **第 13 章　用模块封装代码**　详述 JavaScript 的官方模块风格。加入这一定义旨在代替过去几年中出现过的许多非正式的模块定义风格。
- **附录 A　ECMAScript 6 中较小的改动**　涵盖了 ECMAScript 6 中实现的其他改动，它们与每一章所涉及的主题关系不大，一般很少使用这些功能。
- **附录 B　了解 ECMAScript 7（2016）**　描述了在 ECMAScript 7 中实现的三个附加功能，它们在近期的影响力不会像 ECMAScript 6 一样大。

排版约定

本书使用以下的排版约定：

等宽字体代码块表示较长的代码示例，如下所示：

```
function doSomething() {
    // empty
}
```

在代码块中，`console.log()`语句右侧的注释表示在浏览器或 Node.js 控制台中显示的代码执行结果，例如：

```
console.log("Hi");        // "Hi"
```

如果代码块中的某行代码引发错误，也会在代码的右侧指示：

```
doSomething();            // 抛出错误
```

帮助与支持

如果你在阅读本书时有任何疑问，请发送邮件至我的邮件列表，地址为*http://groups.google.com/group/zakasbooks*。

目录

1

块级作用域绑定

过去，JavaScript 的变量声明机制一直令我们感到困惑。大多数类 C 语言在声明变量的同时也会创建变量（绑定）。而在以前的 JavaScript 中，何时创建变量要看怎么声明变量。ECMAScript 6 的新语法可以帮助你更好地控制作用域。本章将讲解为什么经典的 var 声明容易让人迷惑，然后介绍 ECMAScript 6 新引入的块级作用域绑定机制及其最佳实践。

var 声明及变量提升（Hoisting）机制

在函数作用域或全局作用域中通过关键字 var 声明的变量，无论实际上是在哪里声明的，都会被当成在当前作用域顶部声明的变量，这就是我们常说的提升（Hoisting）机制。下面以一个函数为例来说明：

```
function getValue(condition) {

    if (condition) {
        var value = "blue";
```

```
        // 其他代码

        return value;
    } else {

        // 此处可访问变量 value，其值为 undefined

        return null;
    }

    // 此处可访问变量 value，其值为 undefined
}
```

如果你不熟悉 JavaScript，可能会认为只有当 `condition` 的值为 `true` 时才会创建变量 `value`。事实上，无论如何变量 `value` 都会被创建。在预编译阶段，JavaScript 引擎会将上面的 `getValue` 函数修改成下面这样：

```
function getValue(condition) {

    var value;

    if (condition) {
        value = "blue";

        // 其他代码

        return value;
    } else {

        return null;
    }
}
```

变量 `value` 的声明被提升至函数顶部，而初始化操作依旧留在原处执行，这就意味着在 `else` 子句中也可以访问到该变量，且由于此时变量尚未初始化，所以其值为 `undefined`。

刚接触 JavaScript 的开发者通常会花一些时间来习惯变量提升，有时还会因误解而导致程序中出现 bug。为此，ECMAScript 6 引入块级作用域来强化对变量生命周期的控制。

块级声明

块级声明用于声明在指定块的作用域之外无法访问的变量。块级作用域（亦被称为词法作用域）存在于：

- 函数内部
- 块中（字符{和}之间的区域）

很多类 C 语言都有块级作用域，而 ECMAScript 6 引入块级作用域就是为了让 JavaScript 更灵活也更普适。

let 声明

`let` 声明的用法与 `var` 相同。用 `let` 代替 `var` 来声明变量，就可以把变量的作用域限制在当前代码块中（稍后我们将在“临时死区（Temporal Distortion Zone）”一节中讨论另外几处细微的语法差异）。由于 `let` 声明不会被提升，因此开发者通常将 `let` 声明语句放在封闭代码块的顶部，以便整个代码块都可以访问。下面是 `let` 声明的示例：

```
function getValue(condition) {

    if (condition) {
        let value = "blue";

        // 其他代码

        return value;
    } else {

        // 变量 value 在此处不存在

        return null;
    }

    // 变量 value 在此处不存在
}
```

现在这个 getValue 函数的运行结果更像类 C 语言。变量 value 改由关键字 let 进行声明后，不再被提升至函数顶部。执行流离开 if 块，value 立刻被销毁。如果 condition 的值为 false，就永远不会声明并初始化 value。

禁止重声明

假设作用域中已经存在某个标识符，此时再使用 let 关键字声明它就会抛出错误，举例来说：

```
var count = 30;

// 抛出语法错误
let count = 40;
```

在这个示例中，变量 count 被声明了两次：一次是用 var 关键字，一次是用 let 关键字。如前所述，同一作用域中不能用 let 重复定义已经存在的标识符，所以此处的 let 声明会抛出错误。但如果当前作用域内嵌另一个作用域，便可在内嵌的作用域中用 let 声明同名变量，示例代码如下：

```
var count = 30;

if (condition) {

    // 不会抛出错误
    let count = 40;

    // 更多代码
}
```

由于此处的 let 是在 if 块内声明了新变量 count，因此不会抛出错误。内部块中的 count 会遮蔽全局作用域中的 count，后者只有在 if 块外才能访问到。

const 声明

ECMAScript 6 标准还提供了 const 关键字。使用 const 声明的是常量，其值一旦被设定后不可更改。因此，每个通过 const 声明的常量必须进行初始化，示例如下：

```
// 有效的常量
```

```
const maxItems = 30;

// 语法错误：常量未初始化
const name;
```

这里在声明 maxItems 时进行了初始化操作，而声明 name 时没有赋值，因此执行后者时会抛出语法错误。

const 与 let

const 与 let 声明的都是块级标识符，所以常量也只在当前代码块内有效，一旦执行到块外会立即被销毁。常量同样也不会被提升至作用域顶部，示例代码如下：

```
if (condition) {
    const maxItems = 5;

    // 更多代码
}

// 此处无法访问 maxItems
```

在这段代码中，在 if 语句中声明了常量 maxItems，语句执行一结束，maxItems 即刻被销毁，在代码块外访问不到这个常量。

与 let 相似，在同一作用域用 const 声明已经存在的标识符也会导致语法错误，无论该标识符是使用 var（在全局或函数作用域中），还是 let（在块级作用域中）声明的。举例来说：

```
var message = "Hello!";
let age = 25;

// 这两条语句都会抛出错误
const message = "Goodbye!";
const age = 30;
```

后两条 const 声明语句本身没问题，但由于前面用 var 和 let 声明了两个同名变量，结果代码就无法执行了。

尽管相似之处很多，但 const 声明与 let 声明有一处很大的不同，即无论在严格模式还是在非严格模式下，都不可以为 const 定义的常量再赋值，否则会抛出错误，例如：

```
const maxItems = 5;

// 抛出语法错误
maxItems = 6;
```

ECMAScript 6 中的常量与其他语言中的很像，此处定义的 maxItems 不可再被赋值。然而，与其他语言中的常量不同的是，JavaScript 中的常量如果是对象，则对象中的值可以修改。

用 const 声明对象

记住，const 声明不允许修改绑定，但允许修改值。这也就意味着用 const 声明对象后，可以修改该对象的属性值。举个例子：

```
const person = {
    name: "Nicholas"
};

// 可以修改对象属性的值
person.name = "Greg";

// 抛出语法错误
person = {
    name: "Greg"
};
```

在这段代码中，绑定 person 的值是一个包含一个属性的对象，改变 person.name 的值，不会抛出任何错误，因为修改的是 person 包含的值。如果直接给 person 赋值，即要改变 person 的绑定，就会抛出错误。切记，const 声明不允许修改绑定，但允许修改绑定的值。

临时死区（Temporal Dead Zone）

与 var 不同，let 和 const 声明的变量不会被提升到作用域顶部，如果在声明之前访问这些变量，即使是相对安全的 typeof 操作符也会触发引用错误，请看以下这段代码：

```
if (condition) {
```

```
    console.log(typeof value);  // 引用错误!
    let value = "blue";
}
```

由于 console.log(typeof value)语句会抛出错误，因此用 let 定义并初始化变量 value 的语句不会执行。此时的 value 还位于 JavaScript 社区所谓的"临时死区"（temporal dead zone）或 TDZ 中。虽然 ECMAScript 标准并没有明确提到 TDZ，但人们却常用它来描述 let 和 const 的不提升效果。本节讲解 TDZ 导致的声明位置的微妙差异，虽然我们提到的是 let，但其实换成 const 也一样。

JavaScript 引擎在扫描代码发现变量声明时，要么将它们提升至作用域顶部（遇到 var 声明），要么将声明放到 TDZ 中（遇到 let 和 const 声明）。访问 TDZ 中的变量会触发运行时错误。只有执行过变量声明语句后，变量才会从 TDZ 中移出，然后方可正常访问。

在声明前访问由 let 定义的变量就是这样。由前面示例可见，即便是相对不易出错的 typeof 操作符也无法阻挡引擎抛出错误。但在 let 声明的作用域外对该变量使用 typeof 则不会报错，具体示例如下：

```
console.log(typeof value);     // "undefined"

if (condition) {
    let value = "blue";
}
```

typeof 是在声明变量 value 的代码块外执行的，此时 value 并不在 TDZ 中。这也就意味着不存在 value 这个绑定，typeof 操作最终返回"undefined"。

TDZ 只是块级绑定的特色之一，而在循环中使用块级绑定也是一个特色。

循环中的块作用域绑定

开发者可能最希望实现 for 循环的块级作用域了，因为可以把随意声明的计数器变量限制在循环内部。例如，类似这样的代码在 JavaScript 中很常见：

```
for (var i = 0; i < 10; i++) {
    process(items[i]);
}
```

```
// 在这里仍然可以访问变量 i
console.log(i);                    // 10
```

在默认拥有块级作用域的其他语言中，这个示例也可以正常运行，并且变量 i 只在 for 循环中才能访问到。而在 JavaScript 中，由于 var 声明得到了提升，变量 i 在循环结束后仍可访问。如果换用 let 声明变量就能得到想要的结果，就像这样：

```
for (let i = 0; i < 10; i++) {
    process(items[i]);
}

// i 在这里不可访问，抛出一个错误
console.log(i);
```

在这个示例中，变量 i 只存在于 for 循环中，一旦循环结束，在其他地方均无法访问该变量。

循环中的函数

长久以来，var 声明让开发者在循环中创建函数变得异常困难，因为变量到了循环之外仍能访问。请看这段代码：

```
var funcs = [];

for (var i = 0; i < 10; i++) {
    funcs.push(function() {
        console.log(i);
    });
}

funcs.forEach(function(func) {
    func();     // 输出 10 次数字 10
});
```

你预期的结果可能是输出数字 0~9，但它却一连串输出了 10 次数字 10。这是因为循环里的每次迭代同时共享着变量 i，循环内部创建的函数全都保留了对相同变量的引用。循环结束时变量 i 的值为 10，所以每次调用 console.log(i) 时就会输出数字 10。

为解决这个问题，开发者们在循环中使用立即调用函数表达式（IIFE），以强制生成计数器变量的副本，就像这样：

```
var funcs = [];

for (var i = 0; i < 10; i++) {
    funcs.push((function(value) {
        return function() {
            console.log(value);
        }
    }(i)));
}

funcs.forEach(function(func) {
    func();     // 输出 0，然后是 1、2，直到 9
});
```

在循环内部，IIFE 表达式为接受的每一个变量 `i` 都创建了一个副本并存储为变量 `value`。这个变量的值就是相应迭代创建的函数所使用的值，因此调用每个函数都会像从 0 到 9 循环一样得到期望的值。ECMAScript 6 中的 `let` 和 `const` 提供的块级绑定让我们无须再这么折腾。

循环中的 let 声明

`let` 声明模仿上述示例中 IIFE 所做的一切来简化循环过程，每次迭代循环都会创建一个新变量，并以之前迭代中同名变量的值将其初始化。这意味着你彻底删除 IIFE 之后仍可得到预期中的结果，就像这样：

```
var funcs = [];

for (let i = 0; i < 10; i++) {
    funcs.push(function() {
        console.log(i);
    });
}

funcs.forEach(function(func) {
    func();     // 输出 0，然后是 1、2，直到 9
})
```

这段循环与之前那段结合了 var 和 IIFE 的循环的运行结果相同，但相比之下更为简洁。每次循环的时候 let 声明都会创建一个新变量 i，并将其初始化为 i 的当前值，所以循环内部创建的每个函数都能得到属于它们自己的 i 的副本。对于 for-in 循环和 for-of 循环来说也是一样的，示例如下：

```
var funcs = [],
    object = {
        a: true,
        b: true,
        c: true
    };

for (let key in object) {
    funcs.push(function() {
        console.log(key);
    });
}

funcs.forEach(function(func) {
    func();     // 输出 a、b 和 c
});
```

在这个示例中，for-in 循环与 for 循环表现的行为一致。每次循环创建一个新的 key 绑定，因此每个函数都有一个变量 key 的副本，于是每个函数都输出不同的值。如果使用 var 声明 key，则这些函数都会输出"c"。

NOTE let 声明在循环内部的行为是标准中专门定义的，它不一定与 let 的不提升特性相关，理解这一点至关重要。事实上，早期的 let 实现不包含这一行为，它是后来加入的。

循环中的 const 声明

ECMAScript 6 标准中没有明确指明不允许在循环中使用 const 声明，然而，针对不同类型的循环它会表现出不同的行为。对于普通的 for 循环来说，可以在初始化变量时使用 const，但是更改这个变量的值就会抛出错误，就像这样：

```
var funcs = [];

// 完成一次迭代后抛出错误
```

```
for (const i = 0; i < 10; i++) {
    funcs.push(function() {
        console.log(i);
    });
}
```

在这段代码中，变量 i 被声明为常量。在循环的第一个迭代中，i 是 0，迭代执行成功。然后执行 i++，因为这条语句试图修改常量，因此抛出错误。所以，如果后续循环不会修改该变量，那可以使用 const 声明。

在 for-in 或 for-of 循环中使用 const 时的行为与使用 let 一致。下面这段代码应该不会产生错误：

```
var funcs = [],
    object = {
        a: true,
        b: true,
        c: true
    };

// 不会产生错误
for (const key in object) {
    funcs.push(function() {
        console.log(key);
    });
}

funcs.forEach(function(func) {
    func();     // 输出 a、b 和 c
});
```

这段代码中的函数与“循环中的 let 声明”一节中第二个示例几乎完全一样，唯一的区别是在循环内不能改变 key 的值。之所以可以运用在 for-in 和 for-of 循环中，是因为每次迭代不会（像前面 for 循环的例子一样）修改已有绑定，而是会创建一个新绑定。

全局块作用域绑定

let 和 const 与 var 的另外一个区别是它们在全局作用域中的行为。当 var 被用于全局作用域时，它会创建一个新的全局变量作为全局对象（浏览器环境中的 window 对象）的属性。这意味着用 var 很可能会无意中覆盖一个已经存在的全局属性，就像这样：

```
// 在浏览器中
var RegExp = "Hello!";
console.log(window.RegExp);     // "Hello!"

var ncz = "Hi!";
console.log(window.ncz);        // "Hi!"
```

即使全局对象 RegExp 定义在 window 上，也不能幸免于被 var 声明覆盖。示例中声明的全局变量 RegExp 会覆盖一个已经存在的全局属性。同样，ncz 被定义为一个全局变量，并且立即成为 window 的属性。JavaScript 过去一直都是这样。

如果你在全局作用域中使用 let 或 const，会在全局作用域下创建一个新的绑定，但该绑定不会添加为全局对象的属性。换句话说，用 let 或 const 不能覆盖全局变量，而只能遮蔽它。示例如下：

```
// 在浏览器中
let RegExp = "Hello!";
console.log(RegExp);                        // "Hello!"
console.log(window.RegExp === RegExp);  // false

const ncz = "Hi!";
console.log(ncz);                           // "Hi!"
console.log("ncz" in window);               // false
```

这里 let 声明的 RegExp 创建了一个绑定并遮蔽了全局的 RegExp 变量。结果是 window.RegExp 和 RegExp 不相同，但不会破坏全局作用域。同样，const 声明的 ncz 创建了一个绑定但没有创建为全局对象的属性。如果不想为全局对象创建属性，则使用 let 和 const 要安全得多。

NOTE 如果希望在全局对象下定义变量，仍然可以使用 var。这种情况常见于在浏览器中跨 frame 或跨 window 访问代码。

块级绑定最佳实践的进化

ECMAScript 6 标准尚在开发中时，人们普遍认为应该默认使用 `let` 而不是 `var`。对很多 JavaScript 开发者而言，`let` 实际上与他们想要的 `var` 一样，直接替换符合逻辑。这种情况下，对于需要写保护的变量则要使用 `const`。

然而，当更多的开发者迁移到 ECMAScript 6 后，另一种做法日益普及：默认使用 `const`，只有确实需要改变变量的值时使用 `let`。因为大部分变量的值在初始化后不应再改变，而预料外的变量值的改变是很多 bug 的源头。这一理念获得了很多人的支持，希望你在写 ECMAScript 6 代码时也试一试。

小结

块级作用域绑定的 `let` 和 `const` 为 JavaScript 引入了词法作用域，它们声明的变量不会提升，而且只可以在声明这些变量的代码块中使用。如此一来，JavaScript 声明变量的语法与其他语言更相似了，同时也大幅降低了产生错误的几率，因为变量只会在需要它们的地方声明。与此同时，这一新特性还存在一个副作用，即不能在声明变量前访问它们，就算用 `typeof` 这样安全的操作符也不行。在声明前访问块级绑定会导致错误，因为绑定还在临时死区（TDZ）中。

`let` 和 `const` 的行为很多时候与 `var` 一致。然而，它们在循环中的行为却不一样。在 `for-in` 和 `for-of` 循环中，`let` 和 `const` 都会每次迭代时创建新绑定，从而使循环体内创建的函数可以访问到相应迭代的值，而非最后一次迭代后的值（像使用 `var` 那样）。`let` 在 `for` 循环中同样如此，但在 `for` 循环中使用 `const` 声明则可能引发错误。

当前使用块级绑定的最佳实践是：默认使用 `const`，只在确实需要改变变量的值时使用 `let`。这样就可以在某种程度上实现代码的不可变，从而防止某些错误的产生。

2

字符串和正则表达式

字符串可以说是编程时最重要的数据类型之一，几乎在每一门高级语言中都有它的存在，只有熟练掌握字符串的操作才能创建有用的程序。相应地，正则表达式之所以重要，也是因为它赋予了开发者更多操作字符串的能力。为此，ECMAScript 6 的创造者为字符串和正则表达式添加了一些新功能，其中一些是开发者企盼已久的功能。本章介绍字符串和正则表达式在这方面的变化。

更好的 Unicode 支持

在 ECMAScript 6 出现以前，JavaScript 字符串一直基于 16 位字符编码（UTF-16）进行构建。每 16 位的序列是一个编码单元（code unit），代表一个字符。`length`、`charAt()`等字符串属性和方法都是基于这种编码单元构造的。当然，在过去 16 位足以包含任何字符，直到 Unicode 引入扩展字符集，编码规则才不得不进行变更。

UTF-16 码位

Unicode 的目标是为全世界每一个字符提供全球唯一的标识符。如果我们把字符长度限制在 16 位，码位数量将不足以表示如此多的字符。这里说的“全球唯一的标识符”，又被称作*码位*（*code point*），是从 0 开始的数值。而表示字符的这些数值或码位，我们称之为字符编码（character encode）。字符编码必须将码位编码为内部一致的编码单元。对于 UTF-16 来说，码位可以由多种编码单元表示。

在 UTF-16 中，前 2^{16} 个码位均以 16 位的编码单元表示，这个范围被称作*基本多文种平面*（*BMP*，*Basic Multilingual Plane*）。超出这个范围的码位则要归属于某个辅助平面（supplementary plane），其中的码位仅用 16 位就无法表示了。为此，UTF-16 引入了*代理对*（*surrogate pair*），其规定用两个 16 位编码单元表示一个码位。这也就是说，字符串里的字符有两种，一种是由一个编码单元 16 位表示的 BMP 字符，另一种是由两个编码单元 32 位表示的*辅助平面字符*。

在 ECMAScript 5 中，所有字符串的操作都基于 16 位编码单元。如果采用同样的方式处理包含代理对的 UTF-16 编码字符，得到的结果可能与预期不符，就像这样：

```
let text = "𠮷";

console.log(text.length);            // 2
console.log(/^.$/.test(text));       // false
console.log(text.charAt(0));         // ""
console.log(text.charAt(1));         // ""
console.log(text.charCodeAt(0));     // 55362
console.log(text.charCodeAt(1));     // 57271
```

Unicode 字符“𠮷”是通过代理对来表示的，因此，这个示例中的 JavaScript 字符串操作将其视为两个 16 位字符。这就意味着：

- 变量 `text` 的长度事实上是 1，但它的 `length` 属性值却为 2。
- 变量 `text` 被判定为两个字符，因此匹配单一字符的正则表达式会失效。
- 前后两个 16 位的编码单元都不表示任何可打印的字符，因此 charAt() 方法不会返回合法的字符串。
- `charCodeAt()`方法同样不能正确地识别字符。它会返回每个 16 位编码单元对应的数值，在 ECMAScript 5 中，这已经是你可以得到的最接近 `text` 真实值的结果了。

ECMAScript 6 强制使用 UTF-16 字符串编码来解决上述问题，并按照这种字符编码来标准化字符串操作，在 JavaScript 中增加了专门针对代理对的功能。本章后面会讨论有关代理对的典型操作。

codePointAt()方法

ECMAScript 6 新增加了完全支持 UTF-16 的 codePointAt()方法，这个方法接受编码单元的位置而非字符位置作为参数，返回与字符串中给定位置对应的码位，即一个整数值。示例如下：

```
let text = "𠮷a";

console.log(text.charCodeAt(0));    // 55362
console.log(text.charCodeAt(1));    // 57271
console.log(text.charCodeAt(2));    // 97

console.log(text.codePointAt(0));   // 134071
console.log(text.codePointAt(1));   // 57271
console.log(text.codePointAt(2));   // 97
```

对于 BMP 字符集中的字符，codePointAt()方法的返回值与 charCodeAt()方法的相同，而对于非 BMP 字符集来说返回值则不同。字符串 text 中的第一个字符是非 BMP 的，包含两个编码单元，所以它的 length 属性值为 3。charCodeAt()方法返回的只是位置 0 处的第一个编码单元，而 codePointAt()方法则返回完整的码位，即使这个码位包含多个编码单元。对于位置 1（第一个字符的第二个编码单元）和位置 2（字符“a”），二者的返回值相同。

要检测一个字符占用的编码单元数量，最简单的方法是调用字符的 codePointAt()方法，可以写这样的一个函数来检测：

```
function is32Bit(c) {
    return c.codePointAt(0) > 0xFFFF;
}

console.log(is32Bit("𠮷"));          // true
console.log(is32Bit("a"));          // false
```

用 16 位表示的字符集上界为十六进制 FFFF，所有超过这个上界的码位一定由两个编码单元来表示，总共有 32 位。

String.fromCodePoint()方法

ECMAScript 通常会面向同一个操作提供正反两种方法。你可以使用 codePointAt()方法在字符串中检索一个字符的码位，也可以使用 String.fromCodePoint()方法根据指定的码位生成一个字符。举个例子：

```
console.log(String.fromCodePoint(134071));  // "吉"
```

可以将 String.fromCodePoint()看成是更完整版的 String.fromCharCode()。同样，对于 BMP 中的所有字符，这两个方法的执行结果相同。只有传递非 BMP 的码位作为参数时，二者执行结果才有可能不同。

normalize()方法

Unicode 的另一个有趣之处是，如果我们要对不同字符进行排序或比较操作，会存在一种可能，它们是等效的。有两种方式可以定义这种关系。首先，规范的等效是指无论从哪个角度来看，两个序列的码位都是没有区别的；第二个关系是兼容性，两个互相兼容的码位序列看起来不同，但是在特定的情况下可以被互相交换使用。

所以，代表相同文本的两个字符串可能包含着不同的码位序列。举个例子，字符“æ”和含两个字符的字符串“ae”可以互换使用，但是严格来讲它们不是等效的，除非通过某些方法把这种等效关系标准化。

ECMAScript 6 为字符串添加了一个 normalize()方法，它可以提供 Unicode 的标准化形式。这个方法接受一个可选的字符串参数，指明应用以下的某种 Unicode 标准化形式：

- 以标准等价方式分解，然后以标准等价方式重组（"NFC"），默认选项。
- 以标准等价方式分解（"NFD"）。
- 以兼容等价方式分解（"NFKC"）。
- 以兼容等价方式分解，然后以标准等价方式重组（"NFKD"）。

对于这 4 种形式之间差异的解读不在本书的范围之内，你只需牢记，在对比字符串之前，一定先把它们标准化为同一种形式。举个例子：

```
let normalized = values.map(function(text) {
    return text.normalize();
```

```
});

normalized.sort(function(first, second) {
    if (first < second) {
        return -1;
    } else if (first === second) {
        return 0;
    } else {
        return 1;
    }
});
```

以上这段代码将 values 数组中的所有字符串都转换成同一种标准形式，因此该数组可以被正确地排序。如果你想对原始数组进行排序，则可以在比较函数中添加 normalize()方法，就像这样：

```
values.sort(function(first, second) {
    let firstNormalized = first.normalize(),
        secondNormalized = second.normalize();

    if (firstNormalized < secondNormalized) {
        return -1;
    } else if (firstNormalized === secondNormalized) {
        return 0;
    } else {
        return 1;
    }
});
```

再次重申，切记在进行排序和比较操作前，将被操作字符串按照同一标准进行标准化。这里的示例都采用默认的 NFC 形式，你也可以明确指定其他形式：

```
values.sort(function(first, second) {
    let firstNormalized = first.normalize("NFD"),
        secondNormalized = second.normalize("NFD");

    if (firstNormalized < secondNormalized) {
```

```
        return -1;
    } else if (firstNormalized === secondNormalized) {
        return 0;
    } else {
        return 1;
    }
});
```

如果你之前从未担心过 Unicode 标准化的问题，那么现在可能也就不会过多使用这个方法。但如果你曾经开发过一款国际化的应用，那么 `normalize()` 方法就有用得多了。

ECMAScript 6 除了为 Unicode 字符串添加了这些新方法，还引入了正则表达式 u 修饰符，以及其他针对字符串和正则表达式所做的改动。

正则表达式 u 修饰符

正则表达式可以完成简单的字符串操作，但默认将字符串中的每一个字符按照 16 位编码单元处理。为解决这个问题，ECMAScript 6 给正则表达式定义了一个支持 Unicode 的 u 修饰符。

u 修饰符实例

当一个正则表达式添加了 `u` 修饰符时，它就从编码单元操作模式切换为字符模式，如此一来正则表达式就不会视代理对为两个字符，从而完全按照预期正常运行。例如，以下这段代码：

```
let text = "𠮷";

console.log(text.length);              // 2
console.log(/^.$/.test(text));         // false
console.log(/^.$/u.test(text));        // true
```

正则表达式`/^.$/`匹配所有单字符字符串。没有使用 u 修饰符时，会匹配编码单元，因此使用两个编码单元表示的日文字符不会匹配这个表达式；使用了 u 修饰符后，正则表达式会匹配字符，从而就可以匹配日文字符了。

计算码位数量

虽然 ECMAScript 6 不支持字符串码位数量的检测（`length` 属性仍然返回字符串编码单元的数量），但有了 u 修饰符后，你就可以通过正则表达式来解决这个问题，请看以下这段代码：

```
function codePointLength(text) {
    let result = text.match(/[\s\S]/gu);
    return result ? result.length : 0;
}

console.log(codePointLength("abc"));    // 3
console.log(codePointLength("吉bc"));   // 3
```

在这个示例中，创建一个支持 Unicode 且应用于全局的正则表达式，通过调用 match()方法来检查空白和非空白字符（使用[\s\S]来确保这个模式能够匹配新行）。当匹配到至少一个字符时，返回的数组中包含所有匹配到的字符串，其长度为字符串中码位的数量。在 Unicode 中，字符串"abc"和"吉bc"都有 3 个字符，所以数组长度是 3。

NOTE 这个方法尽管有效，但是当统计长字符串中的码位数量时，运行效率很低。因此，你也可以使用字符串迭代器（将在第 8 章讨论）解决效率低的问题，总体而言，只要有可能就尝试着减小码位计算的开销。

检测 u 修饰符支持

u 修饰符是语法层面的变更，尝试在不兼容 ECMAScript 6 的 JavaScript 引擎中使用它会导致语法错误。如果要检测当前引擎是否支持 u 修饰符，最安全的方式是通过以下这个函数：

```
function hasRegExpU() {
    try {
        var pattern = new RegExp(".", "u");
        return true;
    } catch (ex) {
        return false;
    }
}
```

这个函数使用了 RegExp 构造函数并传入字符串"u"作为参数，老式的浏览器引擎支持这个语法，但是如果当前引擎不支持 u 修饰符会抛出错误。

NOTE 如果你的代码仍然需要运行在老式的 JavaScript 引擎中，那么在使用 u 修饰符时切记使用 RegExp 构造函数，这样可以避免发生语法错误，并且你可以有选择地检测和使用 u 修饰符，而不会造成系统异常终止。

其他字符串变更

JavaScript 字符串特性的更新总是延后于其他语言中的相同特性，例如，直到 ECMAScript 5 才为字符串添加了 trim()方法，而在 ECMAScript 6 中继续扩展了 JavaScript 解析字符串的能力。

字符串中的子串识别

自 JavaScript 首次被使用以来，开发者们就开始使用 indexOf()方法来在一段字符串中检测另一段子字符串，他们一直希望能通过更简单的方法来识别子串；而在 ECMAScript 6 中，提供了以下 3 个类似的方法可以达到相同效果：

- includes()方法，如果在字符串中检测到指定文本则返回 true，否则返回 false。
- startsWith()方法，如果在字符串的起始部分检测到指定文本则返回 true，否则返回 false。
- endsWith()方法，如果在字符串的结束部分检测到指定文本则返回 true，否则返回 false。

以上的 3 个方法都接受两个参数：第一个参数指定要搜索的文本；第二个参数是可选的，指定一个开始搜索的位置的索引值。如果指定了第二个参数，则 includes()方法和 startsWith()方法会从这个索引值的位置开始匹配，endsWith()方法则从这个索引值减去欲搜索文本长度的位置开始正向匹配，对字符进行逐个比较；如果不指定第二个参数，includes()方法和 startsWith()方法会从字符串起始处开始匹配，endsWith()方法从字符串末尾处开始匹配。实际上，指定第二个参数会大大减少字符串被搜索的范围。以下是这些方法实际应用时的示例代码：

```
let msg = "Hello world!";

console.log(msg.startsWith("Hello"));       // true
console.log(msg.endsWith("!"));             // true
console.log(msg.includes("o"));             // true

console.log(msg.startsWith("o"));           // false
```

```
console.log(msg.endsWith("world!"));        // true
console.log(msg.includes("x"));             // false

console.log(msg.startsWith("o", 4));        // true
console.log(msg.endsWith("o", 8));          // true
console.log(msg.includes("o", 8));          // false
```

在前 6 次调用中没有指定第二个参数，所以会搜索整个字符串进行匹配，后 3 个调用只搜索了字符串的一部分。`msg.startsWith("o", 4)`从字符串"Hello"中的"o"开始匹配，其位于索引的第 4 位；`msg.endsWith("o", 8)`则从索引位置 7 开始匹配，即 8-1=7；`msg.includes("o", 8)`从字符串"world"中的"r"开始匹配，它位于索引的第 8 位。

尽管这 3 个方法执行后返回的都是布尔值，也极大地简化了子串匹配的方法，但是如果你需要在一个字符串中寻找另一个子字符串的实际位置，还需使用 `indexOf()`方法或 `lastIndexOf()`方法。

NOTE 对于 `startsWith()`、`endsWith()`及 `includes()`这 3 个方法，如果你没有按照要求传入一个字符串，而是传入一个正则表达式，则会触发一个错误产生；而对于 `indexOf()`和 `lastIndexOf()`这两个方法，它们都会把传入的正则表达式转化为一个字符串并搜索它。

repeat()方法

ECMAScript 6 还为字符串增添了一个 `repeat()`方法，其接受一个 `number` 类型的参数，表示该字符串的重复次数，返回值是当前字符串重复一定次数后的新字符串。示例如下：

```
console.log("x".repeat(3));             // "xxx"
console.log("hello".repeat(2));         // "hellohello"
console.log("abc".repeat(4));           // "abcabcabcabc"
```

这个方法比之前提及的所有方法都简单，其在操作文本时非常有用，比如在代码格式化工具中创建缩进级别，就像这样：

```
// 缩进指定数量的空格
let indent = " ".repeat(4),
    indentLevel = 0;
```

```
// 当需要增加缩进时
let newIndent = indent.repeat(++indentLevel);
```

调用第一个 repeat()方法能够创建一个 4 空格字符串，变量 indentLevel 用来跟踪缩进等级，然后就可以调用 repeat()方法，且可以通过增加 indentLevel 的值来改变空格的数量。

我们无法很好地将 ECMAScript 6 中有关正则表达式的其他变更归类，所以在下一节中我们会分别详细介绍它们。

其他正则表达式语法变更

正则表达式是 JavaScript 字符串操作的一个重要组成部分，但近几个版本都没有太多的变化。然而在 ECMAScript 6 中，随着字符串操作的变更，也对正则表达式进行了一些改进。

正则表达式 y 修饰符

y 修饰符曾在 Firefox 中被实现，现在它经 ECMAScript 6 标准化后正式成为正则表达式的一个专有扩展。它会影响正则表达式搜索过程中的 sticky 属性，当在字符串中开始字符匹配时，它会通知搜索从正则表达式的 lastIndex 属性开始进行，如果在指定位置没能成功匹配，则停止继续匹配。我们看以下这段代码来了解它具体的运行机制：

```
let text = "hello1 hello2 hello3",
    pattern = /hello\d\s?/,
    result = pattern.exec(text),
    globalPattern = /hello\d\s?/g,
    globalResult = globalPattern.exec(text),
    stickyPattern = /hello\d\s?/y,
    stickyResult = stickyPattern.exec(text);

console.log(result[0]);         // "hello1 "
console.log(globalResult[0]);   // "hello1 "
console.log(stickyResult[0]);   // "hello1 "

pattern.lastIndex = 1;
globalPattern.lastIndex = 1;
```

```
stickyPattern.lastIndex = 1;

result = pattern.exec(text);
globalResult = globalPattern.exec(text);
stickyResult = stickyPattern.exec(text);

console.log(result[0]);          // "hello1 "
console.log(globalResult[0]);    // "hello2 "
console.log(stickyResult[0]);    // 抛出错误!
```

在这个示例中有 3 个正则表达式，pattern 没有修饰符，globalPattern 使用了 g 修饰符，stickyPattern 使用了 y 修饰符。第一组 console.log()方法调用返回的结果都应该是"hello1 "，注意字符串末尾有一个空格。

随后，所有 3 种模式的 lastIndex 属性都被更改为 1，此时正则表达式应该从字符串的第二个字符开始匹配。没有修饰符的表达式自动忽略这个变化，仍然匹配"hello1 "；使用了 g 修饰符的表达式，从第二个字符"e"开始搜索，继续向后成功匹配"hello2 "；使用了 y 修饰符的粘滞正则表达式，由于从第二个字符开始匹配不到相应字符串，就此终止，所以 stickyResult 的值为 null。

当执行操作时，y 修饰符会把上次匹配后面一个字符的索引保存在 lastIndex 中；如果该操作匹配的结果为空，则 lastIndex 会被重置为 0。g 修饰符的行为与此相同，示例如下：

```
let text = "hello1 hello2 hello3",
    pattern = /hello\d\s?/,
    result = pattern.exec(text),
    globalPattern = /hello\d\s?/g,
    globalResult = globalPattern.exec(text),
    stickyPattern = /hello\d\s?/y,
    stickyResult = stickyPattern.exec(text);

console.log(result[0]);          // "hello1 "
console.log(globalResult[0]);    // "hello1 "
console.log(stickyResult[0]);    // "hello1 "

console.log(pattern.lastIndex);          // 0
console.log(globalPattern.lastIndex);    // 7
console.log(stickyPattern.lastIndex);    // 7
```

```
result = pattern.exec(text);
globalResult = globalPattern.exec(text);
stickyResult = stickyPattern.exec(text);

console.log(result[0]);         // "hello1 "
console.log(globalResult[0]);   // "hello2 "
console.log(stickyResult[0]);   // "hello2 "

console.log(pattern.lastIndex);         // 0
console.log(globalPattern.lastIndex);   // 14
console.log(stickyPattern.lastIndex);   // 14
```

当第一次调用 exec()方法时，stickyPattern 和 globalPattern 两个变量的 lastIndex 值改变为 7，第二次调用之后改变为 14。

关于 y 修饰符还需要记住两点：首先，只有调用 exec()和 test()这些正则表达式对象的方法时才会涉及 lastIndex 属性；调用字符串的方法，例如 match()，则不会触发粘滞行为。

其次，对于粘滞正则表达式而言，如果使用^字符来匹配字符串开端，只会从字符串的起始位置或多行模式的首行进行匹配。当 lastIndex 的值为 0 时，如果正则表达式中含有^，则是否使用粘滞正则表达式并无差别；如果 lastIndex 的值在单行模式下不为 0，或在多行模式下不对应于行首，则粘滞的表达式永远不会匹配成功。

若要检测 y 修饰符是否存在，与检测其他正则表达式修饰符类似，可以通过属性名来检测。此时此刻，应该检查 sticky 属性，就像这样：

```
let pattern = /hello\d/y;

console.log(pattern.sticky);    // true
```

如果 JavaScript 引擎支持粘滞修饰符，则 sticky 属性的值为 true，否则为 false。这个属性是只读的，其值由该修饰符的存在性所决定，不可在代码中任意改变。

y 修饰符与 u 修饰符类似，它也是一个新增的语法变更，所以在老式的 JavaScript 引擎中使用会触发错误。可以使用以下方法来检测引擎对它的支持程度：

```
function hasRegExpY() {
    try {
```

```
        var pattern = new RegExp(".", "y");
        return true;
    } catch (ex) {
        return false;
    }
}
```

同样，与检测 u 修饰符时类似，如果不能创建一个使用 y 修饰符的正则表达式就返回 false；如果你需要在老式 JavaScript 引擎中运行含有 y 修饰符的代码，切记使用 RegExp 构造函数，通过定义正则表达式来规避语法错误。

正则表达式的复制

在 ECMAScript 5 中，可以通过给 RegExp 构造函数传递正则表达式作为参数来复制这个正则表达式，就像这样：

```
var re1 = /ab/i,
    re2 = new RegExp(re1);
```

此处的变量 re2 只是变量 re1 的一份拷贝，但如果给 RegExp 构造函数提供第二个参数，为正则表达式指定一个修饰符，则代码无法运行，请看这个示例：

```
var re1 = /ab/i,

    // 在 ES5 中抛出错误，在 ES6 中正常运行
    re2 = new RegExp(re1, "g");
```

如果在 ECMAScript 5 环境中执行这段代码会抛出一个错误：当第一个参数为正则表达式时不可以使用第二个参数。ECMAScript 6 中修改了这个行为，即使第一个参数为正则表达式，也可以通过第二个参数修改其修饰符。举个例子：

```
let re1 = /ab/i,

    // 在 ES5 中抛出错误，在 ES6 中正常运行
    re2 = new RegExp(re1, "g");


console.log(re1.toString());            // "/ab/i"
console.log(re2.toString());            // "/ab/g"
```

```
console.log(re1.test("ab"));            // true
console.log(re2.test("ab"));            // true

console.log(re1.test("AB"));            // true
console.log(re2.test("AB"));            // false
```

在这段代码中，变量 re1 使用了 i 修饰符，为该正则表达式添加大小写无关的特性，当使用 RegExp 构造函数将其复制为新变量 re2 时，使用 g 修饰符代替 i 修饰符。如果不传入第二个参数，则 re2 与 re1 使用相同的修饰符。

flags 属性

为了配合新加入的修饰符，ECMAScript 6 还新增了一个与之相关的新属性。在 ECMAScript 5 中，你可能通过 source 属性获取正则表达式的文本，但如果要获取使用的修饰符，就需要使用如下代码格式化 toString()方法输出的文本：

```
function getFlags(re) {
    var text = re.toString();
    return text.substring(text.lastIndexOf("/") + 1, text.length);
}

// toString() 的返回值为 "/ab/g"
var re = /ab/g;

console.log(getFlags(re));          // "g"
```

这段代码会将正则表达式转换成字符串并识别最后一个/后面的字符，以此来确定使用了哪些修饰符。

为了使获取修饰符的过程更加简单，ECMAScript 6 新增了一个 flags 属性；它与 source 属性都是只读的原型属性访问器，对其只定义了 getter 方法，这极大地简化了调试和编写继承代码的复杂度。

在 ECMAScript 6 最近的一个版本中，访问 flags 属性会返回所有应用于当前正则表达式的修饰符字符串。举个例子：

```
let re = /ab/g;

console.log(re.source);     // "ab"
```

```
console.log(re.flags);      // "g"
```

以上两行代码获取了变量 re 的所有修饰符，这比 toString()技术所使用的代码量更少，并将修饰符打印在了控制台中。结合 source 属性和 flags 属性可以免去格式化正则表达式之忧。

新标准中字符串和正则表达式的变化很大，到目前为止，我们已经讲解了绝大部分。对于字符串，ECMAScript 6 还新增了一个被称作字面量的语法特性，其可以极大地提升字符串操作的灵活性。

模板字面量

为了让开发者解决更复杂的问题，ECMAScript 6 模板字面量语法支持创建领域专用语言（DSL），它比 ECMAScript 5 及早期版本中的解决方案更安全。JavaScript 是一门通用语言，DSL 是与其概念相反的编程语言，通常是指为某些具体且有限的目标设计的语言。ECMAScript wiki（http://wiki.ecmascript.org/doku.php?id=harmony:quasis/）在模板字面量草案中对其描述如下：

> 这个方案是扩展 ECMAScript 基础语法的语法糖，其提供一套生成、查询并操作来自其他语言里内容的 DSL，且可以免受注入攻击，例如，XSS、SQL 注入，等等。

事实上，ECMAScript 5 中一直缺少许多特性，而 ECMAScript 6 通过模板字面量的方式进行了填补：

多行字符串　一个正式的多行字符串的概念。
基本的字符串格式化　将变量的值嵌入字符串的能力。
HTML 转义　向 HTML 插入经过安全转换后的字符串的能力。

模板字面量试着跳出 JavaScript 已有的字符串体系，通过一些全新的方法来解决类似的问题。

基础语法

模板字面量最简单的用法，看起来好像只是用反撇号（`）替换了单、双引号。举个例子，请看以下这段代码：

```
let message = `Hello world!`;
```

```
console.log(message);                // "Hello world!"
console.log(typeof message);         // "string"
console.log(message.length);         // 12
```

在这段代码中，使用模板字面量语法创建了一个字符串，并赋值给 message 变量，这时变量的值与一个普通的字符串并无差异。

如果你想在字符串中使用反撇号，那么用反斜杠（\）将它转义就可以，请参考以下代码中的变量 message：

```
let message = `\`Hello\` world!`;

console.log(message);                // "`Hello` world!"
console.log(typeof message);         // "string"
console.log(message.length);         // 14
```

而在模板字面量中，不需要转义单、双引号。

多行字符串

自 JavaScript 诞生起，开发者们一直在寻找一种创建多行字符串的方式。但如果使用单、双引号，字符串一定要在同一行才行。

ECMAScript 6 之前版本中的解决方案

由于 JavaScript 长期以来一直存在一个语法 bug，在一个新行最前方添加反斜杠（\）可以承接上一行的代码，因此确实可以利用这个 bug 来创造多行字符串：

```
var message = "Multiline \
string";

console.log(message);       // "Multiline string"
```

当把字符串 message 打印到控制台时其并未按照跨行方式显示，因为反斜杠在此处代表行的延续，而非真正代表新的一行。

如果想输出为新的一行，需要手动加入换行符：

```
var message = "Multiline \n\
string";
```

```
console.log(message);        // "Multiline
                             //  string"
```

在所有主流的 JavaScript 引擎中，变量 message 的内容都应该被打印在两个独立的行中，不过这个行为被视为是引擎实现的 bug，很多开发者建议避免使用这种方法。

在 ECMAScript 6 之前的版本中，通常都依靠数组或字符串拼接的方法来创建多行字符串，例如：

```
var message = [
    "Multiline ",
    "string"
].join("\n");

let message = "Multiline \n" +
    "string";
```

JavaScript 一直以来都不支持多行字符串，开发者们想出的种种方法都不很实用，也不方便。

简化多行字符串

ECMAScript 6 的模板字面量的语法简单，其极大地简化了多行字符串的创建过程。如果你需要在字符串中添加新的一行，只需在代码中直接换行，此处的换行将同步出现在结果中。举个例子：

```
let message = `Multiline
string`;

console.log(message);           // "Multiline
                                //  string"
console.log(message.length);    // 16
```

在反撇号中的所有空白符都属于字符串的一部分，所以千万要小心缩进。举个例子：

```
let message = `Multiline
              string`;

console.log(message);           // "Multiline
```

```
                              //                  string"
console.log(message.length);  // 31
```

在这段代码中，模板字面量中第二行之前的所有空白符都是字符串本身的一部分。

如果你一定要通过适当的缩进来对齐文本，则可以考虑在多行模板字面量的第一行留白，并在后面的几行中缩进，就像这样：

```
let html = `
<div>
    <h1>Title</h1>
</div>`.trim();
```

在这段代码中，模板字面量的第一行没有任何文字，第二行才有内容。HTML 标签缩进正确，且可以通过调用 trim()方法移除最初的空行。

如果你喜欢，也可以在模板字面量中显式地使用\n 来指明应当插入新行的位置：

```
let message = `Multiline\nstring`;

console.log(message);         // "Multiline
                              //  string"
console.log(message.length);  // 16
```

字符串占位符

到现在为止，模板字面量在你看来可能就是一个普通 JavaScript 字符串的美化版，其实二者真正的区别在于模板字面量中的占位符功能。在一个模板字面量中，你可以把任何合法的 JavaScript 表达式嵌入到占位符中并将其作为字符串的一部分输出到结果中。

占位符由一个左侧的${和右侧的}符号组成，中间可以包含任意的 JavaScript 表达式。举个占位符最简单的例子，你可以直接将一个本地变量嵌入到输出的字符串中，就像这样：

```
let name = "Nicholas",
    message = `Hello, ${name}.`;

console.log(message);     // "Hello, Nicholas."
```

占位符${name}访问本地变量 name 并将其插入到 message 字符串中，然后变量 message 就会一直保留着替换后的结果。

NOTE 模板字面量可以访问作用域中所有可访问的变量，无论在严格模式还是非严格模式下，尝试嵌入一个未定义的变量总是会抛出错误。

既然所有的占位符都是 JavaScript 表达式，就可以嵌入除变量外的其他内容，如运算式、函数调用，等等。就像这样：

```
let count = 10,
    price = 0.25,
    message = `${count} items cost $${(count * price).toFixed(2)}.`;

console.log(message);       // "10 items cost $2.50."
```

这段代码执行了一个作为模板字面量一部分的运算式。变量 count 和变量 price 相乘得到一个结果，然后被.toFixed()方法格式化为两位小数；第二个占位符前的美元符号会原样输出，因为它的后面并没有紧跟一个左花括号。

模板字面量本身也是 JavaScript 表达式，所以你可以在一个模板字面量里嵌入另外一个，就像这样：

```
let name = "Nicholas",
    message = `Hello, ${
        `my name is ${ name }`
    }.`;

console.log(message);        // "Hello, my name is Nicholas."
```

在这个示例中，一个模板字面量被嵌入另一个模板字面量。在第一组${后，进入第一个模板字面量内部，紧随的是另一组${，指明了另一个模板字面量的开端，此处的表达式是一个变量名，其最后会被插入到结果中。

标签模板

现在我们已经见识到了，不借助字符串的拼接功能，也可以通过模板字面量创建多行字符串并向里面插入值。但模板字面量真正的威力来自于标签模板，每个模板标签都可以执行模板字面量上的转换并返回最终的字符串值。标签指的是在模板字面量第一个反撇号（`）前方标注的字符串，就像这样：

```
let message = tag`Hello world`;
```

在这个示例中，应用于模板字面量`Hello world`的模板标签是tag。

定义标签

标签可以是一个函数，调用时传入加工过的模板字面量各部分数据，但必须结合每个部分来创建结果。第一个参数是一个数组，包含 JavaScript 解释过后的字面量字符串，它之后的所有参数都是每一个占位符的解释值。

标签函数通常使用不定参数特性来定义占位符，从而简化数据处理的过程，就像这样：

```
function tag(literals, ...substitutions) {
    // 返回一个字符串
}
```

为了进一步理解传递给 tag 函数的参数，我们看以下代码：

```
let count = 10,
    price = 0.25,
    message = passthru`${count} items cost $${(count * price).toFixed(2)}.`;
```

如果你有一个名为 passthru()的函数，那么作为一个模板字面量标签，它会接受 3 个参数：首先是一个 literals 数组，包含以下元素：

- 第一个占位符前的空字符串（""）
- 第一、二个占位符之间的字符串（" items cost $"）
- 第二个占位符后的字符串（"."）

下一个参数是变量 count 的解释值，传参为 10，它也成为了 substitutions 数组里的第一个元素；最后一个参数是(count * price).toFixed(2)的解释值，传参为"2.50"，它是 substitutions 数组里的第二个元素。

注意，literals 里的第一个元素是一个空字符串，这确保了 literals[0] 总是字符串的始端，就像 literals[literals.length - 1]总是字符串的结尾一样。substitutions 的数量总比 literals 少一个，这也意味着表达式 substitutions.length === literals.length - 1 的结果总为 true。

通过这种模式，我们可以将 literals 和 substitutions 两个数组交织在一起重组结果字符串。先取出 literals 中的首个元素，再取出 substitution 中

的首个元素，然后交替继续取出每一个元素，直到字符串拼接完成。于是可以通过从两个数组中交替取值的方式模拟模板字面量的默认行为，就像这样：

```
function passthru(literals, ...substitutions) {
    let result = "";

    // 根据 substitution 的数量来确定循环的执行次数
    for (let i = 0; i < substitutions.length; i++) {
        result += literals[i];
        result += substitutions[i];
    }

    // 合并最后一个 literal
    result += literals[literals.length - 1];

    return result;
}

let count = 10,
    price = 0.25,
    message = passthru`${count} items cost $${(count * price).toFixed(2)}.`;

console.log(message);       // "10 items cost $2.50."
```

这个示例定义了一个 passthru 标签，模拟模板字面量的默认行为，展示了一次转换过程。此处的小窍门是使用 substitutions.length 来为循环计数，使用 literals.length 常常会越界。这段代码可以正常运行，在 ECMAScript 6 中已经详尽地定义了 literals 和 substitutions 二者间的关系。

NOTE 数组 substitutions 里包含的值不一定是字符串，就像之前的示例一样，如果一个表达式求值后得到一个数值，那么传入的就是这个数值。至于这些值怎么在结果中输出，就是标签（Tag）的职责了。

在模板字面量中使用原始值

模板标签同样可以访问原生字符串信息，也就是说通过模板标签可以访问到字符转义被转换成等价字符前的原生字符串。最简单的例子是使用内建的 String.raw()标签：

```
let message1 = `Multiline\nstring`,
    message2 = String.raw`Multiline\nstring`;

console.log(message1);          // "Multiline
                                //  string"
console.log(message2);          // "Multiline\\nstring"
```

在这段代码中，变量 message1 中的\n 被解释为一个新行，而变量 message2 获取的是\n 的原生形式"\\n"（反斜杠与 n 字符），必要的时候可以像这样来检索原生的字符串信息。

原生字符串信息同样被传入模板标签，标签函数的第一个参数是一个数组，它有一个额外的属性 raw，是一个包含每一个字面值的原生等价信息的数组。举个例子，literals[0]总有一个等价的 literals.raw[0]，包含着它的原生字符串信息。了解之后，可以使用以下代码模仿 String.raw()：

```
function raw(literals, ...substitutions) {
    let result = "";

    // 根据 substitution 的数量来确定循环的执行次数
    for (let i = 0; i < substitutions.length; i++) {
        // 使用原生值
        result += literals.raw[i];
        result += substitutions[i];
    }

    // 合并最后一个 literal
    result += literals.raw[literals.length - 1];

    return result;
}

let message = raw`Multiline\nstring`;

console.log(message);          // "Multiline\\nstring"
console.log(message.length);    // 17
```

这段代码使用了 literals.raw 来输出字符串，结果，所有的字符转义，包括 Unicode 码位转义，都会输出它们的原生形式。当你想要输出一些含有代码的字符串，而代码中又包含字符转义序列时，原生字符串能够发挥最大的作用。例如，你想生成一些关于代码的文档，你可能希望最终输出代码原本包含的内容。

小结

ECMAScript 6 完全支持了 Unicode，从而让 JavaScript 能够合理地处理 UTF-16 字符。`codePointAt()`方法和 `String.fromCodePoint()`方法可以实现在码位与字符之间相互转换，这是学习字符串操作的重要一步。正则表达式 `u` 修饰符的加入为我们带来直接操作码位的方法；`normalize()`方法使我们能够更准确地比较多个字符串。

ECMAScript 6 也为字符串添加了一些新方法，使用这些方法可以轻松地在父字符串中识别任一子字符串；正则表达式也加入了许多新功能。

模板字面量是 ECMAScript 6 一个重要的新增特性，你可以用它来创建领域特定语言（DSL），有了它，字符串创建也变得史无前例地简单；对于使用变量组成长字符串，我们现在可以直接把变量嵌入到模板字面量中，它的安全性比字符串拼接更高。

模板字面量也为 JavaScript 带来了多行字符串的内建支持，这个基于普通字符串的升级非常有用，我们从未拥有过这种能力；尽管新标准允许直接在模板字面量里换行，我们仍然可以使用\n 和其他字符转义序列。

对于创建 DSL 这个模板字面量特性，模板标签是它最重要的一部分。标签函数接受模板字面量每个部分组成的参数数组，可以通过这些数据来组装出一个适合你的字符串值。这里可用的数据包括字面量数组、它们的原生等价字符及其他占位符，这些信息片段后续可被用于检测标签输出的正确性。

3

函　数

函数是所有编程语言的重要组成部分，在 ECMAScript 6 出现前，JavaScript 的函数语法一直没有太大的变化，从而遗留了很多问题和隐晦的做法，导致实现一些基本的功能经常要编写很多代码。

由于 JavaScript 开发者多年的不断抱怨和呼吁，ECMAScript 6 终于大力度地更新了函数特性，在 ECMAScript 5 的基础上进行了许多改进，让使用 JavaScript 编程可以更少出错，同时也更加灵活。

函数形参的默认值

JavaScript 函数有一个特别的地方，无论在函数定义中声明了多少形参，都可以传入任意数量的参数，也可以在定义函数时添加针对参数数量的处理逻辑，当已定义的形参无对应的传入参数时为其指定一个默认值。这一节讲解在 ECMAScript 6 前后添加默认参数的方式，以及一些关于 `arguments` 对象、如何使用表达式作为参数、参数的临时死区的重要内容。

在 ECMAScript 5 中模拟默认参数

在 ECMAScript 5 和早期版本中，你很可能通过以下这种模式创建函数并为参数赋予默认值：

```
function makeRequest(url, timeout, callback) {

    timeout = timeout || 2000;
    callback = callback || function() {};

    // 函数的其余部分

}
```

在这个示例中，timeout 和 callback 为可选参数，如果不传入相应的参数系统会给它们赋予一个默认值。在含有逻辑或操作符的表达式中，前一个操作数的值为假值时，总会返回后一个值。对于函数的命名参数，如果不显式传值，则其值默认为 undefined。因此我们经常使用逻辑或操作符来为缺失的参数提供默认值。然而这个方法也有缺陷，如果我们想给 makeRequest 函数的第二个形参 timeout 传入值 0，即使这个值是合法的，也会被视为一个假值，并最终将 timeout 赋值为 2000。

在这种情况下，更安全的选择是通过 typeof 检查参数类型，就像这样：

```
function makeRequest(url, timeout, callback) {

    timeout = (typeof timeout !== "undefined") ? timeout : 2000;
    callback = (typeof callback !== "undefined") ? callback : function() {};

    // 函数的其余部分

}
```

尽管这种方法更安全，但仍需额外的代码来执行这种非常基础的操作，这种方法也代表了一种常见的模式，在流行的 JavaScript 库中均使用类似的模式进行默认补全。

ECMAScript 6 中的默认参数值

ECMAScript 6 简化了为形参提供默认值的过程，如果没为参数传入值则为其提供一个初始值。举个例子：

```
function makeRequest(url, timeout = 2000, callback = function() {}) {

    // 函数的其余部分

}
```

在这个函数中，只有第一个参数被认为总是要为其传入值的，其他两个参数都有默认值，而且不需要添加任何校验值是否缺失的代码，所以函数体会更加地小。

如果调用 makeRequest()方法时传入 3 个参数，则不使用默认值：

```
// 使用参数 timeout 和参数 callback 的默认值
makeRequest("/foo");

// 使用参数 callback 的默认值
makeRequest("/foo", 500);

// 不使用默认值
makeRequest("/foo", 500, function(body) {
    doSomething(body);
});
```

按照 ECMAScript 6 的语法，url 是必需参数，上面的示例中连续 3 次调用 makeRequest()方法都传入了"/foo"，其余两个有默认值的参数为可选参数。

声明函数时，可以为任意参数指定默认值，在已指定默认值的参数后可以继续声明无默认值参数。举个例子，像这样声明函数不会抛出错误：

```
function makeRequest(url, timeout = 2000, callback) {

    // 函数的其余部分

}
```

在这种情况下，只有当不为第二个参数传入值或主动为第二个参数传入 undefined 时才会使用 timeout 的默认值，就像这样：

```
// 使用 timeout 的默认值
```

```
makeRequest("/foo", undefined, function(body) {
    doSomething(body);
});

// 使用 timeout 的默认值
makeRequest("/foo");

// 不使用 timeout 的默认值
makeRequest("/foo", null, function(body) {
    doSomething(body);
});
```

对于默认参数值，null 是一个合法值，也就是说第 3 次调用 makeRequest() 方法时，不使用 timeout 的默认值，其值最终为 null。

默认参数值对 arguments 对象的影响

切记，当使用默认参数值时，arguments 对象的行为与以往不同。在 ECMAScript 5 非严格模式下，函数命名参数的变化会体现在 arguments 对象中，以下这段代码解释了这种运行机制：

```
function mixArgs(first, second) {
    console.log(first === arguments[0]);
    console.log(second === arguments[1]);
    first = "c";
    second = "d";
    console.log(first === arguments[0]);
    console.log(second === arguments[1]);
}

mixArgs("a", "b");
```

这段代码会输出以下内容：

```
true
true
true
true
```

在非严格模式下，命名参数的变化会同步更新到 arguments 对象中，所以当 first 和 second 被赋予新值时，arguments[0]和 arguments[1]相应地也就更新了，最终所有===全等比较的结果为 true。

然而，在 ECMAScript 5 的严格模式下，取消了 arguments 对象的这个令人感到困惑的行为，无论参数如何变化，arguments 对象不再随之改变。依然是 mixArgs()函数，我们将其设置为严格模式：

```
function mixArgs(first, second) {
    "use strict";

    console.log(first === arguments[0]);
    console.log(second === arguments[1]);
    first = "c";
    second = "d"
    console.log(first === arguments[0]);
    console.log(second === arguments[1]);
}

mixArgs("a", "b");
```

再次调用 mixArgs()方法，输出以下内容：

```
true
true
false
false
```

这一次，改变 first 和 second 的值不会导致 arguments 改变，所以如你所期待的那样，改变后输出的结果为 false。

在 ECMAScript 6 中，如果一个函数使用了默认参数值，则无论是否显式定义了严格模式，arguments 对象的行为都将与 ECMAScript 5 严格模式下保持一致。默认参数值的存在使得 arguments 对象保持与命名参数分离，这个微妙的细节将影响你使用 arguments 对象的方式，请看以下这段代码：

```
// 在非严格模式下
function mixArgs(first, second = "b") {
    console.log(arguments.length);
    console.log(first === arguments[0]);
    console.log(second === arguments[1]);
```

```
    first = "c";
    second = "d"
    console.log(first === arguments[0]);
    console.log(second === arguments[1]);
}

mixArgs("a");
```

这段代码会输出以下内容：

```
1
true
false
false
false
```

在这个示例中，只给 mixArgs()方法传入一个参数，正如你所期待的那样，arguments.length 的值为 1，arguments[1]的值为 undefined，first 与 arguments[0]全等，改变 first 和 second 并不会影响 arguments 对象。总是可以通过 arguments 对象将参数恢复为初始值，无论当前是否在严格模式的环境下。

默认参数表达式

关于默认参数值，最有趣的特性可能是非原始值传参了。举个例子，你可以通过函数执行来得到默认参数的值，就像这样：

```
function getValue() {
    return 5;
}

function add(first, second = getValue()) {
    return first + second;
}

console.log(add(1, 1));     // 2
console.log(add(1));        // 6
```

在这段代码中，如果不传入最后一个参数，就会调用 getValue()函数来得到正确的默认值。切记，初次解析函数声明时不会调用 getValue()方法，只有当调用 add()函数且不传入第二个参数时才会调用。我们稍微改动一下 getValue()函数，让它每次返回不同的值：

```
let value = 5;

function getValue() {
    return value++;
}

function add(first, second = getValue()) {
    return first + second;
}

console.log(add(1, 1));     // 2
console.log(add(1));        // 6
console.log(add(1));        // 7
```

在此示例中，变量 value 的初始值为 5，每次调用 getValue()时加 1。第一次调用 add(1)返回 6，第二次调用 add(1)返回 7，因为变量 value 已经被加了 1。因为只要调用 add()函数就有可能求 second 的默认值，所以任何时候都可以改变那个值。

WARNING 注意，当使用函数调用结果作为默认参数值时，如果忘记写小括号，例如，second = getValue，则最终传入的是对函数的引用，而不是函数调用的结果。

正因为默认参数是在函数调用时求值，所以可以使用先定义的参数作为后定义参数的默认值，就像这样：

```
function add(first, second = first) {
    return first + second;
}

console.log(add(1, 1));             // 2
console.log(add(1));                // 2
```

在这段代码中，参数 second 的默认值为参数 first 的值，如果只传入一个参数，则两个参数的值相同，从而 add(1, 1)返回 2，add(1)也返回 2。更进一步，可以将参数 first 传入一个函数来获得参数 second 的值，就像这样：

```
function getValue(value) {
    return value + 5;
}

function add(first, second = getValue(first)) {
    return first + second;
}

console.log(add(1, 1));          // 2
console.log(add(1));             // 7
```

在这个示例中，声明 second = getValue(first)，所以尽管 add(1, 1)仍然返回 2，但是 add(1)返回的是（1+6）也就是 7。

在引用参数默认值的时候，只允许引用前面参数的值，即先定义的参数不能访问后定义的参数。举个例子：

```
function add(first = second, second) {
    return first + second;
}

console.log(add(1, 1));               // 2
console.log(add(undefined, 1));       // 抛出错误
```

调用 add(undefined, 1)会抛出错误，因为 second 比 first 晚定义，因此其不能作为 first 的默认值。为了帮助你理解背后的原理，我们重温一下临时死区（TDZ）的概念。

默认参数的临时死区

第 1 章讲解 let 和 const 时我们介绍了临时死区 TDZ，其实默认参数也有同样的临时死区，在这里的参数不可访问。与 let 声明类似，定义参数时会为每个参数创建一个新的标识符绑定，该绑定在初始化之前不可被引用，如果试图访问会导致程序抛出错误。当调用函数时，会通过传入的值或参数的默认值初始化该参数。

为了进一步探索默认参数值的临时死区的特性，我们回顾上面这个示例：

```
function getValue(value) {
    return value + 5;
```

```
}

function add(first, second = getValue(first)) {
    return first + second;
}

console.log(add(1, 1));     // 2
console.log(add(1));        // 7
```

调用 add(1, 1)和 add(1)时实际上相当于执行以下代码来创建 first 和 second 参数值：

```
// 表示调用 add(1, 1)时的 JavaScript 代码
let first = 1;
let second = 1;

// 表示调用 add(1)时的 JavaScript 代码
let first = 1;
let second = getValue(first);
```

当初次执行函数 add()时，绑定 first 和 second 被添加到一个专属于函数参数的临时死区（与 let 的行为类似）。由于初始化 second 时 first 已经被初始化，所以它可以访问 first 的值，但是反过来就错了。现在，来看这个重写的 add()函数：

```
function add(first = second, second) {
    return first + second;
}

console.log(add(1, 1));         // 2
console.log(add(undefined, 1)); // 抛出错误
```

在这个示例中，调用 add(1, 1)和 add(undefined, 1)相当于在引擎的背后做了如下事情：

```
// 表示调用 add(1, 1)时的 JavaScript 代码
let first = 1;
let second = 1;
```

```
// 表示调用 add(undefined, 1)时的 JavaScript 代码
let first = second;
let second = 1;
```

在这个示例中，调用add(undefined, 1)函数，因为当first初始化时second尚未初始化，所以会导致程序抛出错误，此时 second 尚处于临时死区中，正如第 1 章讨论 let 绑定时所说，所有引用临时死区中绑定的行为都会报错。

NOTE 函数参数有自己的作用域和临时死区，其与函数体的作用域是各自独立的，也就是说参数的默认值不可访问函数体内声明的变量。

处理无命名参数

到目前为止，本章中的示例使用到的参数都是命名参数。然而 JavaScript 的函数语法规定，无论函数已定义的命名参数有多少，都不限制调用时传入的实际参数数量，调用时总是可以传入任意数量的参数。当传入更少数量的参数时，默认参数值的特性可以有效简化函数声明的代码；当传入更多数量的参数时，ECMAScript 6 同样也提供了更好的方案。

ECMAScript 5 中的无命名参数

早先，JavaScript 提供 arguments 对象来检查函数的所有参数，从而不必定义每一个要用的参数。尽管 arguments 对象检查在大多数情况下运行良好，但是实际使用起来却有些笨重。举个例子，以下这段代码检查了 arguments 对象：

```
function pick(object) {
    let result = Object.create(null);

    // 从第二个参数开始
    for (let i = 1, len = arguments.length; i < len; i++) {
        result[arguments[i]] = object[arguments[i]];
    }

    return result;
}

let book = {
```

```
    title: "Understanding ECMAScript 6",
    author: "Nicholas C. Zakas",
    year: 2016
};

let bookData = pick(book, "author", "year");

console.log(bookData.author);   // "Nicholas C. Zakas"
console.log(bookData.year);     // 2016
```

这个函数模仿了 Underscore.js 库中的 pick()方法，返回一个给定对象的副本，包含原始对象属性的特定子集。在这个示例中只定义了一个参数，第一个参数传入的是被复制属性的源对象，其他参数为被复制属性的名称。

关于 pick()函数应该注意这样几件事情：首先，并不容易发现这个函数可以接受任意数量的参数，当然，可以定义更多的参数，但是怎么也达不到要求；其次，因为第一个参数为命名参数且已被使用，当你要查找需要拷贝的属性名称时，不得不从索引 1 而不是索引 0 开始遍历 arguments 对象。牢记真正的索引位置并不难，但这总归是我们需要牵挂的问题。

而在 ECMAScript 6 中，通过引入不定参数（rest parameters）的特性可以解决这些问题。

不定参数

在函数的命名参数前添加三个点（...）就表明这是一个不定参数，该参数为一个数组，包含着自它之后传入的所有参数，通过这个数组名即可逐一访问里面的参数。举个例子，使用不定参数重写 pick()函数：

```
function pick(object, ...keys) {
    let result = Object.create(null);

    for (let i = 0, len = keys.length; i < len; i++) {
        result[keys[i]] = object[keys[i]];
    }

    return result;
}
```

在这一版的函数中，不定参数 keys 包含的是 object 之后传入的所有参数

（而 arguments 对象包含的则是所有传入的参数，包括 object），这样一来你就可以放心地遍历 keys 对象了。这种方法还有另一个好处，只需看一眼函数就可以知晓该函数可以处理的参数数量。

NOTE 函数的 length 属性统计的是函数命名参数的数量，不定参数的加入不会影响 length 属性的值。在本示例中，pick()函数的 length 值为 1，因为只会计算 object。

不定参数的使用限制

不定参数有两条使用限制。首先，每个函数最多只能声明一个不定参数，而且一定要放在所有参数的末尾。例如以下的这段代码就不能正常运行：

```
// 语法错误：不定参数后不能有其他命名参数
function pick(object, ...keys, last) {
    let result = Object.create(null);

    for (let i = 0, len = keys.length; i < len; i++) {
        result[keys[i]] = object[keys[i]];
    }

    return result;
}
```

在这段代码中，在声明不定参数 keys 后又声明了参数 last，这可能导致程序抛出语法错误。

其次，不定参数不能用于对象字面量 setter 之中，那么下面这段代码也会导致程序抛出语法错误：

```
let object = {

    // 语法错误：不可以在 setter 中使用不定参数
    set name(...value) {
        // 执行一些逻辑
    }
};
```

之所以存在这条限制，是因为对象字面量 setter 的参数有且只能有一个。而在不定参数的定义中，参数的数量可以无限多，所以在当前上下文中不允许使用不定参数。

不定参数对 arguments 对象的影响

不定参数的设计初衷是代替 JavaScript 的 arguments 对象。起初，在 ECMAScript 4 草案中，arguments 对象被移除并添加了不定参数的特性，从而可以传入不限数量的参数。但是 ECMAScript 4 从未被标准化，这个想法被搁置下来，直到重新引入了 ECMAScript 6 标准，唯一的区别是 arguments 对象依然存在。

如果声明函数时定义了不定参数，则在函数被调用时，arguments 对象包含了所有传入函数的参数，就像这样：

```
function checkArgs(...args) {
    console.log(args.length);
    console.log(arguments.length);
    console.log(args[0], arguments[0]);
    console.log(args[1], arguments[1]);
}

checkArgs("a", "b");
```

调用 checkArgs()，输出以下内容：

```
2
2
a a
b b
```

无论是否使用不定参数，arguments 对象总是包含所有传入函数的参数。

增强的 Function 构造函数

Function 构造函数是 JavaScript 语法中很少被用到的一部分，通常我们用它来动态创建新的函数。这种构造函数接受字符串形式的参数，分别为函数的参数及函数体。请看示例：

```
var add = new Function("first", "second", "return first + second");

console.log(add(1, 1));     // 2
```

ECMAScript 6 增强了 Function 构造函数的功能，支持在创建函数时定义默认参数和不定参数。唯一需要做的是在参数名后添加一个等号及一个默认值，就像这样：

```
var add = new Function("first", "second = first",
    "return first + second");

console.log(add(1, 1));     // 2
console.log(add(1));        // 2
```

在这个示例中，调用 add(1)时只传入一个参数，参数 second 被赋值为 first 的值。这种语法与不使用 Function 声明函数很像。

定义不定参数，只需在最后一个参数前添加...，像这样：

```
var pickFirst = new Function("...args", "return args[0]");

console.log(pickFirst(1, 2));   // 1
```

在这段创建函数的代码中，只定义了一个不定参数，函数返回传入的第一个参数。对于 Function 构造函数，新增的默认参数和不定参数这两个特性使其具备了与声明式创建函数相同的能力。

展开运算符

在所有的新功能中，与不定参数最相似的是展开运算符。不定参数可以让你指定多个各自独立的参数，并通过整合后的数组来访问；而展开运算符可以让你指定一个数组，将它们打散后作为各自独立的参数传入函数。JavaScript 内建的 Math.max()方法可以接受任意数量的参数并返回值最大的那一个，这是一个简单的用例：

```
let value1 = 25,
    value2 = 50;

console.log(Math.max(value1, value2));      // 50
```

如示例所示，如果只处理两个值，那么 Math.max()非常简单易用。传入两个值后返回更大的那一个。但是如果想从一个数组中挑选出最大的那个值应该怎么做呢？Math.max()方法不允许传入数组，所以在 ECMAScript 5 及早期版本中，可能需要手动实现从数组中遍历取值，或者像这样使用 apply()方法：

```
let values = [25, 50, 75, 100]

console.log(Math.max.apply(Math, values));  // 100
```

这个解决方案确实可行，但却让人很难看懂代码的真正意图。

使用 ECMAScript 6 中的展开运算符就可以简化上述示例，向 Math.max()方法传入一个数组，再在数组前添加不定参数中使用的...符号，就无须再调用 apply()方法了。JavaScript 引擎读取这段程序后会将参数数组分割为各自独立的参数并依次传入，就像这样：

```
let values = [25, 50, 75, 100]

// 等价于
// console.log(Math.max(25, 50, 75, 100));
console.log(Math.max(...values));           // 100
```

使用 apply()方法需要手动指定 this 的绑定（如之前示例中 Math.max.apply()方法的第一个参数），如果使用展开运算符可以使这种简单的数学运算看起来更加简洁。

可以将展开运算符与其他正常传入的参数混合使用。假设你想限定 Math.max()返回的最小值为 0（以防负数偷偷溜进数组），可以单独传入限定值，其他的参数仍然使用展开运算符得到，就像这样：

```
let values = [-25, -50, -75, -100]

console.log(Math.max(...values, 0));        // 0
```

在这个示例中，Math.max()函数先用展开运算符传入数组中的值，又传入了参数 0。

展开运算符可以简化使用数组给函数传参的编码过程，将来你可能会发现，在大多数使用 apply()方法的情况下展开运算符可能是一个更合适的方案。

到目前为止，ECMAScript 6 中的默认参数和不定参数这两个新特性，既可以用在你之前了解过的场景，也可以应用于 JavaScript 的 Function 构造函数中。

name 属性

由于在 JavaScript 中有多种定义函数的方式，因而辨别函数就是一项具有挑战性的任务。此外，匿名函数表达式的广泛使用更是加大了调试的难度，开发者们经常要追踪难以解读的栈记录。为了解决这些问题，ECMAScript 6 中为所有函数新增了 name 属性。

如何选择合适的名称

ECMAScript 6 程序中所有的函数的 name 属性都有一个合适的值。在接下来的示例中展示了一个函数和一个函数表达式，并打印了各自的 name 属性：

```
function doSomething() {
    // 空函数
}

var doAnotherThing = function() {
    // 空函数
};

console.log(doSomething.name);          // "doSomething"
console.log(doAnotherThing.name);       // "doAnotherThing"
```

在这段代码中，doSomething()函数的 name 属性值为"doSomething"，对应着声明时的函数名称；匿名函数表达式 doAnotherThing()的 name 属性值为"doAnotherThing"，对应着被赋值为该匿名函数的变量的名称。

name 属性的特殊情况

尽管确定函数声明和函数表达式的名称很容易，ECMAScript 6 还是做了更多的改进来确保所有函数都有合适的名称，请看接下来的这段程序：

```
var doSomething = function doSomethingElse() {
    // 空函数
};

var person = {
    get firstName() {
```

```
        return "Nicholas"
    },
    sayName: function() {
        console.log(this.name);
    }
}

console.log(doSomething.name);      // "doSomethingElse"
console.log(person.sayName.name);   // "sayName"
console.log(person.firstName.name); // "get firstName"
```

在这个示例中，doSomething.name 的值为"doSomethingElse"，是由于函数表达式有一个名字，这个名字比函数本身被赋值的变量的权重高；person.sayName()的 name 属性的值为"sayName"，因为其值取自对象字面量，与之类似，person.firstName 实际上是一个 getter 函数，所以它的名称为"get firstName"，setter 函数的名称中当然也有前缀"set"。

还有另外两个有关函数名称的特例：通过 bind()函数创建的函数，其名称将带有"bound"前缀；通过 Function 构造函数创建的函数，其名称将是"anonymous"，正如如下示例：

```
var doSomething = function() {
    // 空函数
};

console.log(doSomething.bind().name);   // "bound doSomething"

console.log((new Function()).name);     // "anonymous"
```

绑定函数的 name 属性总是由被绑定函数的 name 属性及字符串前缀"bound"组成，所以绑定函数 doSomething()的 name 属性值为"bound doSomething"。

切记，函数 name 属性的值不一定引用同名变量，它只是协助调试用的额外信息，所以不能使用 name 属性的值来获取对于函数的引用。

明确函数的多重用途

ECMAScript 5 及早期版本中的函数具有多重功能，可以结合 new 使用，函数内的 this 值将指向一个新对象，函数最终会返回这个新对象，如本示例所示：

```
function Person(name) {
    this.name = name;
}

var person = new Person("Nicholas");
var notAPerson = Person("Nicholas");

console.log(person);        // "[Object object]"
console.log(notAPerson);    // "undefined"
```

给 notAPerson 变量赋值时，没有通过 new 关键字来调用 Person()，最终返回 undefined（如果在非严格模式下，还会在全局对象中设置一个 name 属性）。只有通过 new 关键字调用 Person()时才能体现其能力，就像常见的 JavaScript 程序中显示的那样。而在 ECMAScript 6 中，函数混乱的双重身份终于将有一些改变。

JavaScript 函数有两个不同的内部方法：[[Call]]和[[Construct]]。当通过 new 关键字调用函数时，执行的是[[Construct]]函数，它负责创建一个通常被称作实例的新对象，然后再执行函数体，将 this 绑定到实例上；如果不通过 new 关键字调用函数，则执行[[Call]]函数，从而直接执行代码中的函数体。具有[[Construct]]方法的函数被统称为构造函数。

切记，不是所有函数都有[[Construct]]方法，因此不是所有函数都可以通过 new 来调用，例如，我们在本章后面讲解的箭头函数就没有这个[[Construct]]方法。

在 ECMAScript 5 中判断函数被调用的方法

在 ECMAScript 5 中，如果想确定一个函数是否通过 new 关键字被调用（或者说，判断该函数是否作为构造函数被调用），最流行的方式是使用 instanceof，举个例子：

```
function Person(name) {
    if (this instanceof Person) {
```

```
        this.name = name;   // 如果通过 new 关键字调用
    } else {
        throw new Error("必须通过 new 关键字来调用 Person。")
    }
}

var person = new Person("Nicholas");
var notAPerson = Person("Nicholas");  // 抛出错误
```

在这段代码中，首先检查 this 的值，看它是否为构造函数的实例，如果是，则继续正常执行；如果不是，则抛出错误。由于[[Construct]]方法会创建一个 Person 的新实例，并将 this 绑定到新实例上，通常来讲这样做是正确的，但这个方法也不完全可靠，因为有一种不依赖 new 关键字的方法也可以将 this 绑定到 Person 的实例上，如下所示：

```
function Person(name) {
    if (this instanceof Person) {
        this.name = name;
    } else {
        throw new Error("必须通过 new 关键字来调用 Person。")
    }
}

var person = new Person("Nicholas");
var notAPerson = Person.call(person, "Michael");    // 有效！
```

调用 Person.call()时将变量 person 传入作为第一个参数，相当于在 Person 函数里将 this 设为了 person 实例。对于函数本身，无法区分是通过 Person.call()（或者是 Person.apply()）还是 new 关键字调用得到的 Person 的实例。

元属性（Metaproperty）new.target

为了解决判断函数是否通过 new 关键字调用的问题，ECMAScript 6 引入了 new.target 这个元属性。元属性是指非对象的属性，其可以提供非对象目标的补充信息（例如 new）。当调用函数的[[Construct]]方法时，new.target 被赋值为 new 操作符的目标，通常是新创建对象实例，也就是函数体内 this 的构造函数；如果调用[[Call]]方法，则 new.target 的值为 undefined。

有了这个元属性，可以通过检查 new.target 是否被定义过来安全地检测一个函数是否是通过 new 关键字调用的，就像这样：

```
function Person(name) {
    if (typeof new.target !== "undefined") {
        this.name = name;
    } else {
        throw new Error("必须通过 new 关键字来调用 Person。")
    }
}

var person = new Person("Nicholas");
var notAPerson = Person.call(person, "Michael");    // 抛出错误！
```

在放弃使用 this instanceof Person 的方法且改为检测 new.target 后，我们已经可以在 Person 构造函数中正确地进行判断，当未通过 new 关键字调用时抛出错误。

也可以检查 new.target 是否被某个特定构造函数所调用，举个例子：

```
function Person(name) {
    if (new.target === Person) {
        this.name = name;
    } else {
        throw new Error("必须通过 new 关键字来调用 Person。")
    }
}

function AnotherPerson(name) {
    Person.call(this, name);
}

var person = new Person("Nicholas");
var anotherPerson = new AnotherPerson("Nicholas");  // 抛出错误！
```

在这段代码中，如果要让程序正确运行，new.target 一定是 Person。当调用 new AnotherPerson("Nicholas")时，真正的调用 Person.call(this, name) 没有使用 new 关键字，因此 new.target 的值为 undefined 会抛出错误。

WARNING 在函数外使用 new.target 是一个语法错误。

添加 new.target 后，ECMAScript 6 解决了函数调用的一些模棱两可的问题。紧接着，ECMAScript 6 还解决了另外一个模糊不清的问题：在代码块中声明函数。

块级函数

在 ECMAScript 3 和早期版本中，在代码块中声明一个块级函数严格来说是一个语法错误，但是所有的浏览器仍然支持这个特性。但是很不幸，每个浏览器对这个特性的支持都稍有不同，所以最好不要使用这个特性（最好的选择是使用函数表达式）。

为了遏制这种相互不兼容的行为，ECMAScript 5 的严格模式中引入了一个错误提示，当在代码块内部声明函数时程序会抛出错误：

```
"use strict";

if (true) {

    // 在 ES5 中抛出语法错误，在 ES6 中不报错
    function doSomething() {
        // 空函数
    }
}
```

在 ECMAScript 5 中，代码会抛出语法错误；在 ECMAScript 6 中，会将 doSomething()函数视作一个块级声明，从而可以在定义该函数的代码块内访问和调用它。举个例子：

```
"use strict";

if (true) {

    console.log(typeof doSomething);        // "function"

    function doSomething() {
        // 空函数
    }
```

```
    doSomething();
}

console.log(typeof doSomething);            // "undefined"
```

在定义函数的代码块内，块级函数会被提升至顶部，所以 typeof doSomething 的值为"function"，这也佐证了，即使你在函数定义的位置前调用它，还是能返回正确结果；但是一旦 if 语句代码块结束执行，doSomething()函数将不再存在。

块级函数的使用场景

块级函数与 let 函数表达式类似，一旦执行过程流出了代码块，函数定义立即被移除。二者的区别是，在该代码块中，块级函数会被提升至块的顶部，而用 let 定义的函数表达式不会被提升。如以下代码所示：

```
"use strict";

if (true) {

    console.log(typeof doSomething);        // 抛出错误

    let doSomething = function () {
        // 空函数
    }

    doSomething();
}

console.log(typeof doSomething);
```

在这段代码中，当执行到 typeof doSomething 时，由于此时尚未执行 let 声明语句，doSomething()还在当前块作用域的临时死区中，因此程序被迫中断执行。了解二者间的异同后，你可以考虑一个问题：如果需要函数提升至代码块顶部，则选择块级函数；如果不需要，则选择 let 表达式。

非严格模式下的块级函数

在 ECMAScript 6 中，即使处于非严格模式下，也可以声明块级函数，但其行为与严格模式下稍有不同。这些函数不再提升至代码块的顶部，而是提升至外围函数或全局作用域的顶部。举个例子：

```
// ECMAScript 6 中的行为
if (true) {

    console.log(typeof doSomething);        // "function"

    function doSomething() {
        // 空函数
    }

    doSomething();
}

console.log(typeof doSomething);            // "function"
```

在这个示例中，`doSomething()`函数被提升至全局作用域，所以在 `if` 代码块外也可以访问到。ECMAScript 6 将这个行为标准化了，移除了之前存在于各浏览器间不兼容的行为，所以所有 ECMAScript 6 的运行时环境都将执行这一标准。

将块级函数标准化有助于提升声明函数的能力，与此同时，ECMAScript 6 标准还引入了另外一种全新的方式来声明函数。

箭头函数

在 ECMAScript 6 中，箭头函数是其中最有趣的新增特性。顾名思义，箭头函数是一种使用箭头（=>）定义函数的新语法，但是它与传统的 JavaScript 函数有些许不同，主要集中在以下方面：

- **没有 this、super、arguments 和 new.target 绑定**　箭头函数中的 `this`、`super`、`arguments` 及 `new.target` 这些值由外围最近一层非箭头函数决定。（`super` 将在第 4 章进行讲解。）
- **不能通过 new 关键字调用**　箭头函数没有`[[Construct]]`方法，所以不能被用作构造函数，如果通过 `new` 关键字调用箭头函数，程序会抛出错误。
- **没有原型**　由于不可以通过 `new` 关键字调用箭头函数，因而没有构建原型的需求，所以箭头函数不存在 prototype 这个属性。

- **不可以改变 this 的绑定**　函数内部的 this 值不可被改变，在函数的生命周期内始终保持一致。
- **不支持 arguments 对象**　箭头函数没有 arguments 绑定，所以你必须通过命名参数和不定参数这两种形式访问函数的参数。
- **不支持重复的命名参数**　无论在严格还是非严格模式下，箭头函数都不支持重复的命名参数；而在传统函数的规定中，只有在严格模式下才不能有重复的命名参数。

这些差异的产生有如下几个原因：首先，也是最重要的，this 绑定是 JavaScript 程序中一个常见的错误来源，在函数内很容易就对 this 的值失去控制，其经常导致程序出现意想不到的行为，箭头函数消除了这方面的烦恼；其次，如果限制箭头函数的 this 值，简化代码执行的过程，则 JavaScript 引擎可以更轻松地优化这些操作，而常规函数往往同时会作为构造函数使用或者以其他方式对其进行修改。

在箭头函数内，其余的差异主要是减少错误以及理清模糊不清的地方。这样一来，JavaScript 引擎就可以更好地优化箭头函数的执行过程。

NOTE 箭头函数同样也有一个 name 属性，这与其他函数的规则相同。

箭头函数语法

箭头函数的语法多变，根据实际的使用场景有多种形式。所有变种都由函数参数、箭头、函数体组成，根据使用的需求，参数和函数体可以分别采取多种不同的形式。举个例子，在下面这段代码中，箭头函数采用了单一参数，并且只是简单地返回了参数的值：

```
let reflect = value => value;

// 实际上相当于：

let reflect = function(value) {
    return value;
};
```

当箭头函数只有一个参数时，可以直接写参数名，箭头紧随其后，箭头右侧的表达式被求值后便立即返回。即使没有显式的返回语句，这个箭头函数也可以返回传入的第一个参数，不需要更多的语法铺垫。

如果要传入两个或两个以上的参数，要在参数的两侧添加一对小括号，就像这样：

```
let sum = (num1, num2) => num1 + num2;

// 实际上相当于：

let sum = function(num1, num2) {
    return num1 + num2;
};
```

这里的 sum()函数接受两个参数，将它们简单相加后返回最终结果，它与 reflect()函数唯一的不同是，它的参数被包裹在小括号中，并且用逗号进行分隔（类似传统函数）。

如果函数没有参数，也要在声明的时候写一组没有内容的小括号，就像这样：

```
let getName = () => "Nicholas";

// 实际上相当于：

let getName = function() {
    return "Nicholas";
};
```

如果你希望为函数编写由多个表达式组成的更传统的函数体，那么需要用花括号包裹函数体，并显式地定义一个返回值，就像这个版本的 sum()函数一样：

```
let sum = (num1, num2) => {
    return num1 + num2;
};

// 实际上相当于：

let sum = function(num1, num2) {
    return num1 + num2;
};
```

除了 arguments 对象不可用以外，某种程度上你都可以将花括号里的代码视作传统的函数体定义。

如果想创建一个空函数，需要写一对没有内容的花括号，就像这样：

```
let doNothing = () => {};

// 实际上相当于：

let doNothing = function() {};
```

花括号代表函数体的部分，到目前为止一切都运行良好。但是如果想让箭头函数向外返回一个对象字面量，则需要将该字面量包裹在小括号里。举个例子：

```
let getTempItem = id => ({ id: id, name: "Temp" });

// 实际上相当于：

let getTempItem = function(id) {

    return {
        id: id,
        name: "Temp"
    };
};
```

将对象字面量包裹在小括号中是为了将其与函数体区分开来。

创建立即执行函数表达式

JavaScript函数的一个流行的使用方式是创建立即执行函数表达式(IIFE)，你可以定义一个匿名函数并立即调用，自始至终不保存对该函数的引用。当你想创建一个与其他程序隔离的作用域时，这种模式非常方便。举个例子：

```
let person = function(name) {

    return {
        getName: function() {
            return name;
        }
```

```
    };

}("Nicholas");

console.log(person.getName());      // "Nicholas"
```

在这段代码中，立即执行函数表达式创建了一个包含 getName()方法的新对象，将参数 name 作为该对象的一个私有成员返回给函数的调用者。

只要将箭头函数包裹在小括号里，就可以用它实现相同的功能：

```
let person = ((name) => {

    return {
        getName: function() {
            return name;
        }
    };

})("Nicholas");

console.log(person.getName());      // "Nicholas"
```

注意，小括号只包裹箭头函数定义，没有包含("Nicholas")，这一点与正常函数有所不同，由正常函数定义的立即执行函数表达式既可以用小括号包裹函数体，也可以额外包裹函数调用的部分。

箭头函数没有 this 绑定

函数内的 this 绑定是 JavaScript 中最常出现错误的因素，函数内的 this 值可以根据函数调用的上下文而改变，这有可能错误地影响其他对象。思考一下这个示例：

```
let PageHandler = {

    id: "123456",

    init: function() {
        document.addEventListener("click", function(event) {
            this.doSomething(event.type);     // 抛出错误
```

```
        }, false);
    },

    doSomething: function(type) {
        console.log("Handling " + type  + " for " + this.id);
    }
};
```

在这段代码中，对象 PageHandler 的设计初衷是用来处理页面上的交互，通过调用 init()方法设置交互，依次分配事件处理程序来调用 this.doSomething()。然而，这段代码并没有如预期的正常运行。

实际上，因为 this 绑定的是事件目标对象的引用（在这段代码中引用的是 document），而没有绑定 PageHandler，且由于 this.doSomething()在目标 document 中不存在，所以无法正常执行，尝试运行这段代码只会使程序在触发事件处理程序时抛出错误。

可以使用 bind()方法显式地将函数的 this 绑定到 PageHandler 上来修正这个问题，就像这样：

```
let PageHandler = {

    id: "123456",

    init: function() {
        document.addEventListener("click", (function(event) {
            this.doSomething(event.type);     // 没有错误产生
        }).bind(this), false);
    },

    doSomething: function(type) {
        console.log("Handling " + type  + " for " + this.id);
    }
};
```

现在代码如预期的运行，但可能看起来仍然有点儿奇怪，调用 bind(this)后事实上创建了一个新函数，它的 this 被绑定到当前的 this，也就是 PageHandler。为了避免创建一个额外的函数，我们可以通过一个更好的方式来修正这段代码：使用箭头函数。

箭头函数中没有 this 绑定，必须通过查找作用域链来决定其值。如果箭头函数被非箭头函数包含，则 this 绑定的是最近一层非箭头函数的 this；否则，this 的值会被设置为全局对象。可以通过以下这种方式使用箭头函数：

```
let PageHandler = {

    id: "123456",

    init: function() {
        document.addEventListener("click",
                event => this.doSomething(event.type), false);
    },

    doSomething: function(type) {
        console.log("Handling " + type  + " for " + this.id);
    }
};
```

这个示例中的事件处理程序是一个调用了 this.doSomething()的箭头函数，此处的 this 与 init()函数里的 this 一致，所以此版本代码的运行结果与使用 bind(this)一致。虽然 doSomething()方法不返回值，但是它仍是函数体内唯一的一条执行语句，所以不必用花括号将它包裹起来。

箭头函数缺少正常函数所拥有的 prototype 属性，它的设计初衷是“即用即弃”，所以不能用它来定义新的类型。如果尝试通过 new 关键字调用一个箭头函数，会导致程序抛出错误，就像这个示例一样：

```
var MyType = () => {},
    object = new MyType();  // 错误，不可以通过 new 关键字调用箭头函数
```

在这段代码中，MyType 是一个没有[[Construct]]方法的箭头函数，所以不能正常执行 new MyType()。也正因为箭头函数不能与 new 关键字混用，所以 JavaScript 引擎可以进一步优化它们的行为。

同样，箭头函数中的 this 值取决于该函数外部非箭头函数的 this 值，且不能通过 call()、apply()或 bind()方法来改变 this 的值。

箭头函数和数组

箭头函数的语法简洁，非常适用于数组处理。举例来说，如果你想给数组

排序，通常需要写一个自定义的比较器：

```
var result = values.sort(function(a, b) {
    return a - b;
});
```

我们只想实现一个简单的功能，但这些代码实在太多了。这是用箭头函数简化后的版本：

```
var result = values.sort((a, b) => a - b);
```

诸如 sort()、map()及 reduce()这些可以接受回调函数的数组方法，都可以通过箭头函数语法简化编码过程并减少编码量。

箭头函数没有 arguments 绑定

箭头函数没有自己的 arguments 对象，且未来无论函数在哪个上下文中执行，箭头函数始终可以访问外围函数的 arguments 对象。举个例子：

```
function createArrowFunctionReturningFirstArg() {
    return () => arguments[0];
}

var arrowFunction = createArrowFunctionReturningFirstArg(5);

console.log(arrowFunction());       // 5
```

在 createArrowFunctionReturningFirstArg()函数中，箭头函数引用了外围函数传入的第一个参数 arguments[0]，也就是后续执行过程中传入的数字 5。即使函数箭头此时已不再处于创建它的函数的作用域中，却依然可以访问当时的 arguments 对象，这是 arguments 标识符的作用域链解决方案所规定的。

箭头函数的辨识方法

尽管箭头函数与传统函数的语法不同，但它同样可以被识别出来，请看以下这段代码：

```
var comparator = (a, b) => a - b;

console.log(typeof comparator);                 // "function"
```

```
console.log(comparator instanceof Function);    // true
```

由 console.log()的输出结果可知，使用 typeof 和 instanceof 操作符调用箭头函数与调用其他函数并无二致。

同样，仍然可以在箭头函数上调用 call()、apply()及 bind()方法，但与其他函数不同的是，箭头函数的 this 值不会受这些方法的影响。这里有一些示例：

```
var sum = (num1, num2) => num1 + num2;

console.log(sum.call(null, 1, 2));      // 3
console.log(sum.apply(null, [1, 2]));   // 3

var boundSum = sum.bind(null, 1, 2);

console.log(boundSum());                // 3
```

通过 call()方法和 apply()方法调用 sum()函数并传递参数；通过 bind()方法创建 boundSum()函数，并传入参数 1 和 2。这些参数都不需要直接传入。

包括回调函数在内所有使用匿名函数表达式的地方都适合用箭头函数来改写。下一节将讲解 ECMAScript 6 的另一项主要的改进，主要是内部系统优化，没有添加新语法。

尾调用优化

ECMAScript 6 关于函数最有趣的变化可能是尾调用系统的引擎优化。尾调用指的是函数作为另一个函数的最后一条语句被调用，就像这样：

```
function doSomething() {
    return doSomethingElse();   // 尾调用
}
```

在 ECMAScript 5 的引擎中，尾调用的实现与其他函数调用的实现类似：创建一个新的栈帧（stack frame），将其推入调用栈来表示函数调用。也就是说，在循环调用中，每一个未用完的栈帧都会被保存在内存中，当调用栈变得过大时会造成程序问题。

ECMAScript 6 中的尾调用优化

ECMAScript 6 缩减了严格模式下尾调用栈的大小（非严格模式下不受影响），如果满足以下条件，尾调用不再创建新的栈帧，而是清除并重用当前栈帧：

- 尾调用不访问当前栈帧的变量（也就是说函数不是一个闭包）。
- 在函数内部，尾调用是最后一条语句。
- 尾调用的结果作为函数值返回。

以下这段示例代码满足上述的三个条件，可以被 JavaScript 引擎自动优化：

```
"use strict";

function doSomething() {
    // 优化后
    return doSomethingElse();
}
```

在这个函数中，尾调用 doSomethingElse()的结果立即返回，不调用任何局部作用域变量。如果做一个小改动，不返回最终结果，那么引擎就无法优化当前函数：

```
"use strict";

function doSomething() {
    // 无法优化，无返回
    doSomethingElse();
}
```

同样地，如果你定义了一个函数，在尾调用返回后执行其他操作，则函数也无法得到优化：

```
"use strict";

function doSomething() {
    // 无法优化，必须在返回值后添加其他操作
    return 1 + doSomethingElse();
}
```

在这个示例中，在返回 doSomething()的结果前将其加 1，这足以使引擎失

去优化空间。

还有另外一种意外情况，如果把函数调用的结果存储在一个变量里，最后再返回这个变量，则可能导致引擎无法优化，就像这样：

```
"use strict";

function doSomething() {
    // 无法优化，调用不在尾部
    var result = doSomethingElse();
    return result;
}
```

由于没有立即返回 doSomethingElse()函数的值，因此此例中的代码无法被优化。

可能最难避免的情况是闭包的使用，它可以访问作用域中所有变量，因而导致尾调用优化失效，举个例子：

```
"use strict";

function doSomething() {
    var num = 1,
        func = () => num;

    // 无法优化，该函数是一个闭包
    return func();
}
```

在此示例中，闭包 func()可以访问局部变量 num，即使调用 func()后立即返回结果，也无法对这段代码进行优化。

如何利用尾调用优化

实际上，尾调用的优化发生在引擎背后，除非你尝试优化一个函数，否则无须思考此类问题。递归函数是其最主要的应用场景，此时尾调用优化的效果最显著。请看下面这个阶乘函数：

```
function factorial(n) {

    if (n <= 1) {
```

```
        return 1;
    } else {

        // 无法优化，必须在返回后执行乘法操作
        return n * factorial(n - 1);
    }
}
```

由于在递归调用前执行了乘法操作，因而当前版本的阶乘函数无法被引擎优化。如果 n 是一个非常大的数，则调用栈的尺寸就会不断增长并存在最终导致栈溢出的潜在风险。

优化这个函数，首先要确保乘法不会在函数调用后执行，你可以通过默认参数来将乘法操作移出 return 语句，结果函数可以携带着临时结果进入到下一个迭代中。以下这段新代码具有相同的行为，但可以被 ECMAScript 6 引擎优化：

```
function factorial(n, p = 1) {

    if (n <= 1) {
        return 1 * p;
    } else {
        let result = n * p;

        // 优化后
        return factorial(n - 1, result);
    }
}
```

在这个重写后的 factorial()函数中，第二个参数 p 的默认值为 1，我们用它来保存乘法结果，下一次迭代中可以取出它用于计算，不再需要额外的函数调用。当 n 大于 1 时，先执行一轮乘法计算，然后将结果传给第二次 factorial()调用的参数。现在，ECMAScript 6 引擎就可以优化递归调用了。

当你写递归函数的时候，记得使用尾递归优化的特性，如果递归函数的计算量足够大，则尾递归优化可以大幅提升程序的性能。

WARNING 在撰写本节时，ECMAScript 6 的尾调用优化标准尚处于接受审查阶段，最终也有可能添加一些特殊语法使其作用更明显。目前讨论的内容可能在 ECMAScript 8（ECMAScript 2017）中有所改变。

小结

在 ECMAScript 6 中，除了一些语法改进外函数没有太大的变化，但是变得比以前更易于使用了。

现在，可以为函数定义默认参数，而在 ECMAScript 6 之前，可能需要在函数体内添加额外的代码来检查参数是否存在，如若不存在则需要手动赋一个默认值。

也可以为函数定义不定参数，这个数组中包含其后所有的参数，由于使用的是真实数组，且可以根据需要决定要囊括到数组中的参数，因此不定参数是一个比 `arguments` 对象更灵活的解决方案。

展开运算符与不定参数形似，可以通过它解构数组并将每一个元素作为函数的独立参数使用。在 ECMAScript 6 以前，如果要将数组中的元素作为独立参数传递给函数，只有以下两种方式：手动指定每一个参数或使用 `apply()`方法。只要使用展开运算符，就可以轻松地将数组传入到任何函数中，且由于不再使用 `apply()`方法，也就不需要担心函数的 `this` 绑定问题。

函数中新增的 `name` 属性，有助于通过函数名称来对其进行调试或评估。ECMAScript 6 也正式定义了块级函数的行为，即使在严格模式下块级函数也不再是一个语法错误了。

在 ECMAScript 6 中，普通的函数调用会触发函数的`[[Call]]`方法调用，通过 `new` 关键字调用函数会触发函数的`[[Construct]]`方法调用。新增的元属性 `new.target` 可以帮助你检测函数是通过何种方式调用的。

ECMAScript 6 中函数方面最大的改变是添加了箭头函数。箭头函数的设计目标是用来替代匿名函数表达式，它的语法更简洁，具有词法级的 `this` 绑定，没有 `arguments` 对象，函数内部的 `this` 值不可被改变，因而不能作为构造函数使用。

尾调用优化可以帮助函数保持一个更小的调用栈，从而减少内存的使用，避免栈溢出错误。当程序满足优化条件时，引擎会自动对其进行优化。当然，你可能希望重写递归函数，从而使引擎更好地优化你的程序。

4

扩展对象的功能性

在 JavaScript 中，几乎每一个值都是某种特定类型的对象，于是 ECMAScript 6 也着重提升了对象的功能性。此外，随着 JavaScript 应用复杂度的不断增加，开发者在程序中使用对象的数量也在持续增长，因此对象使用效率的提升就变得至关重要。

ECMAScript 6 通过多种方式来加强对象的使用，通过简单的语法扩展，提供更多操作对象及与对象交互的方法。本章将详细讲解这些改进。

对象类别

在浏览器这样的执行环境中，对象没有统一的标准，在标准中又使用不同的术语描述对象，ECMAScript 6 规范清晰定义了每一个类别的对象。总而言之，理解这些术语对理解这门语言来说非常重要，对象的类别如下：

- **普通（Ordinary）对象** 具有 JavaScript 对象所有的默认内部行为。
- **特异（Exotic）对象** 具有某些与默认行为不符的内部行为。
- **标准（Standard）对象** ECMAScript 6 规范中定义的对象，例如，

Array、Date 等。标准对象既可以是普通对象，也可以是特异对象。

- **内建对象** 脚本开始执行时存在于 JavaScript 执行环境中的对象，所有标准对象都是内建对象。

在整本书中，我们将使用这些术语来解释 ECMAScript 6 定义的各种对象。

对象字面量语法扩展

在网上的每个 JavaScript 文件中，几乎都有对象字面量的身影，它是 JavaScript 中最流行的模式之一，就连 JSON 也是基于它的语法构建的。对象字面量之所以如此流行，是因为如果我们想要创建对象，不再需要编写冗余的代码，直接通过它简洁的语法就可以实现。而在 ECMAScript 6 中，通过下面的几种语法，让对象字面量变得更强大、更简洁。

属性初始值的简写

在 ECMAScript 5 及更早版本中，对象字面量只是简单的键值对集合，这意味着初始化属性值时会有一些重复，举个例子：

```
function createPerson(name, age) {
    return {
        name: name,
        age: age
    };
}
```

这段代码中的 createPerson()函数创建了一个对象，其属性名称与函数的参数相同，在返回的结果中，name 和 age 分别重复了两遍，只是其中一个是对象属性的名称，另外一个是为属性赋值的变量。

在 ECMAScript 6 中，通过使用属性初始化的简写语法，可以消除这种属性名称与局部变量之间的重复书写。当一个对象的属性与本地变量同名时，不必再写冒号和值，简单地只写属性名即可。举个例子，按照 ECMAScript 6 的风格，可以改写 createPerson()方法如下：

```
function createPerson(name, age) {
    return {
        name,
```

```
        age
    };
}
```

当对象字面量里只有一个属性的名称时，JavaScript 引擎会在可访问作用域中查找其同名变量；如果找到，则该变量的值被赋给对象字面量里的同名属性。在本示例中，对象字面量属性 name 被赋予了局部变量 name 的值。

在 JavaScript 中，为对象字面量的属性赋同名局部变量的值是一种常见的做法，这种简写方法有助于消除命名错误，因而广受欢迎。

对象方法的简写语法

ECMAScript 6 也改进了为对象字面量定义方法的语法。在 ECMAScript 5 及早期版本中，如果为对象添加方法，必须通过指定名称并完整定义函数来实现，就像这样：

```
var person = {
    name: "Nicholas",
    sayName: function() {
        console.log(this.name);
    }
};
```

而在 ECMAScript 6 中，语法更简洁，消除了冒号和 function 关键字。可以将以上的示例重写如下：

```
var person = {
    name: "Nicholas",
    sayName() {
        console.log(this.name);
    }
};
```

在这个示例中，通过对象方法简写语法，在 person 对象中创建一个 sayName()方法，该属性被赋值为一个匿名函数表达式，它拥有在 ECMAScript 5 中定义的对象方法所具有的全部特性。二者唯一的区别是，简写方法可以使用 super 关键字（稍后会讨论）。

NOTE 通过对象方法简写语法创建的方法有一个 name 属性，其值为小括号前的名称，在上述示例中，person.sayName()方法的 name 属性的值为"sayName"。

可计算属性名（Computed Property Name）

在 ECMAScript 5 及早期版本的对象实例中，如果想要通过计算得到属性名，就需要用方括号代替点记法。有些包括某些字符的字符串字面量作为标识符会出错，其和变量放在方括号中都是被允许的。请看这个示例：

```
var person = {},
    lastName = "last name";

person["first name"] = "Nicholas";
person[lastName] = "Zakas";

console.log(person["first name"]);      // "Nicholas"
console.log(person[lastName]);          // "Zakas"
```

变量 lastName 被赋值为字符串"last name"，引用的两个属性名称中都含有空格，因而不可使用点记法引用这些属性，却可以使用方括号，因为它支持通过任何字符串值作为名称访问属性的值。

此外，在对象字面量中，可以直接使用字符串字面量作为属性名称，就像这样：

```
var person = {
    "first name": "Nicholas"
};

console.log(person["first name"]);      // "Nicholas"
```

这种模式适用于属性名提前已知或可被字符串字面量表示的情况。然而，如果属性名称"first name"被包含在一个变量中（就像之前示例中的那样），或者需要通过计算才能得到该变量的值，那么在 ECMAScript 5 中是无法为一个对象字面量定义该属性的。

而在 ECMAScript 6 中，可在对象字面量中使用可计算属性名称，其语法与引用对象实例的可计算属性名称相同，也是使用方括号。举个例子：

```
let lastName = "last name";

let person = {
```

```
    "first name": "Nicholas",
    [lastName]: "Zakas"
};

console.log(person["first name"]);      // "Nicholas"
console.log(person[lastName]);          // "Zakas"
```

在对象字面量中使用方括号表示的该属性名称是可计算的，它的内容将被求值并被最终转化为一个字符串，因而同样可以使用表达式作为属性的可计算名称，例如：

```
var suffix = " name";

var person = {
    ["first" + suffix]: "Nicholas",
    ["last" + suffix]: "Zakas"
};

console.log(person["first name"]);      // "Nicholas"
console.log(person["last name"]);       // "Zakas"
```

这些属性被求值后为字符串`"first name"`和`"last name"`，然后它们可用于属性引用。任何可用于对象实例括号记法的属性名，也可以作为字面量中的计算属性名。

新增方法

ECMAScript 其中一个设计目标是：不再创建新的全局函数，也不在`Object.prototype`上创建新的方法。从 ECMAScript 5 开始，避免创建新的全局方法和在`Object.prototype`上创建新的方法。 当开发者想向标准添加新方法时，他们会找一个适当的现有对象，让这些方法可用。结果，当没有其他合适的对象时，全局`Object`对象会收到越来越多的对象方法。而在 ECMAScript 6 中，为了使某些任务更易完成，在全局`Object`对象上引入了一些新方法。

Object.is()方法

当你想在 JavaScript 中比较两个值时，可能习惯于使用相等运算符（==）

或全等运算符（===），许多开发者更喜欢后者，从而避免在比较时触发强制类型转换的行为。但即使全等运算符也不完全准确，举个例子，+0和-0在JavaScript引擎中被表示为两个完全不同的实体，而如果使用全等运算符===对两者进行比较，得到的结果是两者相等；同样，NaN === NaN的返回值为false，需要使用isNaN()方法才可以正确检测NaN。

ECMAScript 6引入了Object.is()方法来弥补全等运算符的不准确运算。这个方法接受两个参数，如果这两个参数类型相同且具有相同的值，则返回true。请看下面这些示例：

```
console.log(+0 == -0);              // true
console.log(+0 === -0);             // true
console.log(Object.is(+0, -0));     // false

console.log(NaN == NaN);            // false
console.log(NaN === NaN);           // false
console.log(Object.is(NaN, NaN));   // true

console.log(5 == 5);                // true
console.log(5 == "5");              // true
console.log(5 === 5);               // true
console.log(5 === "5");             // false
console.log(Object.is(5, 5));       // true
console.log(Object.is(5, "5"));     // false
```

对于Object.is()方法来说，其运行结果在大部分情况中与===运算符相同，唯一的区别在于+0和-0被识别为不相等并且NaN与NaN等价。但是你大可不必抛弃等号运算符，是否选择用Object.is()方法而不是==或===取决于那些特殊情况如何影响代码。

Object.assign()方法

混合（Mixin）是JavaScript中实现对象组合最流行的一种模式。在一个mixin方法中，一个对象接收来自另一个对象的属性和方法，许多JavaScript库中都有类似的mixin方法：

```
function mixin(receiver, supplier) {
    Object.keys(supplier).forEach(function(key) {
        receiver[key] = supplier[key];
```

```
    });

    return receiver;
}
```

mixin()函数遍历 supplier 的自有属性并复制到 receiver 中（此处的复制行为是浅复制，当属性值为对象时只复制对象的引用）。这样一来，receiver 不通过继承就可以获得新属性，请参考这段代码：

```
function EventTarget() { /*...*/ }
EventTarget.prototype = {
    constructor: EventTarget,
    emit: function() { /*...*/ },
    on: function() { /*...*/ }
};

var myObject = {};
mixin(myObject, EventTarget.prototype);

myObject.emit("somethingChanged");
```

在这段代码中，myObject 接收 EventTarget.prototype 对象的所有行为，从而使 myObject 可以分别通过 emit()方法发布事件或通过 on()方法订阅事件。

这种混合模式非常流行，因而 ECMAScript 6 添加了 Object.assign()方法来实现相同的功能，这个方法接受一个接收对象和任意数量的源对象，最终返回接收对象。mixin()方法使用赋值操作符（assignment operator）=来复制相关属性，却不能复制访问器属性到接收对象中，因此最终添加的方法弃用 mixin 而改用 assign 作为方法名。

NOTE 具有同样功能的方法在各种第三方库中可能被定义了其他方法名，比较常见的有：extend()方法和 mix()方法。除了 Object.assign()方法外，在 ECMAScript 6 的草案中曾短暂出现过一个 Object.mixin()方法，这个方法可以复制访问器属性，但考虑到父类的用法最终其被移除（本章后面会继续讨论）。

任何使用 mixin()方法的地方都可以直接使用 Object.assign()方法来替换，请看这个示例：

```
function EventTarget() { /*...*/ }
```

```
EventTarget.prototype = {
    constructor: EventTarget,
    emit: function() { /*...*/ },
    on: function() { /*...*/ }
}

var myObject = {}
Object.assign(myObject, EventTarget.prototype);

myObject.emit("somethingChanged");
```

Object.assign()方法可以接受任意数量的源对象，并按指定的顺序将属性复制到接收对象中。所以如果多个源对象具有同名属性，则排位靠后的源对象会覆盖排位靠前的，就像这段代码这样：

```
var receiver = {};

Object.assign(receiver,
    {
        type: "js",
        name: "file.js"
    },
    {
        type: "css"
    }
);

console.log(receiver.type);     // "css"
console.log(receiver.name);     // "file.js"
```

此处两个源对象具有同名的 type 属性，receiver.type 最终的值为"css"。

对于 ECMAScript 6，Object.assign()方法不是一个重大的补充，但它确实为众多 JavaScript 库都有的这种普便功能提供了一个正式的方法。

访问器属性

请记住，Object.assign()方法不能将提供者的访问器属性复制到接收对象中。由于 Object.assign()方法执行了赋值操作，因此提供者的访问器属性最终会转变为接收对象中的一个数据属性。举个例子：

```
var receiver = {},
    supplier = {
        get name() {
            return "file.js"
        }
    };

Object.assign(receiver, supplier);

var descriptor = Object.getOwnPropertyDescriptor(receiver, "name");

console.log(descriptor.value);      // "file.js"
console.log(descriptor.get);        // undefined
```

在这段代码中，supplier有一个名为name的访问器属性。当调用Object.assign()方法时返回字符串"file.js"，因此receiver接收这个字符串后将其存为数据属性receiver.name。

重复的对象字面量属性

ECMAScript 5严格模式中加入了对象字面量重复属性的校验，当同时存在多个同名属性时会抛出错误。举个例子，以下这段代码就会抛出错误：

```
"use strict";

var person = {
    name: "Nicholas",
    name: "Greg"        //ES5 严格模式下会有语法错误
};
```

当运行在ECMAScript 5严格模式下时，第二个name属性会触发一个语法错误；但是在ECMAScript 6中重复属性检查被移除了，无论是在严格模式还是非严格模式下，代码不再检查重复属性，对于每一组重复属性，都会选取最后一个取值，就像这样：

```
"use strict";

var person = {
    name: "Nicholas",
    name: "Greg"        // ES6 严格模式下没有错误
};

console.log(person.name);       // "Greg"
```

在这个示例中，属性 person.name 取最后一次赋值"Greg"。

自有属性枚举顺序

ECMAScript 5 中未定义对象属性的枚举顺序，由 JavaScript 引擎厂商自行决定。然而，ECMAScript 6 严格规定了对象的自有属性被枚举时的返回顺序，这会影响到 Object.getOwnPropertyNames()方法及 Reflect.ownKeys（将在第 12 章讲解）返回属性的方式，Object.assign()方法处理属性的顺序也将随之改变。

自有属性枚举顺序的基本规则是：

1. 所有数字键按升序排序。
2. 所有字符串键按照它们被加入对象的顺序排序。
3. 所有 symbol 键（在第 6 章详细讲解）按照它们被加入对象的顺序排序。

请看以下示例：

```
var obj = {
    a: 1,
    0: 1,
    c: 1,
    2: 1,
    b: 1,
    1: 1
};

obj.d = 1;

console.log(Object.getOwnPropertyNames(obj).join(""));      // "012acbd"
```

Object.getOwnPropertyNames()方法按照 0、1、2、a、c、b、d 的顺序依次返回对象 obj 中定义的属性。请注意，对于数值键，尽管在对象字面量中的顺序是随意的，但在枚举时会被重新组合和排序。字符串键紧随数值键，并按照在对象 obj 中定义的顺序依次返回，所以随后动态加入的字符串键（例如，d）最后输出。

NOTE 对于 for-in 循环，由于并非所有厂商都遵循相同的实现方式，因此仍未指定一个明确的枚举顺序；而 Object.keys()方法和 JSON.stringify()方法都指明与 for-in 使用相同的枚举顺序，因此它们的枚举顺序目前也不明晰。

对于 JavaScript，枚举顺序的改变其实微不足道，但是有很多程序都需要明确指定枚举顺序才能正确运行。ECMAScript 6 中通过明确定义枚举顺序，确保用到枚举的代码无论处于何处都可以正确地执行。

增强对象原型

原型是 JavaScript 继承的基础，在早期版本中，JavaScript 严重限制了原型的使用。随着语言逐渐成熟，开发者们也更加熟悉原型的运行方式，他们希望获得更多对于原型的控制力，并以更简单的方式来操作原型。于是，ECMAScript 6 针对原型进行了改进。

改变对象的原型

正常情况下，无论是通过构造函数还是 Object.create()方法创建对象，其原型是在对象被创建时指定的。对象原型在实例化之后保持不变，直到 ECMAScript 5 都是 JavaScript 编程最重要的设定之一，虽然在 ECMAScript 5 中添加了 Object.getPrototypeOf()方法来返回任意指定对象的原型，但仍缺少对象在实例化后改变原型的标准方法。

所以，在 ECMAScript 6 中添加了 Object.setPrototypeOf()方法来改变这一现状，通过这个方法可以改变任意指定对象的原型，它接受两个参数：被改变原型的对象及替代第一个参数原型的对象。举个例子：

```
let person = {
    getGreeting() {
        return "Hello";
    }
```

```
};

let dog = {
    getGreeting() {
        return "Woof";
    }
};

// 以 person 对象为原型
let friend = Object.create(person);
console.log(friend.getGreeting());                      // "Hello"
console.log(Object.getPrototypeOf(friend) === person);  // true

// 将原型设置为 dog
Object.setPrototypeOf(friend, dog);
console.log(friend.getGreeting());                      // "Woof"
console.log(Object.getPrototypeOf(friend) === dog);     // true
```

这段代码中定义了两个基对象：person 和 dog。二者都有 getGreeting()方法，且都返回一个字符串。friend 对象先继承 person 对象，调用 getGreeting()方法输出"Hello"；当原型被变更为 dog 对象时，原先与 person 对象的关联被解除，调用 friend.getGreeting()方法时输出的内容就变为了"Woof"。

对象原型的真实值被储存在内部专用属性[[Prototype]]中，调用 Object.getPrototypeOf()方法返回储存在其中的值，调用 Object.setPrototypeOf()方法改变其中的值。然而，这不是操作[[Prototype]]值的唯一方法。

简化原型访问的 Super 引用

正如之前提及的，原型对于 JavaScript 而言非常重要，ECMAScript 6 中许多改进的最终目标就是为了使其更易用。以此为目标，ECMAScript 6 引入了 Super 引用的特性，使用它可以更便捷地访问对象原型。举个例子，如果你想重写对象实例的方法，又需要调用与它同名的原型方法，则在 ECMAScript 5 中可以这样实现：

```
let person = {
    getGreeting() {
        return "Hello";
    }
```

```
};

let dog = {
    getGreeting() {
        return "Woof";
    }
};

let friend = {
    getGreeting() {
        return Object.getPrototypeOf(this).getGreeting.call(this) + ", hi!";
    }
};

// 将原型设置为 person
Object.setPrototypeOf(friend, person);
console.log(friend.getGreeting());                      // "Hello, hi!"
console.log(Object.getPrototypeOf(friend) === person);  // true

// 将原型设置为 dog
Object.setPrototypeOf(friend, dog);
console.log(friend.getGreeting());                      // "Woof, hi!"
console.log(Object.getPrototypeOf(friend) === dog);     // true
```

在这个示例中，friend 对象的 getGreeting()方法调用了同名的原型方法。Object.getPrototypeOf()方法可以确保调用正确的原型，并向输出字符串叠加另一个字符串；后面的.call(this)可以确保正确设置原型方法中的 this 值。

要准确记得如何使用 Object.getPrototypeOf()方法和.call(this)方法来调用原型上的方法实在有些复杂，所以 ECMAScript 6 引入了 super 关键字。简单来说，Super 引用相当于指向对象原型的指针，实际上也就是 Object.getPrototypeOf(this)的值。于是，可以这样简化上面的 getGreeting()方法：

```
let friend = {
    getGreeting() {
        // 这段代码与之前的示例中的
        // Object.getPrototypeOf(this).getGreeting.call(this)相同
        return super.getGreeting() + ", hi!";
    }
};
```

调用 super.getGreeting()方法相当于在当前上下文中调用 Object.getPrototypeOf(this).getGreeting.call(this)。同样，可以通过 Super 引用调用对象原型上所有其他的方法。当然，必须要在使用简写方法的对象中使用 Super 引用，但如果在其他方法声明中使用会导致语法错误，就像这样：

```
let friend = {
    getGreeting: function() {
        // 语法错误
        return super.getGreeting() + ", hi!";
    }
};
```

在这个示例中用匿名 function 定义一个属性，由于在当前上下文中 Super 引用是非法的，因此当调用 super.getGreeting()方法时会抛出语法错误。

Super 引用在多重继承的情况下非常有用，因为在这种情况下，使用 Object.getPrototypeOf()方法将会出现问题。举个例子：

```
let person = {
    getGreeting() {
        return "Hello";
    }
};

// 以 person 对象为原型
let friend = {
    getGreeting() {
        return Object.getPrototypeOf(this).getGreeting.call(this) + ", hi!";
    }
};
Object.setPrototypeOf(friend, person);


// 原型是 friend
let relative = Object.create(friend);

console.log(person.getGreeting());                  // "Hello"
console.log(friend.getGreeting());                  // "Hello, hi!"
console.log(relative.getGreeting());                // error!
```

this 是 relative，relative 的原型是 friend 对象，当执行 relative 的 getGreeting 方法时，会调用 friend 的 getGreeting()方法，而此时的 this 值为 relative，Object.getPrototypeOf(this)又会返回 friend 对象。所以就会进入递归调用直到触发栈溢出报错。

在 ECMAScript 5 中很难解决这个问题，但在 ECMAScript 6 中，使用 Super 引用便可以迎刃而解：

```
let person = {
    getGreeting() {
        return "Hello";
    }
};

// 以 person 对象为原型
let friend = {
    getGreeting() {
        return super.getGreeting() + ", hi!";
    }
};
Object.setPrototypeOf(friend, person);

// 原型是 friend
let relative = Object.create(friend);

console.log(person.getGreeting());                  // "Hello"
console.log(friend.getGreeting());                  // "Hello, hi!"
console.log(relative.getGreeting());                // "Hello, hi!"
```

Super 引用不是动态变化的，它总是指向正确的对象，在这个示例中，无论有多少其他方法继承了 getGreeting 方法，super.getGreeting()始终指向 person.getGreeting()方法。

正式的方法定义

在 ECMAScript 6 以前从未正式定义“方法”的概念，方法仅仅是一个具有功能而非数据的对象属性。而在 ECMAScript 6 中正式将方法定义为一个函数，它会有一个内部的[[HomeObject]]属性来容纳这个方法从属的对象。请思考以下这段代码：

```
let person = {

    // 是方法
    getGreeting() {
        return "Hello";
    }
};

// 不是方法
function shareGreeting() {
    return "Hi!";
}
```

这个示例中定义了 person 对象，它有一个 getGreeting()方法，由于直接把函数赋值给了 person 对象，因而 getGreeting()方法的[[HomeObject]]属性值为 person。而创建 shareGreeting()函数时，由于未将其赋值给一个对象，因而该方法没有明确定义[[HomeObject]]属性。在大多数情况下这点小差别无关紧要，但是当使用 Super 引用时就变得非常重要了。

Super 的所有引用都通过[[HomeObject]]属性来确定后续的运行过程。第一步是在[[HomeObject]]属性上调用 Object.getPrototypeOf()方法来检索原型的引用；然后搜寻原型找到同名函数；最后，设置 this 绑定并且调用相应的方法。请看下面这个示例：

```
let person = {
    getGreeting() {
        return "Hello";
    }
};

// 以 person 对象为原型
let friend = {
    getGreeting() {
        return super.getGreeting() + ", hi!";
    }
```

```
};
Object.setPrototypeOf(friend, person);

console.log(friend.getGreeting());  // "Hello, hi!"
```

调用 friend.getGreeting()方法会将 person.getGreeting()的返回值与", hi!"拼接成新的字符串并返回。friend.getGreeting()方法的[[HomeObject]]属性值是 friend，friend 的原型是 person，所以 super.getGreeting()等价于 person.getGreeting.call(this)。

小结

对象是 JavaScript 编程的核心，ECMAScript 6 为对象提供了许多简单易用且更加灵活的新特性。

ECMAScript 6 在对象字面量的基础上做出了以下几个变更：简化属性定义语法，使将当前作用域中的同名变量赋值给对象的语法变得更加简洁；添加可计算属性名特性，允许为对象指定非字面量属性名称；添加对象方法的简写语法，在对象字面量中定义方法时可以省略冒号和 function 关键字；ECMAScript 6 弱化了严格模式下对象字面量重复属性名称的校验，即使在同一个对象字面量中定义两个同名属性也不会抛出错误。

Object.assign()方法可以一次性更改对象中的多个属性，如果使用混入（Mixin）模式这将非常有用；Object.is()方法对于所有值进行严格等价判断，当将其用于处理特殊 JavaScript 值问题时比===操作符更加安全。

在 ECMAScript 6 中同样清晰定义了自有属性的枚举顺序：当枚举属性时，数值键在先，字符串键在后；数值键总是按照升序排列，字符串键按照插入的顺序排列。

通过 ECMAScript 6 的 Object.setPrototypeOf()方法，我们可以在对象被创建后修改它的原型。

最后，可以使用 super 关键字调用对象原型上的方法，此时的 this 绑定会被自动设置为当前作用域的 this 值。

5

解构：使数据访问更便捷

对象和数组字面量是 JavaScript 中两种最常用的数据结构，由于 JSON 数据格式的普及，二者已经成为语言中特别重要的一部分。在编码过程中，我们经常定义许多对象和数组，然后有组织地从中提取相关的信息片段。ECMAScript 6 中添加了可以简化这种任务的新特性：解构。解构是一种打破数据解构，将其拆分为更小部分的过程。本章将介绍如何将解构这个新特性应用到对象和数组中。

为何使用解构功能

在 ECMAScript 5 及早期版本中，开发者们为了从对象和数组中获取特定数据并赋值给变量，编写了许多看起来同质化的代码，就像这样：

```
let options = {
        repeat: true,
        save: false
    };
```

```
// 从对象中提取数据
let repeat = options.repeat,
    save = options.save;
```

这段代码从 options 对象中提取了 repeat 和 save 的值并将其存储为同名局部变量，提取的过程极为相似，想象一下，如果你要提取更多变量，则必须依次编写类似的代码来为变量赋值，如果其中还包含嵌套结构，只靠遍历是找不到真实信息的，必须要深入挖掘整个数据结构才能找到所需数据。

所以 ECMAScript 6 为对象和数组都添加了解构功能，将数据结构打散的过程变得更加简单，可以从打散后更小的部分中获取所需信息。许多语言都通过极少量的语法实现了解构功能，以简化获取信息的过程；而 ECMAScript 6 中的实现实际上利用了你早已熟悉的语法：对象和数组字面量的语法。

对象解构

对象解构的语法形式是在一个赋值操作符左边放置一个对象字面量，例如：

```
let node = {
        type: "Identifier",
        name: "foo"
    };

let { type, name } = node;

console.log(type);      // "Identifier"
console.log(name);      // "foo"
```

在这段代码中，node.type 的值被存储在名为 type 的变量中；node.name 的值被存储在名为 name 的变量中。此处的语法与第 4 章中对象字面量属性初始化的简写语法相同，type 和 name 都是局部声明的变量，也是用来从 options 对象读取相应值的属性名称。

不要忘记初始化程序

如果使用 var、let 或 const 解构声明变量，则必须要提供初始化程序（也就是等号右侧的值）。下面这几行代码全部会导致程序抛出语法错误，它们都缺少了初始化程序：

```
// 语法错误!
var { type, name };

// 语法错误!
let { type, name };

// 语法错误!
const { type, name };
```

如果不使用解构功能，则 var 和 let 声明不强制要求提供初始化程序，但是对于 cosnt 声明，无论如何必须提供初始化程序。

解构赋值

到目前为止，我们已经将对象解构应用到了变量的声明中。然而，我们同样可以在给变量赋值时使用解构语法。举个例子，你可能在定义变量之后想要修改它们的值，就像这样：

```
let node = {
        type: "Identifier",
        name: "foo"
    },
    type = "Literal",
    name = 5;

// 使用解构语法为多个变量赋值
({ type, name } = node);

console.log(type);      // "Identifier"
console.log(name);      // "foo"
```

在这个示例中，声明变量 type 和 name 时初始化了一个值，在后面几行中，通过解构赋值的方法，从 node 对象读取相应的值重新为这两个变量赋值。请注意，一定要用一对小括号包裹解构赋值语句，JavaScript 引擎将一对开放的花括号视为一个代码块，而语法规定，代码块语句不允许出现在赋值语句左侧，添加小括号后可以将块语句转化为一个表达式，从而实现整个解构赋值的过程。

解构赋值表达式的值与表达式右侧（也就是=右侧）的值相等，如此一来，在任何可以使用值的地方你都可以使用解构赋值表达式。想象一下给函数传递参数值的过程：

```
let node = {
        type: "Identifier",
        name: "foo"
    },
    type = "Literal",
    name = 5;

function outputInfo(value) {
    console.log(value === node);        // true
}

outputInfo({ type, name } = node);

console.log(type);      // "Identifier"
console.log(name);      // "foo"
```

调用 outputInfo()函数时传入了一个解构表达式，由于 JavaScript 表达式的值为右侧的值，因而此处传入的参数等同于 node，且变量 type 和 name 被重新赋值，最终将 node 传入 outputInfo()函数。

NOTE 解构赋值表达式（也就是=右侧的表达式）如果为 null 或 undefined 会导致程序抛出错误。也就是说，任何尝试读取 null 或 undefined 的属性的行为都会触发运行时错误。

默认值

使用解构赋值表达式时，如果指定的局部变量名称在对象中不存在，那么这个局部变量会被赋值为 undefined，就像这样：

```
let node = {
        type: "Identifier",
        name: "foo"
    };

let { type, name, value } = node;

console.log(type);      // "Identifier"
console.log(name);      // "foo"
console.log(value);     // undefined
```

这段代码额外定义了一个局部变量 value，然后尝试为它赋值，然而在 node 对象上，没有对应名称的属性值，所以像预期中的那样将它赋值为 undefined。

当指定的属性不存在时，可以随意定义一个默认值，在属性名称后添加一个等号（=）和相应的默认值即可：

```
let node = {
        type: "Identifier",
        name: "foo"
    };

let { type, name, value = true } = node;

console.log(type);      // "Identifier"
console.log(name);      // "foo"
console.log(value);     // true
```

在此示例中，为变量 value 设置了默认值 true，只有当 node 上没有该属性或者该属性值为 undefined 时该值才生效。此处没有 node.value 属性，因为 value 使用了预设的默认值。我们曾在第 3 章讨论过函数的默认参数值，这个过程与其很相似。

为非同名局部变量赋值

到目前为止的每一个示例中，解构赋值使用的都是与对象属性同名的局部变量，例如，node.type 的值被存储在了变量 type 中。但如果你希望使用不同命名的局部变量来存储对象属性的值，ECMAScript 6 中的一个扩展语法可以满足你的需求，这个语法与完整的对象字面量属性初始化程序的很像，请看这个示例：

```
let node = {
        type: "Identifier",
        name: "foo"
    };

let { type: localType, name: localName } = node;

console.log(localType);     // "Identifier"
console.log(localName);     // "foo"
```

这段代码使用了解构赋值来声明变量 localType 和 localName，这两个变量分别包含 node.type 和 node.name 属性的值。type: localType 语法的含义是读取名为 type 的属性并将其值存储在变量 localType 中，这种语法实际上与传统对象字面量的语法相悖，原来的语法名称在冒号左边，值在右边；现在变量名称在冒号右边，而需要读取的位置（对象的属性名）在左边。

当使用其他变量名进行赋值时也可以添加默认值，只需在变量名后添加等号和默认值即可：

```
let node = {
        type: "Identifier"
    };

let { type: localType, name: localName = "bar" } = node;

console.log(localType);     // "Identifier"
console.log(localName);     // "bar"
```

在这段代码中，由于 node.name 属性不存在，变量被默认赋值为"bar"。

到现在，你应该已经了解了如何解构属性为原始值的对象，当然，也可以将解构应用于嵌套的对象结构。

嵌套对象解构

解构嵌套对象仍然与对象字面量的语法相似，可以将对象拆解以获取你想要的信息：

```
let node = {
```

```
        type: "Identifier",
        name: "foo",
        loc: {
            start: {
                line: 1,
                column: 1
            },
            end: {
                line: 1,
                column: 4
            }
        }
    };

let { loc: { start }} = node;

console.log(start.line);        // 1
console.log(start.column);      // 1
```

在这个示例中，我们在解构模式中使用了花括号，其含义为在找到 node 对象中的 loc 属性后，应当深入一层继续查找 start 属性。在上面的解构示例中，所有冒号前的标识符都代表在对象中的检索位置，其右侧为被赋值的变量名；如果冒号后是花括号，则意味着要赋予的最终值嵌套在对象内部更深的层级中。

更进一步，也可以使用一个与对象属性名不同的局部变量名：

```
let node = {
        type: "Identifier",
        name: "foo",
        loc: {
            start: {
                line: 1,
                column: 1
            },
            end: {
                line: 1,
                column: 4
            }
        }
```

```
    };

// 提取 node.loc.start
let { loc: { start: localStart }} = node;

console.log(localStart.line);   // 1
console.log(localStart.column); // 1
```

在这个版本中，node.loc.start 被存储在了新的局部变量 localStart 中。解构模式可以应用于任意层级深度的对象，且每一层都具备同等的功能。

对象解构的功能非常强大，有多种使用方式；但是数组解构只提供一些独立的功能来帮你从数组中提取信息。

语法警示

在使用嵌套解构功能时请注意，你很可能无意中创建了一个无效表达式。内空花括号在对象解构的语法中是合法的，然而这条语句却什么都不会做：

```
// 未声明任何变量！
let { loc: {} } = node;
```

在这条语句中，由于右侧只有一对花括号，因而其不会声明任何绑定，loc 不是即将创建的绑定，它代表了在对象中检索属性的位置。在上述示例中，更好的做法是使用=定义一个默认值。这个语法在将来有可能被废弃，但现在，你只需要警示自己不写类似的代码。

数组解构

与对象解构的语法相比，数组解构就简单多了，它使用的是数组字面量，且解构操作全部在数组内完成，而不是像对象字面量语法一样使用对象的命名属性：

```
let colors = [ "red", "green", "blue" ];
```

```
let [ firstColor, secondColor ] = colors;

console.log(firstColor);        // "red"
console.log(secondColor);       // "green"
```

在这段代码中，我们从 colors 数组中解构出了"red"和"green"这两个值，并分别存储在变量 firstColor 和变量 secondColor 中。在数组解构语法中，我们通过值在数组中的位置进行选取，且可以将其存储在任意变量中，未显式声明的元素都会直接被忽略。切记，在这个过程中，数组本身不会发生任何变化。

在解构模式中，也可以直接省略元素，只为感兴趣的元素提供变量名。举个例子，如果你只想取数组中的第 3 个值，则不需要提供第一个和第二个元素的变量名称：

```
let colors = [ "red", "green", "blue" ];

let [ , , thirdColor ] = colors;

console.log(thirdColor);        // "blue"
```

这段代码使用解构赋值语法从 colors 中获取第 3 个元素，thirdColor 前的逗号是前方元素的占位符，无论数组中的元素有多少个，你都可以通过这种方法提取想要的元素，不需要为每一个元素都指定变量名。

NOTE 当通过 var、let 或 const 声明数组解构的绑定时，必须要提供一个初始化程序，这一条规定与对象解构的规定类似。

解构赋值

数组解构也可用于赋值上下文，但不需要用小括号包裹表达式，这一点与对象解构的约定不同。

```
let colors = [ "red", "green", "blue" ],
    firstColor = "black",
    secondColor = "purple";

[ firstColor, secondColor ] = colors;

console.log(firstColor);          // "red"
```

```
console.log(secondColor);         // "green"
```

这段代码中的解构赋值与上一个数组解构示例相差无几，唯一的区别是此处的 `firstColor` 变量和 `secondColor` 变量已经被定义了。在大多数情况下，有关数组解构赋值的这些语法已经足够使用了，下面这个语法你兴许在将来也会用到。

数组解构语法还有一个独特的用例：交换两个变量的值。在排序算法中，值交换是一个非常常见的操作，如果要在 ECMAScript 5 中交换两个变量的值，则须引入第三个临时变量：

```
// 在 ECMAScript 5 中交换变量
let a = 1,
    b = 2,
    tmp;

tmp = a;
a = b;
b = tmp;

console.log(a);     // 2
console.log(b);     // 1
```

在这种变量交换的方式中，中间变量 `tmp` 是不可或缺的。如果使用数组解构赋值语法，就不再需要额外的变量了，在 ECMAScript 6 中你可以这样做：

```
// 在 ECMAScript 6 中交换变量
let a = 1,
    b = 2;

[ a, b ] = [ b, a ];

console.log(a);     // 2
console.log(b);     // 1
```

在这个示例中，数组解构赋值看起来像是一个镜像：赋值语句左侧（也就是等号左侧）与其他数组解构示例一样，是一个解构模式；右侧是一个为交换过程创建的临时数组字面量。代码执行过程中，先解构临时数组，将 `b` 和 `a` 的值复制到左侧数组的前两个位置，最终结果是变量互换了它们的值。

NOTE 如果右侧数组解构赋值表达式的值为 null 或 undefined，则会导致程序抛出错误，这一特性与对象解构赋值很相似。

默认值

也可以在数组解构赋值表达式中为数组中的任意位置添加默认值，当指定位置的属性不存在或其值为 undefined 时使用默认值：

```
let colors = [ "red" ];

let [ firstColor, secondColor = "green" ] = colors;

console.log(firstColor);        // "red"
console.log(secondColor);       // "green"
```

在这段代码中，colors 数组中只有一个元素，secondColor 没有对应的匹配值，但是它有一个默认值"green"，所以最终 secondColor 的输出结果不会是 undefined。

嵌套数组解构

嵌套数组解构与嵌套对象解构的语法类似，在原有的数组模式中插入另一个数组模式，即可将解构过程深入到下一个层级：

```
let colors = [ "red", [ "green", "lightgreen" ], "blue" ];

// 接下来

let [ firstColor, [ secondColor ] ] = colors;

console.log(firstColor);        // "red"
console.log(secondColor);       // "green"
```

在此示例中，变量 secondColor 引用的是 colors 数组中的值"green"，该元素包含在数组内部的另一个数组中，所以 seconColor 两侧的方括号是一个必要的解构模式。同样，在数组中也可以无限深入去解构，就像在对象中一样。

不定元素

在第 3 章中曾介绍过函数的不定参数，而在数组解构语法中有一个相似的概念：不定元素。在数组中，可以通过...语法将数组中的其余元素赋值给一个特定的变量，就像这样：

```
let colors = [ "red", "green", "blue" ];

let [ firstColor, ...restColors ] = colors;

console.log(firstColor);        // "red"
console.log(restColors.length); // 2
console.log(restColors[0]);     // "green"
console.log(restColors[1]);     // "blue"
```

数组 colors 中的第一个元素被赋值给了 firstColor，其余的元素被赋值给 restColors 数组，所以 restColors 中包含两个元素："green"和"blue"。不定元素语法有助于从数组中提取特定元素并保证其余元素可用，它还有另外一种有趣的应用。

在设计 JavaScript 时，很明显遗漏掉了数组复制的功能。而在 ECMAScript 5 中，开发者们经常使用 concat()方法来克隆数组：

```
// 在 ECMAScript 5 中克隆数组
var colors = [ "red", "green", "blue" ];
var clonedColors = colors.concat();

console.log(clonedColors);      //"[red,green,blue]"
```

concat()方法的设计初衷是连接两个数组，如果调用时不传递参数就会返回当前数组的副本。在 ECMAScript 6 中，可以通过不定元素的语法来实现相同的目标：

```
// cloning an array in ECMAScript 6
let colors = [ "red", "green", "blue" ];
let [ ...clonedColors ] = colors;

console.log(clonedColors);      //"[red,green,blue]"
```

在这个示例中，我们通过不定元素的语法将 colors 数组中的值复制到 clonedColors 数组中，比较这个方法与 concat()方法的可读性，二者孰优孰劣是一个见仁见智的问题，但它确实是一个你需要了解的实用方法。

NOTE 在被解构的数组中，不定元素必须为最后一个条目，在后面继续添加逗号会导致程序抛出语法错误。

混合解构

可以混合使用对象解构和数组解构来创建更多复杂的表达式，如此一来，可以从任何混杂着对象和数组的数据解构中提取你想要的信息，就像这样：

```
let node = {
        type: "Identifier",
        name: "foo",
        loc: {
            start: {
                line: 1,
                column: 1
            },
            end: {
                line: 1,
                column: 4
            }
        },
        range: [0, 3]
    };

let {
    loc: { start },
    range: [ startIndex ]
} = node;

console.log(start.line);        // 1
console.log(start.column);      // 1
console.log(startIndex);        // 0
```

这段代码分别将 node.loc.start 和 node.range[0]提取到变量 start 和 startIndex 中。请记住，解构模式中的 loc:和 range:仅代表它们在 node 对象中所处的位置（也就是该对象的属性）。当你使用混合解构的语法时，则可以从 node 提取任意想要的信息。这种方法极为有效，尤其是当你从 JSON 配置中提取信息时，不再需要遍历整个结构了。

解构参数

解构可以用在函数参数的传递过程中，这种使用方式更特别。当定义一个接受大量可选参数的 JavaScript 函数时，我们通常会创建一个可选对象，将额外的参数定义为这个对象的属性：

```
// options 的属性表示其他参数
function setCookie(name, value, options) {

    options = options || {};

    let secure = options.secure,
        path = options.path,
        domain = options.domain,
        expires = options.expires;

    // 设置 cookie 的代码
}

// 第三个参数映射到 options 中
setCookie("type", "js", {
    secure: true,
    expires: 60000
});
```

许多 JavaScript 库中都有类似的 setCookie()函数，而在示例函数中，name 和 value 是必需参数，而 secure、path、domain 和 expires 则不然，这些参数相对而言没有优先级顺序，将它们列为额外的命名参数也不合适，此时为 options 对象设置同名的命名属性是一个很好的选择。现在的问题是，仅查看函数的声明部分，无法辨识函数的预期参数，必须通过阅读函数体才可以确定所有参数的情况。

如果将 options 定义为解构参数，则可以更清晰地了解函数预期传入的参数。解构参数需要使用对象或数组解构模式代替命名参数，请看这个重写的 setCookie()函数：

```
function setCookie(name, value, { secure, path, domain, expires }) {

    // 设置 cookie 的代码
}

setCookie("type", "js", {
    secure: true,
    expires: 60000
});
```

这个函数与之前示例中的函数具有相似的特性，只是现在使用解构语法代替了第 3 个参数来提取必要的信息，其他参数保持不变，但是对于调用 setCookie()函数的使用者而言，解构参数变得更清晰了。

NOTE 解构参数支持本章中已讲解的所有解构特性。可以使用默认值、混合对象和数组的解构模式及非同名变量存储提取出来的信息。

必须传值的解构参数

解构参数有一个奇怪的地方，默认情况下，如果调用函数时不提供被解构的参数会导致程序抛出错误。举个例子，调用上一个示例中的 setCookit()函数，如果不传递第 3 个参数，会报错：

```
// 程序报错!
setCookie("type", "js");
```

缺失的第 3 个参数，其值为 undefined，而解构参数只是将解构声明应用在函数参数的一个简写方法，其会导致程序抛出错误。当调用 setCookie()函数时，JavaScript 引擎实际上做了这些事情：

```
function setCookie(name, value, options) {

    let { secure, path, domain, expires } = options;

    // 设置 cookie 的代码
}
```

如果解构赋值表达式的右值为 null 或 undefined，则程序会报错，同理，若调用 setCookie()函数时不传入第 3 个参数，也会导致程序抛出错误。

如果解构参数是必需的，大可忽略掉这些问题；但如果希望将解构参数定义为可选的，那么就必须为其提供默认值来解决这个问题：

```
function setCookie(name, value, { secure, path, domain, expires } = {}) {

    // ...
}
```

这个示例中为解构参数添加了一个新对象作为默认值，secure、path、domain及expires这些变量的值全部为undefined，这样即使在调用setCookie()时未传递第3个参数，程序也不会报错。

解构参数的默认值

可以为解构参数指定默认值，就像在解构赋值语句中做的那样，只需在参数后添加等号并且指定一个默认值即可：

```
function setCookie(name, value,
    {
        secure = false,
        path = "/",
        domain = "example.com",
        expires = new Date(Date.now() + 360000000)
    }
) {

    // ...
}
```

在这段代码中，解构参数的每一个属性都有默认值，从而无须再逐一检查每一个属性是否都有默认值。然而，这种方法也有很多缺点：首先，函数声明变得比以前复杂了；其次，如果解构参数是可选的，那么仍然要给它添加一个空对象作为参数，否则像setCookie（"type"，"js"）这样的调用会导致程序抛出错误。这里建议对于对象类型的解构参数，为其赋予相同解构的默认参数：

```
function setCookie(name, value,
    {
        secure = false,
        path = "/",
```

```
        domain = "example.com",
        expires = new Date(Date.now() + 360000000)
    } = {
        secure: false,
        path: "/",
        domain: "example.com",
        expires: new Date(Date.now() + 360000000)
    }
) {

    // ...
}
```

现在函数变得更加完整了，第一个对象字面量是解构参数，第二个为默认值。但是这会造成非常多的代码冗余，你可以将默认值提取到一个独立对象中，并且使用该对象作为解构和默认参数的一部分，从而消除这些冗余：

```
const setCookieDefaults = {
        secure: false,
        path: "/",
        domain: "example.com",
        expires: new Date(Date.now() + 360000000)
    };

function setCookie(name, value,
    {
        secure = setCookieDefault.secure,
        path = setCookieDefault.path,
        domain = setCookieDefault.domain,
        expires = setCookieDefault.expires
    } = setCookieDefaults
) {

    // ...
}
```

在这段代码中，默认值已经被放到 setCookieDefaults 对象中，除了作为默认参数值外，在解构参数中可以直接使用这个对象来为每一个绑定设置默认参数。使用解构参数后，不得不面对处理默认参数的复杂逻辑，但它也有好的一面，如果要改变默认值，可以立即在 setCookieDefaults 中修改，改变的数据将自动同步到所有出现过的地方。

小结

解构的语法由开发者们熟悉的对象字面量和数组字面量语法来组成，可以用它来简化操作 JavaScript 对象和数组的过程，从数据结构中抽取其中一部分感兴趣的信息；对象模式用于从对象中提取数据，数组模式用于从数组中提取信息。

在对象和数组解构中，都可以为值为 undefined 的对象属性或数组元素设置默认值，且赋值表达式右值不可为 null 或 undefind，否则程序会抛出错误。也可以无限深入到对象和数组解构嵌套的数据解构中。

可以使用 var、let 或 const 来解构声明变量，但按照语法规定必须要指定相应的初始化程序。可以用解构赋值代替其他赋值语句，将对象属性和已有的变量解构成更小的数据。

当定义函数参数时，用解构参数代替"options"对象可以将你真正感兴趣的数据与其他命名参数列在一起，使其更可读。解构参数可以是数组模式、对象模式或混合模式，也可以使用解构语法的其他功能。

6

Symbol 和 Symbol 属性

在 ECMAScript 5 及早期版本中，语言包含 5 种原始类型：字符串型、数字型、布尔型、null 和 undefined。ECMAScript 6 引入了第 6 种原始类型：Symbol。起初，人们用它来创建对象的私有成员，JavaScript 开发者们对这个新特性期待已久。在 Symbol 出现以前，人们一直通过属性名来访问所有属性，无论属性名由什么元素构成，全部通过一个字符串类型的名称来访问；私有名称原本是为了让开发者们创建非字符串属性名称而设计的，但是一般的技术无法检测这些属性的*私有名称*。

私有名称最终演变成了 ECMAScript 6 中的 Symbol，本章将讲解如何有效地使用它。虽然通过 Symbol 可以为属性添加非字符串名称，但是其隐私性就被打破了。最终，新标准中将 Symbol 属性与对象中的其他属性分别分类。

创建 Symbol

所有原始值，除了 Symbol 以外都有各自的字面形式，例如布尔类型的 true 或数字类型的 42。可以通过全局的 Symbol 函数创建一个 Symbol，就像这样：

```
let firstName = Symbol();
let person = {};

person[firstName] = "Nicholas";
console.log(person[firstName]);     // "Nicholas"
```

在上面这段代码中，创建了一个名为 firstName 的 Symbol，用它将一个新的属性赋值给 person 对象，每当你想访问这个属性时一定要用到最初定义的 Symbol。记得要合理命名 Symbol 变量，这样可以轻松区分出它所指代的内容。

NOTE 由于 Symbol 是原始值，因此调用 new Symbol()会导致程序抛出错误。也可以执行 new Object（你的 Symbol）创建一个 Symbol 的实例，但目前尚不清楚这个功能何时可以使用。

Symbol 函数接受一个可选参数，其可以让你添加一段文本描述即将创建的 Symbol，这段描述不可用于属性访问，但是建议你在每次创建 Symbol 时都添加这样一段描述，以便于阅读代码和调试 Symbol 程序。

```
let firstName = Symbol("first name");
let person = {};

person[firstName] = "Nicholas";

console.log("first name" in person);        // false
console.log(person[firstName]);             // "Nicholas"
console.log(firstName);                     // "Symbol(first name)"
```

Symbol 的描述被存储在内部的[[Description]]属性中，只有当调用 Symbol 的 toString()方法时才可以读取这个属性。在执行 console.log()时隐式调用了 firstName 的 toString()方法，所以它的描述会被打印到日志中，但不能直接在代码里访问[[Description]]。

Symbol 的辨识方法

Symbol 是原始值，且 ECMAScript 6 同时扩展了 typeof 操作符，支持返回"Symbol"，所以可以用 typeof 来检测变量是否为 Symbol 类型。

```
let symbol = Symbol("test symbol");
console.log(typeof symbol);          // "symbol"
```

通过其他间接方式也可以检测变量是否为 Symbol 类型，但是 typeof 操作符是最准确也是你最应首选的检测方式。

Symbol 的使用方法

所有使用可计算属性名的地方，都可以使用 Symbol。前面我们看到的都是在括号中使用 Symbol，事实上，Symbol 也可以用于可计算对象字面量属性名、Object.defineProperty()方法和Object.defineProperties()方法的调用过程中。

```
let firstName = Symbol("first name");

// 使用一个可计算对象字面量属性
let person = {
    [firstName]: "Nicholas"
};

// 将属性设置为只读
Object.defineProperty(person, firstName, { writable: false });

let lastName = Symbol("last name");

Object.defineProperties(person, {
    [lastName]: {
        value: "Zakas",
        writable: false
    }
});
```

```
console.log(person[firstName]);     // "Nicholas"
console.log(person[lastName]);      // "Zakas"
```

在此示例中，首先通过可计算对象字面量属性语法为 person 对象创建了一个 Symbol 属性 firstName。后面一行代码将这个属性设置为只读。随后，通过 Object.defineProperties()方法创建一个只读的 Symbol 属性 lastName，此处再次使用了对象字面量属性，但却是作为 Object.defineProperties()方法的第二个参数使用。

尽管在所有使用可计算属性名的地方，都可以使用 Symbol 来代替，但是为了在不同代码片段间有效地共享这些 Symbol，需要建立一个体系。

Symbol 共享体系

有时我们可能希望在不同的代码中共享同一个 Symbol，例如，在你的应用中有两种不同的对象类型，但是你希望它们使用同一个 Symbol 属性来表示一个独特的标识符。一般而言，在很大的代码库中或跨文件追踪 Symbol 非常困难而且容易出错，出于这些原因，ECMAScript 6 提供了一个可以随时访问的全局 Symbol 注册表。

如果想创建一个可共享的 Symbol，要使用 Symbol.for()方法。它只接受一个参数，也就是即将创建的 Symbol 的字符串标识符，这个参数同样也被用作 Symbol 的描述，就像这样：

```
let uid = Symbol.for("uid");
let object = {};

object[uid] = "12345";

console.log(object[uid]);       // "12345"
console.log(uid);               // "Symbol(uid)"
```

Symbol.for()方法首先在全局 Symbol 注册表中搜索键为"uid"的 Symbol 是否存在，如果存在，直接返回已有的 Symbol；否则，创建一个新的 Symbol，并使用这个键在 Symbol 全局注册表中注册，随即返回新创建的 Symbol。

后续如果再传入同样的键调用 Symbol.for()会返回相同的 Symbol，像这样：

```
let uid = Symbol.for("uid");
let object = {
    [uid]: "12345"
};

console.log(object[uid]);       // "12345"
console.log(uid);              // "Symbol(uid)"

let uid2 = Symbol.for("uid");

console.log(uid === uid2);      // true
console.log(object[uid2]);      // "12345"
console.log(uid2);             // "Symbol(uid)"
```

在这个示例中，uid 和 uid2 包含相同的 Symbol 并且可以互换使用。第一次调用 Symbol.for()方法创建这个 Symbol，第二次调用可以直接从 Symbol 的全局注册表中检索到这个 Symbol。

还有一个与 Symbol 共享有关的特性：可以使用 Symbol.keyFor()方法在 Symbol 全局注册表中检索与 Symbol 有关的键。举个例子：

```
let uid = Symbol.for("uid");
console.log(Symbol.keyFor(uid));    // "uid"

let uid2 = Symbol.for("uid");
console.log(Symbol.keyFor(uid2));   // "uid"

let uid3 = Symbol("uid");
console.log(Symbol.keyFor(uid3));   // undefined
```

注意，uid 和 uid2 都返回了"uid"这个键，而在 Symbol 全局注册表中不存在 uid3 这个 Symbol，也就是不存在与之有关的键，所以最终返回 undefined。

NOTE Symbol 全局注册表是一个类似全局作用域的共享环境，也就是说你不能假设目前环境中存在哪些键。当使用第三方组件时，尽量使用 Symbol 键的命名空间以减少命名冲突。举个例子，jQuery 的代码可以为所有键添加"jquery"前缀，就像"jquery.element"或其他类似的键。

Symbol 与类型强制转换

自动转型是 JavaScript 中的一个重要语言特性，利用这个特性能够在特定场景下将某个数据强制转换为其他类型。然而，其他类型没有与 Symbol 逻辑等价的值，因而 Symbol 使用起来不是很灵活，尤其是不能将 Symbol 强制转换为字符串和数字类型，否则如果不小心将其作为对象属性，最终会导致不一样的执行结果。

在本章的示例中，我们使用 `console.log()`方法来输出 Symbol 的内容，它会调用 Symbol 的 `String()`方法并输出有用的信息。也可以像这样直接调用 `String()`方法来获得相同的内容：

```
let uid = Symbol.for("uid"),
    desc = String(uid);

console.log(desc);              // "Symbol(uid)"
```

`String()`函数调用了 `uid.toString()`方法，返回字符串类型的 Symbol 描述里的内容。但是，如果你尝试将 Symbol 与一个字符串拼接，会导致程序抛出错误：

```
var uid = Symbol.for("uid"),
    desc = uid + "";            // 报错！
```

将 `uid` 与空字符串拼接，首先要将 `uid` 强制转换为一个字符串，而 Symbol 不可以被转换为字符串，故程序直接抛出错误。

同样，也不能将 Symbol 强制转换为数字类型。将 Symbol 与每一个数学运算符混合使用都会导致程序抛出错误，就像这样：

```
var uid = Symbol.for("uid"),
    sum = uid / 1;              // 报错！
```

这个示例尝试将 Symbol 除 1，程序直接抛出错误。而且无论使用哪一个数学操作符，都无法正常运行（逻辑操作符除外，因为 Symbol 与 JavaScript 中的非空值类似，其等价布尔值为 `true`）。

Symbol 属性检索

`Object.keys()`方法和 `Object.getOwnPropertyNames()`方法可以检索对象

中所有的属性名：前一个方法返回所有可枚举的属性名；后一个方法不考虑属性的可枚举性一律返回。然而为了保持 ECMAScript 5 函数的原有功能，这两个方法都不支持 Symbol 属性，而是在 ECMAScript 6 中添加一个 `Object.getOwnProperty-Symbols()`方法来检索对象中的 Symbol 属性。

`Object.getOwnPropertySymbols()`方法的返回值是一个包含所有 Symbol 自有属性的数组，就像这样：

```
let uid = Symbol.for("uid");
let object = {
    [uid]: "12345"
};

let symbols = Object.getOwnPropertySymbols(object);

console.log(symbols.length);        // 1
console.log(symbols[0]);            // "Symbol(uid)"
console.log(object[symbols[0]]);    // "12345"
```

在这段代码中，`object`对象有一个名为`uid`的`Symbol`属性，`Object.getOwn-PropertySymbols()`方法返回了包含这个属性的数组。

所有对象一开始都没有自己独有的属性，但是对象可以从原型链中继承 Symbol 属性。ECMAScript 6 通过一些 well-known Symbol 预定义了这些属性。

通过 well-known Symbol 暴露内部操作

ECMAScript 5 的一个中心主旨是将 JavaScript 中的一些“神奇”的部分暴露出来，并详尽定义了这些开发者们在当时模拟不了的功能。ECMAScript 6 延续了这个传统，新标准中主要通过在原型链上定义与 Symbol 相关的属性来暴露更多的语言内部逻辑。

ECMAScript 6 开放了以前 JavaScript 中常见的内部操作，并通过预定义一些 well-known Symbol 来表示。每一个这类 Symbol 都是 `Symbol` 对象的一个属性，例如 `Symbol.match`。

这些 well-known Symbol 包括：

- Symbol.hasInstance　一个在执行 `instanceof` 时调用的内部方法，用于检测对象的继承信息。

- Symbol.isConcatSpreadable　一个布尔值，用于表示当传递一个集合作为 `Array.prototype.concat()`方法的参数时，是否应该将集合内的元素规整到同一层级。
- Symbol.iterator　一个返回迭代器（将在第 8 章讲解）的方法。
- Symbol.match　一个在调用 `String.prototype.match()`方法时调用的方法，用于比较字符串。
- Symbol.replace　一个在调用 `String.prototype.replace()`方法时调用的方法，用于替换字符串的子串。
- Symbol.search　一个在调用 `String.prototype.search()`方法时调用的方法，用于在字符串中定位子串。
- Symbol.species　用于创建派生对象（将在第 9 章讲解）的构造函数。
- Symbol.split　一个在调用 `String.prototype.split()`方法时调用的方法，用于分割字符串。
- Symbol.toPrimitive　一个返回对象原始值的方法。
- Symbol.toStringTag　一个在调用 `Object.prototype.toString()`方法时使用的字符串，用于创建对象描述。
- Symbol.unscopables　一个定义了一些不可被 `with` 语句引用的对象属性名称的对象集合。

在接下来的几个小节中，我们将探讨一些常用的 well-known Symbol，其他的则根据本书后续内容，分别在对应的上下文中讲解。

重写一个由 well-known Symbol 定义的方法，会导致对象内部的默认行为被改变，从而一个普通对象会变为一个奇异对象（exotic object）。但实际上其不会对你的代码产生任何影响，只是在规范中描述对象的方式改变了。

Symbol.hasInstance 方法

每一个函数中都有一个 `Symbol.hasInstance` 方法，用于确定对象是否为函数的实例。该方法在 `Function.prototype` 中定义，所以所有函数都继承了 `instanceof` 属性的默认行为。为了确保 `Symbol.hasInstance` 不会被意外重写，该方法被定义为不可写、不可配置并且不可枚举。

`Symbol.hasInstance` 方法只接受一个参数，即要检查的值。如果传入的值是函数的实例，则返回 `true`。为了帮助你更好地理解 `Symbol.hasInstance` 的运作机制，我们看以下这行代码：

```
obj instanceof Array;
```

以上这行代码等价于下面这行：

```
Array[Symbol.hasInstance](obj);
```

本质上，ECMAScript 6 只是将 `instanceof` 操作符重新定义为此方法的简写语法。现在引入方法调用后，就可以随意改变 `instanceof` 的运行方式了。

举个例子，假设你想定义一个无实例的函数，就可以将 `Symbol.hasInstance` 的返回值硬编码为 `false`：

```
function MyObject() {
    // 空函数
}

Object.defineProperty(MyObject, Symbol.hasInstance, {
    value: function(v) {
        return false;
    }
});

let obj = new MyObject();

console.log(obj instanceof MyObject);       // false
```

只有通过 `Object.defineProperty()`方法才能够改写一个不可写属性，上面的示例调用这个方法来改写 `Symbol.hasInstance`，为其定义一个总是返回 `false` 的新函数，即使 `obj` 实际上确实是 `MyObject` 类的实例，在调用过 `Object.define-Property()`方法之后，`instanceof` 运算符返回的也是 `false`。

当然，也可以基于任意条件，通过值检查来确定被检测的是否为实例。举个例子，可以将 1~100 的数字定义为一个特殊数字类型的实例，具体实现的代码如下：

```
function SpecialNumber() {
    // 空函数
}

Object.defineProperty(SpecialNumber, Symbol.hasInstance, {
```

```
    value: function(v) {
        return (v instanceof Number) && (v >=1 && v <= 100);
    }
});

var two = new Number(2),
    zero = new Number(0);

console.log(two instanceof SpecialNumber);    // true
console.log(zero instanceof SpecialNumber);   // false
```

在这段代码中定义了一个 Symbol.hasInstance 方法，当值为 Number 的实例且其值在 1~100 之间时返回 true。所以即使 SpecialNumber 函数和变量 two 之间没有直接关系，变量 two 也被确认为 SpecialNumber 的实例。注意，如果要触发 Symbol.hasInstance 调用，instanceof 的左操作数必须是一个对象，如果左操作数为非对象会导致 instanceof 总是返回 false。

NOTE 也可以重写所有内建函数（例如 Date 和 Error 函数）默认的 Symbol.hasInstance 属性。但是这样做的后果是代码的运行结果变得不可预期且有可能令人感到困惑，所以我们不推荐你这样做，最好的做法是，只在必要情况下改写你自己声明的函数的 Symbol.hasInstance 属性。

Symbol.isConcatSpreadable 属性

JavaScript 数组的 concat()方法被设计用于拼接两个数组，使用方法如下：

```
let colors1 = [ "red", "green" ],
    colors2 = colors1.concat([ "blue", "black" ]);

console.log(colors2.length);    // 4
console.log(colors2);           // ["red","green","blue","black"]
```

这段代码将数组 colors1 与一个临时数组拼接并创建新数组 colors2，这个数组中包含前两个数组中的所有元素。concat()方法也可以接受非数组参数，此时该方法只会将这些参数逐一添加到数组末尾，就像这样：

```
let colors1 = [ "red", "green" ],
    colors2 = colors1.concat([ "blue", "black" ], "brown");
```

```
console.log(colors2.length);    // 5
console.log(colors2);           // ["red","green","blue","black","brown"]
```

在这段代码中，额外为 concat()方法传入一个字符串参数"brown"作为数组 colors2 的第 5 个元素。为什么数组参数就要区别对待呢？JavaScript 规范声明，凡是传入了数组参数，就会自动将它们分解为独立元素。在 ECMAScript 6 标准以前，我们根本无法调整这个特性。

Symbol.isConcatSpreadable 属性是一个布尔值，如果该属性值为 true，则表示对象有 length 属性和数字键，故它的数值型属性值应该被独立添加到 concat()调用的结果中。它与其他 well-known Symbol 不同的是，这个 Symbol 属性默认情况下不会出现在标准对象中，它只是一个可选属性，用于增强作用于特定对象类型的 concat()方法的功能，有效简化其默认特性。可以通过以下方法，定义一个在 concat()调用中与数组行为相近的新类型：

```
let collection = {
    0: "Hello",
    1: "world",
    length: 2,
    [Symbol.isConcatSpreadable]: true
};

let messages = [ "Hi" ].concat(collection);

console.log(messages.length);    // 3
console.log(messages);           // ["hi","Hello","world"]
```

在这个示例中，定义了一个类数组对象 collection：它有一个 length 属性，还有两个数字键，Symbol.isConcatSpreadable 属性值为 true 表明属性值应当作为独立元素添加到数组中。将 collection 传入 concat()方法后，最后生成的数组中的元素分别是"hi"、"Hello"及"world"。

NOTE 也可以在派生数组子类中将 Symbol.isConcatSpreadable 设置为 false,从而防止元素在调用 concat()方法时被分解。具体细节请查看第 9 章相关内容。

Symbol.match、Symbol.replace、Symbol.search 和 Symbol.split 属性

在 JavaScript 中，字符串与正则表达式经常一起出现，尤其是字符串类型的几个方法，可以接受正则表达式作为参数：

- match(regex) 确定给定字符串是否匹配正则表达式 regex。
- replace(regex, replacement) 将字符串中匹配正则表达式 regex 的部分替换为 replacement。
- search(regex) 在字符串中定位匹配正则表达式 regex 的位置索引。
- split(regex) 按照匹配正则表达式 regex 的元素将字符串分切，并将结果存入数组中。

在 ECMAScript 6 以前，以上 4 个方法无法使用开发者自定义的对象来替代正则表达式进行字符串匹配。而在 ECMAScript 6 中，定义了与上述 4 个方法相对应的 4 个 Symbol，将语言内建的 RegExp 对象的原生特性完全外包出来。

Symbol.match、Symbol.replace、Symbol.search 和 Symbol.split 这 4 个 Symbol 属性表示 match()、replace()、search()和 split()方法的第一个参数应该调用的正则表达式参数的方法，它们被定义在 RegExp.prototype 中，是字符串方法应该使用的默认实现。

了解了原理以后，我们可以使用类似于正则表达式的方式创建一个与字符串方法一起使用的对象，为此，可以在代码中使用以下 Symbol 函数：

- Symbol.match 接受一个字符串类型的参数，如果匹配成功则返回匹配元素的数组，否则返回 null。
- Symbol.replace 接受一个字符串类型的参数和一个替换用的字符串，最终依然返回一个字符串。
- Symbol.search 接受一个字符串参数，如果匹配到内容，则返回数字类型的索引位置，否则返回-1。
- Symbol.split 接受一个字符串参数，根据匹配内容将字符串分解，并返回一个包含分解后片段的数组。

如果可以在对象中定义这些属性，即使不使用正则表达式和以正则表达式为参的方法也可以在对象中实现模式匹配。下面的示例将展示 Symbol 的实际用法：

```
// 实际上等价于 /^.{10}$/
let hasLengthOf10 = {
    [Symbol.match]: function(value) {
        return value.length === 10 ? [value] : null;
    },
    [Symbol.replace]: function(value, replacement) {
        return value.length === 10 ? replacement : value;
    },
    [Symbol.search]: function(value) {
        return value.length === 10 ? 0 : -1; },
    [Symbol.split]: function(value) {
        return value.length === 10 ? [, ] : [value];
    }
};

let message1 = "Hello world",   // 11 个字符
    message2 = "Hello John";    // 10 个字符


let match1 = message1.match(hasLengthOf10),
    match2 = message2.match(hasLengthOf10);

console.log(match1);            // null
console.log(match2);            // ["Hello John"]

let replace1 = message1.replace(hasLengthOf10),
    replace2 = message2.replace(hasLengthOf10);

console.log(replace1);          // "Hello world"
console.log(replace2);          // "Hello John"

let search1 = message1.search(hasLengthOf10),
    search2 = message2.search(hasLengthOf10);

console.log(search1);           // -1
console.log(search2);           // 0
```

```
let split1 = message1.split(hasLengthOf10),
    split2 = message2.split(hasLengthOf10);

console.log(split1);          // ["Hello world"]
console.log(split2);          // ["", ""]
```

设计 `hasLengthOf10` 对象的用意是让其像正则表达式一样匹配所有长度为 10 的字符串，其中的 4 个方法都是通过相应的 Symbol 实现的，然后分别调用两个字符串相应的方法：第一个字符串 `message1` 有 11 个字符，不会被匹配；第二个字符串 `message2` 有 10 个字符，会被匹配。尽管 `hasLengthOf10` 不是正则表达式，但是我们已为其添加了相应的 Symbol 属性，所以无论将它传递给哪个字符串方法都可以正常运行。

尽管这是一个简单示例，但由于能够执行比现有正则表达式更复杂的匹配，因而让自定义模式匹配变得更加可行。

Symbol.toPrimitive 方法

在 JavaScript 引擎中，当执行特定操作时，经常会尝试将对象转换到相应的原始值，例如，比较一个字符串和一个对象，如果使用双等号（==）运算符，对象会在比较操作执行前被转换为一个原始值。到底使用哪一个原始值以前是由内部操作决定的，但在 ECMAScript 6 的标准中，通过 `Symbol.toPrimitive` 方法可以更改那个暴露出来的值。

`Symbol.toPrimitive` 方法被定义在每一个标准类型的原型上，并且规定了当对象被转换为原始值时应当执行的操作。每当执行原始值转换时，总会调用 `Symbol.toPrimitive` 方法并传入一个值作为参数，这个值在规范中被称作类型提示（hint）。类型提示参数的值只有三种选择：`"number"`、`"string"`或`"default"`，传递这些参数时，`Symbol.toPrimitive` 返回的分别是：数字、字符串或无类型偏好的值。

对于大多数标准对象，数字模式有以下特性，根据优先级的顺序排列如下：

1. 调用 `valueOf()`方法，如果结果为原始值，则返回。
2. 否则，调用 `toString()`方法，如果结果为原始值，则返回。
3. 如果再无可选值，则抛出错误。

同样，对于大多数标准对象，字符串模式有以下优先级排序：

1. 调用 toString()方法，如果结果为原始值，则返回。
2. 否则，调用 valueOf()方法，如果结果为原始值，则返回。
3. 如果再无可选值，则抛出错误。

在大多数情况下，标准对象会将默认模式按数字模式处理（除了 Date 对象，在这种情况下，会将默认模式按字符串模式处理）。如果自定义 Symbol.toPrimitive 方法，则可以覆盖这些默认的强制转换特性。

NOTE 默认模式只用于==运算、+运算及给 Date 构造函数传递一个参数时。在大多数的操作中，使用的都是字符串模式或数字模式。

如果要覆写默认的转换特性，可以将函数的 Symbol.toPrimitive 属性赋值为一个新的函数，举个例子：

```
function Temperature(degrees) {
    this.degrees = degrees;
}

Temperature.prototype[Symbol.toPrimitive] = function(hint) {

    switch (hint) {
        case "string":
            return this.degrees + "\u00b0"; // degrees symbol

        case "number":
            return this.degrees;

        case "default":
            return this.degrees + " degrees";
    }
};

var freezing = new Temperature(32);

console.log(freezing + "!");            // "32 degrees!"
console.log(freezing / 2);              // 16
console.log(String(freezing));          // "32°"
```

这段脚本定义了一个 Temperature 构造函数并且覆写了它原型上默认的

Symbol.toPrimitive 方法。新的方法根据参数 hint 指定的模式返回不同的值（参数 hint 由 JavaScript 引擎传入）。在字符串模式下，Temperature()函数返回 Unicode 编码的温度符号；在数字模式下，返回相应的数值；在默认模式下，将 degrees 这个单词添加到数字后。

每一条 console.log()语句将触发不同的 hint 参数值。+运算符触发默认模式，hint 被设置为"default"；/运算符触发数字模式，hint 被设置为"number"；String()函数触发字符串模式，hint 被设置为"string"。针对三种模式返回不同的值是可行的，但是更常见的做法是，将默认模式设置成与字符串模式或数字模式相同的处理逻辑。

Symbol.toStringTag 属性

JavaScript 中有很多有趣的问题，其中一个是有时会同时存在多个全局执行环境，比如在 Web 浏览器中，如果一个页面包含 iframe 标签，就会分别为页面和 iframe 内嵌页面生成两个全局执行环境。在大多数情况下，由于数据可以在不同环境间来回传递，不太需要担心；但是如果对象在不同对象间传递之后，你想确认它的类型呢？麻烦来了。

典型案例是从 iframe 向页面中传递一个数组，或者执行反向操作。而在 ECMAScript 6 的术语中，iframe 和它的外围页面分别代表不同的领域（realm），而领域指的则是 JavaScript 的执行环境。所以每一个领域都有自己的全局作用域，有自己的全局对象，在任何领域中创建的数组，都是一个正规的数组。然而，如果将这个数组传递到另一个领域中，instanceof Array 语句的检测结果会返回 false，此时 Array 已是另一个领域的构造函数，显然被检测的数组不是由这个构造函数创建的。

针对类型识别问题的解决方案

当面对数组类型识别这样的问题时，开发者们很快就找到了一个很好的解决方案。他们发现，如果调用对象中标准的 toString()方法，每次都会返回预期的字符串。于是，许多 JavaScript 库开始引入这样的一段代码：

```
function isArray(value) {
    return Object.prototype.toString.call(value) === "[object Array]";
}

console.log(isArray([]));   // true
```

尽管这个解决方案看起来可能有点儿绕，但是对于在浏览器中识别数组而言效果相当不错。但不应当在数组上直接使用 toString()方法来识别对象，虽然返回结果也是一个字符串，但字符串的内容是由数组元素拼接而成的。调用 Object.prototype 的 toString()方法恰巧能达到目的，在返回的结果中，引入了一个内部定义的名称[[Class]]。开发者们可能通过对象的这个方法来确定在当前 JavaScript 环境中该对象的数据类型是什么。

开发者们很快意识到，由于无法改变这个特性，但是可以用相同的方法来区分原生对象和开发者自建的对象，最重要的案例莫过于 ECMAScript 5 中的 JSON 对象了。

在 ECMAScript 5 以前，许多开发者曾使用 Douglas Crockford 的 json2.js 来创建全局 JSON 对象。当浏览器开始实现 JSON 全局对象后，就有必要区分 JSON 对象是 JavaScript 环境本身提供的还是由其他的库植入的。许多开发者用与上面展示的 isArray()函数相同的方法创建了如下函数：

```
function supportsNativeJSON() {
    return typeof JSON !== "undefined" &&
        Object.prototype.toString.call(JSON) === "[object JSON]";
}
```

Object.prototype 能跨越 iframe 的边界来识别数组，使用类似特性就能区分原生与自建 JSON。原生 JSON 对象返回的是[object JSON]，而自建的则返回[object Object]。事实上，这个方法后来演变为识别原生对象的标准方法。

在 ECMAScript 6 中定义对象字符串标签

ECMAScript 6 重新定义了原生对象过去的状态，通过 Symbol.toStringTag 这个 Symbol 改变了调用 Object.prototype.toString()时返回的身份标识。这个 Symbol 所代表的属性在每一个对象中都存在，其定义了调用对象的 Object.prototype.toString.call()方法时返回的值。对于数组，调用那个函数返回的值通常是"Array"，它正是存储在对象的 Symbol.toStringTag 属性中。

同样地，可以为你自己的对象定义 Symbol.toStringTag 的值：

```
function Person(name) {
    this.name = name;
}

Person.prototype[Symbol.toStringTag] = "Person";
```

```
var me = new Person("Nicholas");

console.log(me.toString());                          // "[object Person]"
console.log(Object.prototype.toString.call(me));     // "[object Person]"
```

在此示例中，在 Person.prototype 上定义了一个 Symbol.toStringTag 属性作为创建字符串表示名称时的默认值。Person.prototype 继承了 Object.prototype.toString()方法，所以调用 me.toString()方法时也使用了 Symbol.toStringTag 的返回值。然而，你仍然可以定义自己的 toString()方法，这不会影响 Object.prototype.toString.call()方法的使用，但却可以提供一个不同的值。这段代码看起来是这样的：

```
function Person(name) {
    this.name = name;
}

Person.prototype[Symbol.toStringTag] = "Person";

Person.prototype.toString = function() {
    return this.name;
};

var me = new Person("Nicholas");

console.log(me.toString());                          // "Nicholas"
console.log(Object.prototype.toString.call(me));     // "[object Person]"
```

这段代码定义了一个 Person.prototype.toString()方法，其返回 name 属性的值。由于 Person 不再继承自 Object.prototype.toString()方法，因而调用 me.toString()方法时返回的是一个不同的值。

NOTE 除非另有说明，所有对象都会从 Object.prototype 继承 Symbol.toStringTag 这个属性，且默认的属性值为"Object"。

对于开发者定义的对象来说，不限制 Symbol.toStringTag 属性的值的范围。例如，语言本身不会阻止你使用 Array 作为 Symbol.toStringTag 属性的值，就像这样：

```
function Person(name) {
    this.name = name;
}

Person.prototype[Symbol.toStringTag] = "Array";

Person.prototype.toString = function() {
    return this.name;
};

var me = new Person("Nicholas");

console.log(me.toString());                          // "Nicholas"
console.log(Object.prototype.toString.call(me));     // "[object Array]"
```

在这段代码中，调用 Object.prototype.toString()方法得到的结果是"[object Array]"，跟你从一个真实数组中得到的结果完全一样。这也就意味着，Object.prototype.toString()不是一个十分可靠的识别对象类型的方式。

同样可以修改原生对象的字符串标签，只需要修改对象原型上Symbol.toStringTag属性的值即可，就像这样：

```
Array.prototype[Symbol.toStringTag] = "Magic";

var values = [];

console.log(Object.prototype.toString.call(values));    // "[object Magic]"
```

在此示例中，数组的Symbol.toStringTag属性被重写，调用Object.prototype.toString()方法返回的结果将由"[object Array]"变为"[object Magic]"。语言本身不会禁止你这样做，但是笔者强烈反对用这种方法修改内建对象。

Symbol.unscopables 属性

with 语句是 JavaScript 中最有争议的一个语句，设计它的初衷是可以免于编写重复的代码。但由于加入 with 语句后，代码变得难以理解，它的执行性能很差且容易导致程序出错，因此被大多数开发者所诟病。最终，标准规定，在严格模式下不可以使用 with 语句；且这条限制同样影响到了类和模块，默认使用严格模式且没有任何退出的方法。

尽管未来的代码无疑将不会使用 with 语句，但是 ECMAScript 6 仍在非严格模式下提供了向后兼容性，因此，我们还是要找到一种可以持续使用 with 语句的编码方式。

为了帮助你理解这个任务的复杂性，笔者设计了下面这段代码：

```
var values = [1, 2, 3],
    colors = ["red", "green", "blue"],
    color = "black";

with(colors) {
    push(color);
    push(...values);
}

console.log(colors);    // ["red", "green", "blue", "black", 1, 2, 3]
```

在这个示例中，with 语句内部调用了两次 push()方法，这其实等价于调用了两次 colors.push()方法，因为 with 语句已经将 push 添加为局部绑定了。color 和 values 都是引用自 with 语句外创建的变量。

但在 ECMAScript 6 中，数组中添加了一个 values 方法（将在第 8 章详细讲解）。总之，在 ECMAScript 6 环境中，with 语句引用的 values 不是 with 语句外的变量 values，而是数组本身的 values 方法，这样就脱离代码原本的目标了。因而 ECMAScript 6 也添加了 Symbol.unscopables 这个 Symbol 来解决这个问题。

Symbol.unscopables 这个 Symbol 通常用于 Array.prototype，以在 with 语句中标示出不创建绑定的属性名。Symbol.unscopables 是以对象的形式出现的，它的键是在 with 语句中要忽略的标识符，其对应的值必须是 true。这里是数组 Symbol.unscopables 属性的默认值：

```
// 已默认内置到 ECMAScript 6 中
Array.prototype[Symbol.unscopables] = Object.assign(Object.create(null), {
    copyWithin: true,
    entries: true,
    fill: true,
    find: true,
    findIndex: true,
```

```
    keys: true,
    values: true
});
```

调用 `Object.create(null)`方法创建一个原型为 `null` 的对象，在里面定义 ECMAScript 6 中所有新的数组方法（这些方法将在第 8 章和第 10 章详细讲解），并将这个对象赋值给 `Array.prototype` 的 `Symbol.unscopables` 属性。在 `with` 语句中不再创建这些方法的绑定，从而支持老代码继续运行，程序不再抛出错误。

总之，不要为自己创建的对象定义 `Symbol.unscopables` 属性，除非在代码中使用了 with 语句并且正在修改代码库中已有的对象。

小结

Symbol 是 JavaScript 中的一个新的原始类型，用于创建必须通过 Symbol 才能引用的属性 。尽管这些属性不是完全私有的，但是它们比较难以被意外覆写而改变，如此一来，对于开发者而言，这些属性非常适合用于那些需要一定程度保护的功能。

可以为 Symbol 添加描述，这样可以更轻松地分辨出每一个 Symbol 的具体用途。在全局作用域中有一个 Symbol 注册表，在代码的不同位置，总是可以通过相同的描述字符串获取同一个 Symbol，从而可以共享使用 Symbol。所以，在不同的地方，可以根据相同的原因，使用相同的 Symbol。

像`Object.keys()`或`Object.getOwnPropertyNames()`这样的方法不返回任何 Symbol，所以 ECMAScript 6 中添加了一个新方法 `Object.getOwnPropertySymbols()`，其可以用于检索 Symbol 属性。对于已经定义的 Symbol 属性，仍然可以通过 `Object.defineProperty()`和 `Object.defineProperties()`来改变它们。

well-known Symbol 为标准对象定义了一些以前只在语言内部可见的功能，它使用的是像`Symbol.hasInstance`属性这样的全局 Symbol 常量。这些 Symbol 统一使用 `Symbol` 作为前缀。标准中规定，开发者可以通过多种方法修改对象的特性。

7

Set 集合与 Map 集合

长久以来，数组一直是 JavaScript 中唯一的集合类型。（不过，有一些开发者认为非数组对象也是集合，只不过是键值对集合，它们的用途与数组完全不同。）JavaScript 数组的功能与其他语言中的一样，但在 ECMAScript 6 标准制定以前，由于可选的集合类型有限，数组使用的又是数值型索引，因而经常被用于创建队列和栈。如果开发者们需要使用非数值型索引，就会用非数组对象创建所需的数据结构，而这就是 Set 集合与 Map 集合的早期实现。

Set 集合是一种无重复元素的列表，开发者们一般不会像访问数组元素那样逐一访问每个元素，通常的做法是检测给定的值在某个集合中是否存在。Map 集合内含多组键值对，集合中每个元素分别存放着可访问的键名和它对应的值，Map 集合经常被用于缓存频繁取用的数据。在标准正式发布以前，开发者们已经在 ECMAScript 5 中用非数组对象实现了类似的功能。

ECMAScript 6 新标准将 Set 集合与 Map 集合添加到 JavaScript 中，本章将详尽解读这两种新的集合类型。首先，浅析新标准发布前开发者们已经实现的方案，以及这些方案各自的缺陷；然后，讲解这两个集合在 ECMAScript 6 中的运作原理。

ECMAScript 5 中的 Set 集合与 Map 集合

在 ECMAScript 5 中，开发者们用对象属性来模拟这两种集合，就像这样：

```
var set = Object.create(null);

set.foo = true;

// 检查属性是否存在
if (set.foo) {
    // 要执行的代码
}
```

这里的变量 set 是一个原型为 null 的对象，不继承任何属性。在 ECMAScript 5 中，开发者们经常用类似的方法检查对象的某个属性值是否存在。在这个示例中，将 set.foo 赋值为 true，通过条件语句（如本例中的 if 语句）可以确认该值存在于当前对象中。

模拟这两种集合对象的唯一区别是存储的值不同，以下这个示例是用对象模拟 Map 集合：

```
var map = Object.create(null);
map.foo = "bar";

// 获取已存值
var value = map.foo;

console.log(value);          // "bar"
```

这段代码将字符串"bar"储存在 map.foo 中。一般来说，Set 集合常被用于检查对象中是否存在某个键名，而 Map 集合常被用于获取已存的信息。

该解决方案的一些问题

如果程序很简单，确实可以用对象来模拟 Set 集合与 Map 集合，但如果触碰到对象属性的某些限制，那么这个方法就会变得更加复杂。例如，所有对象的属性名必须是字符串类型，必须确保每个键名都是字符串类型且在对象中是唯一的，请看这段代码：

```
var map = Object.create(null);
map[5] = "foo";

console.log(map["5"]);      // "foo"
```

本例中将对象的某个属性赋值为字符串"foo"，而这个属性的键名是数值型的 5，它会被自动转换成字符串，所以 map["5"]和 map[5]引用的其实是同一个属性。如果你想分别用数字和字符串作为对象属性的键名，则内部的自动转换机制会导致很多问题。当然，用对象作为属性的键名也会遇到类似的问题，例如：

```
var map = Object.create(null),
    key1 = {},
    key2 = {};
map[key1] = "foo";

console.log(map[key2]);     // "foo"
```

由于对象属性的键名必须是字符串，因而这段代码中的 key1 和 key2 将被转换为对象对应的默认字符串"[object Object]"，所以 map[key2]和 map[key1]引用的是同一个属性。这种错误很难被发现，用不同对象作为对象属性的键名理论上应该指向多个属性，但实际上这种假设却不成立。

由于对象会被转换为默认的字符串表达方式，因此其很难用作对象属性的键名。

对于 Map 集合来说，如果它的属性值是假值，则在要求使用布尔值的情况下（例如在 if 语句中）会被自动转换成 false。强制转换本身没有问题，但如果考虑这个值的使用场景，就有可能导致错误发生。例如：

```
var map = Object.create(null);

map.count = 1;

// 本意是检查“count”属性是否存在，实际上检查的是该值是否非零
```

```
if (map.count) {
    // 要执行的代码
}
```

这个示例中有一些模棱两可的地方，比如我们应该怎样使用 map.count？在 if 语句中，我们是检查 map.count 是否存在，还是检查值是否非零？在示例中，由于 value 的值是 1，为真值，if 语句中的代码将被执行。然而，如果 map.count 的值为 0 或者不存在，if 语句中的代码块将不会被执行。

在大型软件应用中，一旦发生此类问题将难以定位及调试，从而促使 ECMAScript 6 在语言中加入 Set 集合与 Map 集合这两种新特性。

NOTE 在 JavaScript 中有一个 in 运算符，其不需要读取对象的值就可以判断属性在对象中是否存在，如果存在就返回 true。但是，in 运算符也会检索对象的原型，只有当对象原型为 null 时使用这个方法才比较稳妥。即便是这样，实际开发中许多开发者仍然使用本例中的方法进行判断，并没有使用 in 运算符。

ECMAScript 6 中的 Set 集合

ECMAScript 6 中新增的 Set 类型是一种有序列表，其中含有一些相互独立的非重复值，通过 Set 集合可以快速访问其中的数据，更有效地追踪各种离散值。

创建 Set 集合并添加元素

调用 new Set()创建 Set 集合，调用 add()方法向集合中添加元素，访问集合的 size 属性可以获取集合中目前的元素数量。

```
let set = new Set();
set.add(5);
set.add("5");

console.log(set.size);    // 2
```

在 Set 集合中，不会对所存值进行强制的类型转换，数字 5 和字符串“5”可以作为两个独立元素存在（引擎内部使用第 4 章介绍的 Object.is()方法检测两个值是否一致，唯一的例外是，Set 集合中的+0 和-0 被认为是相等的）。当然，如果向 Set 集合中添加多个对象，则它们之间彼此保持独立：

```
let set = new Set(),
    key1 = {},
```

```
    key2 = {};

set.add(key1);
set.add(key2);

console.log(set.size);    // 2
```

由于 key1 和 key2 不会被转换成字符串，因而它们在 Set 集合中是两个独立的元素；如果被转换，则二者的值都是"[object Object]"。

如果多次调用 add()方法并传入相同的值作为参数，那么后续的调用实际上会被忽略：

```
let set = new Set();
set.add(5);
set.add("5");
set.add(5);     // 重复 - 本次调用直接被忽略

console.log(set.size);    // 2
```

由于第二次传入的数字 5 是一个重复值，因此其不会被添加到集合中，所以 console.log()最后输出的 Set 集合 size 属性值为 2。也可以用数组来初始化 Set 集合，Set 构造函数同样会过滤掉重复的值从而保证集合中的元素各自唯一。

```
let set = new Set([1, 2, 3, 4, 5, 5, 5, 5]);
console.log(set.size);    // 5
```

在这个示例中，我们用一个含重复元素的数组来初始化 Set 集合，数组中有 4 个数字 5，而在生成的集合中只有一个。自动去重的功能对于将已有代码或 JSON 结构转换为 Set 集合执行得非常好。

NOTE 实际上，Set 构造函数可以接受所有可迭代对象作为参数，数组、Set 集合、Map 集合都是可迭代的，因而都可以作为 Set 构造函数的参数使用；构造函数通过迭代器从参数中提取值。第 8 章将详细讲解可迭代协议和迭代器协议。

通过 has()方法可以检测 Set 集合中是否存在某个值：

```
let set = new Set();
set.add(5);
set.add("5");
```

```
console.log(set.has(5));    // true
console.log(set.has(6));    // false
```

在这段代码中，Set集合里没有数字6这个值，所以set.has(6)调用返回false。

移除元素

调用 delete()方法可以移除 Set 集合中的某一个元素，调用 clear()方法会移除集合中的所有元素。请看以下这段代码：

```
let set = new Set();
set.add(5);
set.add("5");

console.log(set.has(5));    // true

set.delete(5);

console.log(set.has(5));    // false
console.log(set.size);      // 1

set.clear();

console.log(set.has("5")); // false
console.log(set.size);      // 0
```

调用 delete(5)之后，只有数字 5 被移除；执行 clear()方法后，Set 集合中的所有元素都被清除了。

Set 集合简单易用，可以有效地跟踪多个独立有序的值。如果你想在 Set 集合中添加元素并在每一个元素上执行操作呢？这时候 forEach()方法就派上用场了。

Set 集合的 forEach()方法

如果你曾使用过数组，可能已经非常熟悉数组的 forEach()方法，ECMAScript 5 中的这个标准可以简化数组遍历过程，不需要再编写循环语句。后来被证实此方法在开发者之间非常流行，所以 ECMAScript 6 也为 Set 集合添加了同样的方法，其运行机制也比较类似。

forEach()方法的回调函数接受以下 3 个参数：

- Set 集合中下一次索引的位置
- 与第一个参数一样的值
- 被遍历的 Set 集合本身

Set 集合的 forEach()方法与数组中的 forEach()方法有一个奇怪的差别：回调函数前两个参数的值竟然是一样的。尽管这看起来像是一个错误，但其实也解释得通。

数组和 Map 集合的 forEach()方法的回调函数都接受 3 个参数，前两个分别是值和键名（对于数组来说就是数值型索引值）。

然而 Set 集合没有键名，ECMAScript 6 标准制定委员会本可以规定 Set 集合的 forEach()函数的回调函数只接受两个参数，但这可能导致几个方法之间分歧过大，于是他们最终决定所有函数都接受 3 个参数：Set 集合中的每个元素也按照键名和值的形式储存，从而才能保证在所有 forEach()方法的回调函数中前两个参数值具有相同含义。

Set 集合与数组的 forEach()方法，除了回调函数参数稍有不同外其他完全相同，请看以下示例：

```
let set = new Set([1, 2]);

set.forEach(function(value, key, ownerSet) {
    console.log(key + " " + value);
    console.log(ownerSet === set);
});
```

这段代码迭代了 Set 集合中的每一个元素并在 forEach()方法的回调函数中输出每一个参数，回调函数每次执行时，输出的键和值都保持一致，ownerSet 永远与 set 相等。输出的内容是这样的：

```
1 1
true
2 2
true
```

在 Set 集合的 forEach()方法中，第二个参数也与数组的一样，如果需要在回调函数中使用 this 引用，则可以将它作为第二个参数传入 forEach()函数：

```
let set = new Set([1, 2]);
```

```
let processor = {
    output(value) {
        console.log(value);
    },
    process(dataSet) {
        dataSet.forEach(function(value) {
            this.output(value);
        }, this);
    }
};

processor.process(set);
```

在这个示例中，processor.process()方法调用了 Set 集合的 forEach()方法并将 this 传入作为回调函数的 this 值，从而 this.output()方法可以正确地调用到 processor.output()方法。forEach()方法的回调函数只使用了第一个参数 value，所以直接省略了其他参数。在这里也可以使用箭头函数，这样就无须再将 this 作为第二个参数传入回调函数了。

```
let set = new Set([1, 2]);

let processor = {
    output(value) {
        console.log(value);
    },
    process(dataSet) {
        dataSet.forEach(value => this.output(value));
    }
};

processor.process(set);
```

在此示例中，箭头函数从外围的 process()函数读取 this 值，所以可以正确地将 this.output()方法解析为一次 processor.output()调用。

请记住，尽管 Set 集合更适合用来跟踪多个值，而且又可以通过 forEach()方法操作集合中的每一个元素，但是你不能像访问数组元素那样直接通过索引访问集合中的元素。如有需要，最好先将 Set 集合转换成一个数组。

将 Set 集合转换为数组

将数组转换为 Set 集合的过程很简单，只需给 Set 构造函数传入数组即可；将 Set 集合再转回数组的过程同样很简单，我们需要用到在第 3 章中介绍的展开运算符（...），它可以将数组中的元素分解为各自独立的函数参数。展开运算符也可以将诸如 Set 集合的可迭代对象转换为数组。举个例子：

```
let set = new Set([1, 2, 3, 3, 3, 4, 5]),
    array = [...set];

console.log(array);             // [1,2,3,4,5]
```

在这里，用一个含重复元素的数组初始化 Set 集合，集合会自动移除这些重复元素；然后再用展开运算符将这些元素放到一个新的数组中。Set 集合依然保留创建时接受的元素（1、2、3、4 和 5），新数组中保存着这些元素的副本。

如果已经创建过一个数组，想要复制它并创建一个无重复元素的新数组，则上述这个方法就非常有用：

```
function eliminateDuplicates(items) {
    return [...new Set(items)];
}

let numbers = [1, 2, 3, 3, 3, 4, 5],
    noDuplicates = eliminateDuplicates(numbers);

console.log(noDuplicates);      // [1,2,3,4,5]
```

在 `eliminateDuplicates()`函数中，Set 集合仅是用来过滤重复值的临时中介，最后会输出新创建的无重复元素的数组。

Weak Set 集合

将对象存储在 Set 的实例与存储在变量中完全一样，只要 Set 实例中的引用存在，垃圾回收机制就不能释放该对象的内存空间，于是之前提到的 Set 类型可以被看作是一个强引用的 Set 集合。举个例子：

```
let set = new Set(),
    key = {};
```

```
set.add(key);
console.log(set.size);      // 1

// 移除原始引用
key = null;

console.log(set.size);      // 1

// 重新取回原始引用
key = [...set][0];
```

在这个示例中，将变量 key 设置为 null 时便清除了对初始对象的引用，但是 Set 集合却保留了这个引用，你仍然可以使用展开运算符将 Set 集合转换成数组格式并从数组的首个元素取出该引用。大部分情况下这段代码运行良好，但有时候你会希望当其他所有引用都不再存在时，让 Set 集合中的这些引用随之消失。举个例子，如果你在 Web 页面中通过 JavaScript 代码记录了一些 DOM 元素，这些元素有可能被另一段脚本移除，而你又不希望自己的代码保留这些 DOM 元素的最后一个引用。（这个情景被称作内存泄露。）

为了解决这个问题，ECMAScript 6 中引入了另外一个类型：Weak Set 集合（弱引用 Set 集合）。Weak Set 集合只存储对象的弱引用，并且不可以存储原始值；集合中的弱引用如果是对象唯一的引用，则会被回收并释放相应内存。

创建 Weak Set 集合

用 WeakSet 构造函数可以创建 Weak Set 集合，集合支持 3 个方法：add()、has()和 delete()。下面这个示例创建了一个集合并分别调用这 3 个方法：

```
let set = new WeakSet(),
    key = {};

// 向集合 set 中添加对象
set.add(key);

console.log(set.has(key));      // true

set.delete(key);

console.log(set.has(key));      // false
```

Weak Set 集合的使用方式与 Set 集合类似，可以向集合中添加引用，从中移除引用，也可以检查集合中是否存在指定对象的引用。也可以调用 WeakSet 构造函数并传入一个可迭代对象来创建 Weak Set 集合：

```
let key1 = {},
    key2 = {},
    set = new WeakSet([key1, key2]);

console.log(set.has(key1));     // true
console.log(set.has(key2));     // true
```

在这个示例中，向 WeakSet 构造函数传入一个含有两个对象的数组，最终创建一个包含这两个对象的 Weak Set 集合。请记住，WeakSet 构造函数不接受任何原始值，如果数组中包含其他非对象值，程序会抛出错误。

两种 Set 类型的主要区别

两种 Set 类型之间最大的区别是 Weak Set 保存的是对象值的弱引用，下面这个示例将展示二者间的差异：

```
let set = new WeakSet(),
    key = {};

// 向集合 Set 中添加对象
set.add(key);

console.log(set.has(key));      // true

// 移除对象 key 的最后一个强引用（Weak Set 中的引用也自动移除）
key = null;
```

这段代码执行过后，就无法访问 Weak Set 中 key 的引用了。由于我们需要向 has()方法传递一个强引用才能验证这个弱引用是否已被移除，因此测试有点儿难以进行下去，但是请你相信，JavaScript 引擎一定会正确地移除最后一个弱引用。

以上示例展示了一些 Weak Set 集合与普通 Set 集合的共同特性，但是它们之间还有下面几个差别：

- 在 WeakSet 的实例中，如果向 add()方法传入非对象参数会导致程序报错，而向 has()和 delete()方法传入非对象参数则会返回 false。

- Weak Set 集合不可迭代，所以不能被用于 for-of 循环。
- Weak Set 集合不暴露任何迭代器（例如 keys()和 values()方法），所以无法通过程序本身来检测其中的内容。
- Weak Set 集合不支持 forEach()方法。
- Weak Set 集合不支持 size 属性。

Weak Set 集合的功能看似受限，其实这是为了让它能够正确地处理内存中的数据。总之，如果你只需要跟踪对象引用，你更应该使用 Weak Set 集合而不是普通的 Set 集合。

Set 类型可以用来处理列表中的值，但是不适用于处理键值对这样的信息结构。ECMAScript 6 也添加了 Map 集合来解决类似的问题。

ECMAScript 6 中的 Map 集合

ECMAScript 6 中的 Map 类型是一种储存着许多键值对的有序列表，其中的键名和对应的值支持所有的数据类型。键名的等价性判断是通过调用 Object.is()方法实现的，所以数字 5 与字符串"5"会被判定为两种类型，可以分别作为独立的两个键出现在程序中，这一点与对象中不太一样，因为对象的属性名总会被强制转换成字符串类型。

如果要向 Map 集合中添加新的元素，可以调用 set()方法并分别传入键名和对应值作为两个参数；如果要从集合中获取信息，可以调用 get()方法。就像这样：

```
let map = new Map();
map.set("title", "Understanding ECMAScript 6");
map.set("year", 2016);

console.log(map.get("title"));      // "Understanding ECMAScript 6"
console.log(map.get("year"));       // 2016
```

在这个示例中，两组键值对分别被存入了集合 Map 中，键名"title"对应的值是一个字符串，键名"year"对应的值是一个数字。调用 get()方法可以获得两个键名对应的值。如果调用 get()方法时传入的键名在 Map 集合中不存在，则会返回 undefined。

在对象中，无法用对象作为对象属性的键名；但是在 Map 集合中，却可以这样做：

```
let map = new Map(),
    key1 = {},
    key2 = {};

map.set(key1, 5);
map.set(key2, 42);

console.log(map.get(key1));        // 5
console.log(map.get(key2));        // 42
```

在这段代码中，分别用对象 key1 和 key2 作为两个键名在 Map 集合里存储了不同的值。这些键名不会被强制转换成其他形式，所以这两个对象在集合中是独立存在的，也就是说，以后你不再需要修改对象本身就可以为其添加一些附加信息。

Map 集合支持的方法

在设计语言新标准时，委员会为 Map 集合与 Set 集合设计了如下 3 个通用的方法：

- has(key)　检测指定的键名在 Map 集合中是否已经存在。
- delete(key)　从 Map 集合中移除指定键名及其对应的值。
- clear()　移除 Map 集合中的所有键值对。

Map 集合同样支持 size 属性，其代表当前集合中包含的键值对数量。下面这段代码展示了 3 个方法及 size 属性的使用方式：

```
let map = new Map();
map.set("name", "Nicholas");
map.set("age", 25);

console.log(map.size);          // 2

console.log(map.has("name"));   // true
console.log(map.get("name"));   // "Nicholas"
```

```
console.log(map.has("age"));    // true
console.log(map.get("age"));    // 25

map.delete("name");
console.log(map.has("name"));   // false
console.log(map.get("name"));   // undefined
console.log(map.size);          // 1

map.clear();
console.log(map.has("name"));   // false
console.log(map.get("name"));   // undefined
console.log(map.has("age"));    // false
console.log(map.get("age"));    // undefined
console.log(map.size);          // 0
```

Map 集合的 size 属性与 Set 集合中的 size 属性类似，其值为集合中键值对的数量。在此示例中，首先为 Map 的实例添加"name"和"age"这两个键名；然后调用 has()方法，分别传入两个键名，返回的结果为 true；调用 delete()方法移除"name"，再用 has()方法检测返回 false，且 size 的属性值减少 1；最后调用 clear()方法移除剩余的键值对，调用 has()方法检测全部返回 false，size 属性的值变为 0。

clear()方法可以快速清除 Map 集合中的数据，同样，Map 集合也支持批量添加数据。

Map 集合的初始化方法

可以向 Map 构造函数传入数组来初始化一个 Map 集合，这一点同样与 Set 集合相似。数组中的每个元素都是一个子数组，子数组中包含一个键值对的键名与值两个元素。因此，整个 Map 集合中包含的全是这样的两元素数组：

```
let map = new Map([["name", "Nicholas"], ["age", 25]]);

console.log(map.has("name"));   // true
console.log(map.get("name"));   // "Nicholas"
console.log(map.has("age"));    // true
console.log(map.get("age"));    // 25
console.log(map.size);          // 2
```

初始化构造函数之后，键名"name"和"age"分别被添加到 Map 集合中。数组包裹数组的模式看起来可能有点儿奇怪，但由于 Map 集合可以接受任意数据类型的键名，为了确保它们在被存储到 Map 集合中之前不会被强制转换为其他数据类型，因而只能将它们放在数组中，因为这是唯一一种可以准确地呈现键名类型的方式。

Map 集合的 forEach()方法

Map 集合的 forEach()方法与 Set 集合和数组中的 forEach()方法类似，回调函数都接受 3 个参数：

- Map 集合中下一次索引的位置
- 值对应的键名
- Map 集合本身

这些回调参数与数组中的更相近，第一个参数是值，第二个是键名（在数组中对应的是数值型的索引值）。请看这个示例：

```
let map = new Map([["name", "Nicholas"], ["age", 25]]);

map.forEach(function(value, key, ownerMap) {
    console.log(key + " " + value);
    console.log(ownerMap === map);
});
```

forEach()回调函数会输出传入的信息，直接输出 value 和 key，然后将 ownerMap 与 map 对比，输出二者相等的信息。这段代码会输出以下内容：

```
name Nicholas
true
age 25
true
```

遍历过程中，会按照键值对插入 Map 集合的顺序将相应信息传入 forEach()方法的回调函数，而在数组中，会按照数值型索引值的顺序依次传入回调函数。

NOTE 正如我们之前在介绍 Set 集合的 forEach()方法时所描述的那样，可以指定 forEach()函数的第二个参数作为回调函数的 this 值。

Weak Map 集合

Weak Set 是弱引用 Set 集合，相对的，Weak Map 是弱引用 Map 集合，也用于存储对象的弱引用。Weak Map 集合中的键名必须是一个对象，如果使用非对象键名会报错；集合中保存的是这些对象的弱引用，如果在弱引用之外不存在其他的强引用，引擎的垃圾回收机制会自动回收这个对象，同时也会移除 Weak Map 集合中的键值对。但是只有集合的键名遵从这个规则，键名对应的值如果是一个对象，则保存的是对象的强引用，不会触发垃圾回收机制。

Weak Map 集合最大的用途是保存 Web 页面中的 DOM 元素，例如，一些为 Web 页面打造的 JavaScript 库，会通过自定义的对象保存每一个引用的 DOM 元素。

使用这种方法最困难的是，一旦从 Web 页面中移除保存过的 DOM 元素，如何通过库本身将这些对象从集合中清除；否则，库在 DOM 元素无用后可能依然保持对它们的引用，从而导致内存泄露，最终程序不再正常执行。如果用 Weak Map 集合来跟踪 DOM 元素，这些库仍然可以通过自定义的对象整合每一个 DOM 元素，而且当 DOM 元素消失时，可以自动销毁集合中的相关对象。

使用 Weak Map 集合

ECMAScript 6 中的 Weak Map 类型是一种存储着许多键值对的无序列表，列表的键名必须是非 `null` 类型的对象，键名对应的值则可以是任意类型。Weak Map 的接口与 Map 非常相似，通过 `set()`方法添加数据，通过 `get()`方法获取数据：

```
let map = new WeakMap(),
    element = document.querySelector(".element");

map.set(element, "Original");

let value = map.get(element);
console.log(value);             // "Original"

// 移除 element 元素
element.parentNode.removeChild(element);
element = null;

// 此时 Weak Map 集合为空
```

在这个示例中储存了一个键值对，键名 `element` 是一个 DOM 元素，其对应的值是一个字符串，将 DOM 元素传入 get()方法即可获取之前存过的值。如果随后从页面文档中移除 DOM 元素并将引用这个元素的变量设置为 null，那么 Weak Map 集合中的数据也会被同步清除。

与 Weak Set 集合相似的是，Weak Map 集合也不支持 size 属性，从而无法验证集合是否为空；同样，由于没有键对应的引用，因而无法通过 get()方法获取到相应的值，Weak Map 集合自动切断了访问这个值的途径，当垃圾回收程序运行时，被这个值占用的内存将会被释放。

Weak Map 集合的初始化方法

Weak Map 集合的初始化过程与 Map 集合类似，调用 WeakMap 构造函数并传入一个数组容器，容器内包含其他数组，每一个数组由两个元素构成：第一个元素是一个键名，传入的值必须是非 null 的对象；第二个元素是这个键对应的值（可以是任意类型）。举个例子：

```
let key1 = {},
    key2 = {},
    map = new WeakMap([[key1, "Hello"], [key2, 42]]);

console.log(map.has(key1));     // true
console.log(map.get(key1));     // "Hello"
console.log(map.has(key2));     // true
console.log(map.get(key2));     // 42
```

对象 key1 和 key2 被当作 Weak Map 集合的键使用，可以通过 get()方法和 has()方法去访问。如果给 WeakMap 构造函数传入的诸多键值对中含有非对象的键，会导致程序抛出错误。

Weak Map 集合支持的方法

Weak Map 集合只支持两个可以操作键值对的方法：has()方法可以检测给定的键在集合中是否存在；delete()方法可以移除指定的键值对。Weak Map 集合与 Weak Set 集合一样，二者都不支持键名枚举，从而也不支持 clear()方法。以下示例分别使用了 has()和 delete()方法：

```
let map = new WeakMap(),
    element = document.querySelector(".element");
```

```
map.set(element, "Original");

console.log(map.has(element));   // true
console.log(map.get(element));   // "Original"

map.delete(element);
console.log(map.has(element));   // false
console.log(map.get(element));   // undefined
```

在这段代码中，我们还是用 DOM 元素作为 Weak Map 集合的键名。has()方法可以用于检查 Weak Map 集合中是否存在指定的引用；Weak Map 集合的键名只支持非 null 的对象值；调用 delete()方法可以从 Weak Map 集合中移除指定的键值对，此时如果再调用 has()方法检查这个键名会返回 false，调用 get()方法返回 undefined。

私有对象数据

尽管 Weak Map 集合会被大多数开发者用于储存 DOM 元素，但它其实也有许多其他的用途（无疑有一些用途尚未被发现），其中的一个实际应用是存储对象实例的私有数据。在 ECMAScript 6 中对象的所有属性都是公开的，如果想要储存一些只对对象开放的数据，则需要一些创造力，请看以下这个示例：

```
function Person(name) {
    this._name = name;
}

Person.prototype.getName = function() {
    return this._name;
};
```

在这段代码中，约定前缀为下划线_的属性为私有属性，不允许在对象实例外改变这些属性。例如，只能通过 getName()方法读取 this._name 属性，不允许改变它的值。然而没有任何标准规定如何写_name 属性，所以它也有可能在无意间被覆写。

在 ECMAScript 5 中，可以通过以下这种模式创建一个对象接近真正的私有数据：

```
var Person = (function() {
```

```
    var privateData = {},
        privateId = 0;

    function Person(name) {
        Object.defineProperty(this, "_id", { value: privateId++ });

        privateData[this._id] = {
            name: name
        };
    }

    Person.prototype.getName = function() {
        return privateData[this._id].name;
    };

    return Person;
}());
```

在上面的示例中，变量 Person 由一个立即调用函数表达式（IIFE）生成，包括两个私有变量：privateData 和 privateId。privateData 对象储存的是每一个实例的私有信息，privateId 则为每个实例生成一个独立 ID。当调用 Person 构造函数时，属性_id 的值会被加 1，这个属性不可枚举、不可配置并且不可写。

然后，新的条目会被添加到 privateData 对象中，条目的键名是对象实例的 ID；privateData 对象中储存了所有实例对应的名称。调用 getName()函数，即可通过 this._id 获得当前实例的 ID，并以此从 privateData 对象中提取实例名称。在 IIFE 外无法访问 privateData 对象，即使可以访问 this._id，数据实际上也很安全。

这种方法最大的问题是，如果不主动管理，由于无法获知对象实例何时被销毁，因此 privateData 中的数据就永远不会消失。而使用 Weak Map 集合就可以解决这个问题，就像这样：

```
let Person = (function() {

    let privateData = new WeakMap();

    function Person(name) {
```

```
        privateData.set(this, { name: name });
    }

    Person.prototype.getName = function() {
        return privateData.get(this).name;
    };

    return Person;
}());
```

经过改进后的 Person 构造函数选用一个 Weak Map 集合来存放私有数据。由于 Person 对象的实例可以直接作为集合的键使用，无须单独维护一套 ID 的体系来跟踪数据。调用 Person 构造函数时，新条目会被添加到 Weak Map 集合中，条目的键是 this，值是对象包含的私有信息，在这个示例中，值是一个包含 name 属性的对象。调用 getName()函数时会将 this 传入 privateData.get()方法作为参数获取私有信息，亦即获取 value 对象并且访问 name 属性。只要对象实例被销毁，相关信息也会被销毁，从而保证了信息的私有性。

Weak Map 集合的使用方式及使用限制

当你要在 Weak Map 集合与普通的 Map 集合之间做出选择时，需要考虑的主要问题是，是否只用对象作为集合的键名。如果是，那么 Weak Map 集合是最好的选择。当数据再也不可访问后集合中存储的相关引用和数据都会被自动回收，这有效地避免了内存泄露的问题，从而优化了内存的使用。

请记住，相对 Map 集合而言，Weak Map 集合对用户的可见度更低，其不支持通过 forEach()方法、size 属性及 clear()方法来管理集合中的元素。如果你非常需要这些特性，那么 Map 集合是一个更好的选择，只是一定要留意内存的使用情况。

当然，如果你只想使用非对象作为键名，那么普通的 Map 集合是你唯一的选择。

小结

ECMAScript 6 正式将 Set 集合与 Map 集合引入到 JavaScript 中，而在这之前，开发者们经常用对象来模拟这两种集合，但是由于对象属性自身的限制，经常会遇到一些问题。

Set 集合是一种包含多个非重复值的有序列表，值与值之间的等价性是通过 `Object.is()`方法来判断的，如果相同，则会自动过滤重复的值，所以可以用 Set 集合来过滤数组中的重复元素。Set 集合不是数组的子类，所以你不能随机访问集合中的值，只能通过 `has()`方法检测指定的值是否存在于 Set 集合中，或者通过 `size` 属性查看 Set 集合中的值的数量。Set 类型同样支持 `forEach()`方法来处理集合中的每一个值。

Weak Set 集合是一类特殊的 Set 集合，集合只支持存放对象的弱引用，当该对象的其他强引用都被清除时，集合中的弱引用也会自动被垃圾回收。由于内存管理非常复杂，Weak Set 集合不可以被检查，因此追踪成组的对象是该集合最好的使用方式。

Map 是多个键值对组成的有序集合，键名支持任意数据类型。与 Set 集合相似的是，Map 集合也是通过 `Object.is()`方法来过滤重复值，数字 5 和字符串“5”可以分别作为两个独立的键名使用。通过 `set()`方法可以将任意类型的值添加到集合中，通过 `get()`方法可以检索集合中的所有值，通过 `size` 属性可以检查集合中包含的值的数量，通过 `forEach()`方法可以遍历并操作集合中的每一个值。

Weak Map 集合是一类特殊的 Map 集合，只支持对象类型的键名。与 Weak Set 相似的是，集合中存放的键是对象的弱引用，当该对象的其他强引用都被清除时，集合中弱引用键及其对应的值也会自动被垃圾回收。这种内存管理机制非常适合这样的场景：为那些实际使用与生命周期管理分离的对象添加额外信息。

8

迭代器（Iterator）和生成器（Generator）

用循环语句迭代数据时，必须要初始化一个变量来记录每一次迭代在数据集合中的位置，而在许多编程语言中，已经开始通过程序化的方式用迭代器对象返回迭代过程中集合的每一个元素。

迭代器的使用可以极大地简化数据操作，于是ECMAScript 6也向JavaScript中添加了这个迭代器特性。新的数组方法和新的集合类型（例如Set集合与Map集合）都依赖迭代器的实现，这个新特性对于高效的数据处理而言是不可或缺的，你也会发现在语言的其他特性中也都有迭代器的身影：新的`for-of`循环、展开运算符（...），甚至连异步编程都可以使用迭代器。

本章将讲解迭代器的诸多使用场景，但在这以前，我们一定要了解一下迭代器被添加到JavaScript背后的历史。

循环语句的问题

如果你曾用JavaScript编写过程序，很可能写过这样的代码：

```
var colors = ["red", "green", "blue"];
```

```
for (var i = 0, len = colors.length; i < len; i++) {
    console.log(colors[i]);
}
```

上面是一段标准的 for 循环代码，通过变量 i 来跟踪 colors 数组的索引，循环每次执行时，如果 i 不大于数组长度 len 则加 1，并执行下一次循环。

虽然循环语句的语法简单，但是如果将多个循环嵌套则需要追踪多个变量，代码的复杂度会大大增加，一不小心就错误使用了其他 for 循环的跟踪变量，从而导致程序出错。迭代器的出现旨在消除这种复杂性并减少循环中的错误。

什么是迭代器

迭代器是一种特殊对象，它具有一些专门为迭代过程设计的专有接口，所有的迭代器对象都有一个 next()方法，每次调用都返回一个结果对象。结果对象有两个属性：一个是 value，表示下一个将要返回的值；另一个是 done，它是一个布尔类型的值，当没有更多可返回数据时返回 true。迭代器还会保存一个内部指针，用来指向当前集合中值的位置，每调用一次 next()方法，都会返回下一个可用的值。

如果在最后一个值返回后再调用 next()方法，那么返回的对象中属性 done 的值为 true，属性 value 则包含迭代器最终返回的值，这个返回值不是数据集的一部分，它与函数的返回值类似，是函数调用过程中最后一次给调用者传递信息的方法，如果没有相关数据则返回 undefined。

了解了这些以后，我们用 ECMAScript 5 的语法创建一个迭代器：

```
function createIterator(items) {

    var i = 0;

    return {
        next: function() {

            var done = (i >= items.length);
            var value = !done ? items[i++] : undefined;

            return {
```

```
                done: done,
                value: value
            };

        }
    };
}

var iterator = createIterator([1, 2, 3]);

console.log(iterator.next());           // "{ value: 1, done: false }"
console.log(iterator.next());           // "{ value: 2, done: false }"
console.log(iterator.next());           // "{ value: 3, done: false }"
console.log(iterator.next());           // "{ value: undefined, done: true }"

// 之后所有的调用都会返回相同内容
console.log(iterator.next());           // "{ value: undefined, done: true }"
```

在上面这段代码中，createIterator()方法返回的对象有一个 next()方法，每次调用时，items 数组的下一个值会作为 value 返回。当 i 为 3 时，done 变为 true，此时三元表达式会将 value 的值设置为 undefined。done 与 value 二者最后的结果符合 ECMAScript 6 迭代器的最终返回机制，当数据集被用尽后会返回最终的内容。

上面这个示例很复杂，而在 ECMAScript 6 中，迭代器的编写规则也同样复杂，但 ECMAScript 6 同时还引入了一个生成器对象，它可以让创建迭代器对象的过程变得更简单。

什么是生成器

生成器是一种返回迭代器的函数，通过 function 关键字后的星号（*）来表示，函数中会用到新的关键字 yield。星号可以紧挨着 function 关键字，也可以在中间添加一个空格，就像这样：

```
// 生成器
function *createIterator() {
    yield 1;
```

```
    yield 2;
    yield 3;
}

// 生成器的调用方式与普通函数相同，只不过返回的是一个迭代器
let iterator = createIterator();

console.log(iterator.next().value);     // 1
console.log(iterator.next().value);     // 2
console.log(iterator.next().value);     // 3
```

在这个示例中，createIterator()前的星号表明它是一个生成器；yield 关键字也是 ECMAScript 6 的新特性，可以通过它来指定调用迭代器的 next()方法时的返回值及返回顺序。生成迭代器后，连续 3 次调用它的 next()方法返回 3 个不同的值，分别是 1、2 和 3。生成器的调用过程与其他函数一样，最终返回的是创建好的迭代器。

生成器函数最有趣的部分大概是，每当执行完一条 yield 语句后函数就会自动停止执行。举个例子，在上面这段代码中，执行完语句 yield 1 之后，函数便不再执行其他任何语句，直到再次调用迭代器的 next()方法才会继续执行 yield 2 语句。生成器函数的这种中止函数执行的能力有很多有趣的应用，我们将在本章后面“高级迭代器功能”一节中继续讲解它的应用。

使用 yield 关键字可以返回任何值或表达式，所以可以通过生成器函数批量地给迭代器添加元素。例如，可以在循环中使用 yield 关键字：

```
function *createIterator(items) {
    for (let i = 0; i < items.length; i++) {
        yield items[i];
    }
}

let iterator = createIterator([1, 2, 3]);

console.log(iterator.next());           // "{ value: 1, done: false }"
console.log(iterator.next());           // "{ value: 2, done: false }"
console.log(iterator.next());           // "{ value: 3, done: false }"
console.log(iterator.next());           // "{ value: undefined, done: true }"
```

```
// 之后所有的调用都会返回相同内容
console.log(iterator.next());          // "{ value: undefined, done: true }"
```

在此示例中，给生成器函数 createIterator()传入一个 items 数组，而在函数内部，for 循环不断从数组中生成新的元素放入迭代器中，每遇到一个 yield 语句循环都会停止；每次调用迭代器的 next()方法，循环会继续运行并执行下一条 yield 语句。

生成器函数是 ECMAScript 6 中的一个重要特性，可以将其用于所有支持函数使用的地方。本节将继续围绕生成器的其他使用方式进行讲解。

yield 的使用限制

yield 关键字只可在生成器内部使用，在其他地方使用会导致程序抛出语法错误，即便在生成器内部的函数里使用也是如此：

```
function *createIterator(items) {

    items.forEach(function(item) {

        // 语法错误
        yield item + 1;
    });
}
```

从字面上看，yield 关键字确实在 createIterator()函数内部，但是它与 return 关键字一样，二者都不能穿透函数边界。嵌套函数中的 return 语句不能用作外部函数的返回语句，而此处嵌套函数中的 yield 语句会导致程序抛出语法错误。

生成器函数表达式

也可以通过函数表达式来创建生成器，只需在 function 关键字和小括号中间添加一个星号（*）即可：

```
let createIterator = function *(items) {
    for (let i = 0; i < items.length; i++) {
        yield items[i];
```

```
    }
};

let iterator = createIterator([1, 2, 3]);

console.log(iterator.next());           // "{ value: 1, done: false }"
console.log(iterator.next());           // "{ value: 2, done: false }"
console.log(iterator.next());           // "{ value: 3, done: false }"
console.log(iterator.next());           // "{ value: undefined, done: true }"

// 之后所有的调用都会返回相同内容
console.log(iterator.next());           // "{ value: undefined, done: true }"
```

在这段代码中，createIterator()是一个生成器函数表达式，而不是一个函数声明。由于函数表达式是匿名的，因此星号直接放在 function 关键字和小括号之间。此外，这个示例基本与前例相同，使用的也是 for 循环。

NOTE 不能用箭头函数来创建生成器。

生成器对象的方法

由于生成器本身就是函数，因而可以将它们添加到对象中。例如，在 ECMAScript 5 风格的对象字面量中，可以通过函数表达式来创建生成器，就像这样：

```
let o = {

    createIterator: function *(items) {
        for (let i = 0; i < items.length; i++) {
            yield items[i];
        }
    }
};

let iterator = o.createIterator([1, 2, 3]);
```

也可以用 ECMAScript 6 的函数方法的简写方式来创建生成器，只需在函数名前添加一个星号（*）。

```
let o = {
```

```
    *createIterator(items) {
        for (let i = 0; i < items.length; i++) {
            yield items[i];
        }
    }
};

let iterator = o.createIterator([1, 2, 3]);
```

这些示例使用了不同于之前的语法，但它们的功能实际上是等价的。在简写版本中，由于不使用 function 关键字来定义 createIterator()方法，因此尽管可以在星号和方法名之间留白，但我们还是将星号紧贴在方法名之前。

可迭代对象和 for-of 循环

可迭代对象具有 Symbol.iterator 属性，是一种与迭代器密切相关的对象。Symbol.iterator 通过指定的函数可以返回一个作用于附属对象的迭代器。在 ECMAScript 6 中，所有的集合对象（数组、Set 集合及 Map 集合）和字符串都是可迭代对象，这些对象中都有默认的迭代器。ECMAScript 中新加入的特性 for-of 循环需要用到可迭代对象的这些功能。

NOTE 由于生成器默认会为 Symbol.iterator 属性赋值，因此所有通过生成器创建的迭代器都是可迭代对象。

在本章一开始，我们曾提到过循环内部索引跟踪的相关问题，要解决这个问题，需要两个工具：一个是迭代器，另一个是 for-of 循环。如此一来，便不需要再跟踪整个集合的索引，只需关注集合中要处理的内容。

for-of 循环每执行一次都会调用可迭代对象的 next()方法，并将迭代器返回的结果对象的 value 属性存储在一个变量中，循环将持续执行这一过程直到返回对象的 done 属性的值为 true。这里有个示例：

```
let values = [1, 2, 3];

for (let num of values) {
    console.log(num);
}
```

这段代码输出以下内容：

```
1
2
3
```

这段 for-of 循环的代码通过调用 values 数组的 Symbol.iterator 方法来获取迭代器，这一过程是在 JavaScript 引擎背后完成的。随后迭代器的 next() 方法被多次调用，从其返回对象的 value 属性读取值并存储在变量 num 中，依次为 1、2 和 3，当结果对象的 done 属性值为 true 时循环退出，所以 num 不会被赋值为 undefined。

如果只需迭代数组或集合中的值，用 for-of 循环代替 for 循环是个不错的选择。相比传统的 for 循环，for-of 循环的控制条件更简单，不需要追踪复杂的条件，所以更少出错。

WARNING 如果将 for-of 语句用于不可迭代对象、null 或 undefined 将会导致程序抛出错误。

访问默认迭代器

可以通过 Symbol.iterator 来访问对象默认的迭代器，就像这样：

```
let values = [1, 2, 3];
let iterator = values[Symbol.iterator]();

console.log(iterator.next());          // "{ value: 1, done: false }"
console.log(iterator.next());          // "{ value: 2, done: false }"
console.log(iterator.next());          // "{ value: 3, done: false }"
console.log(iterator.next());          // "{ value: undefined, done: true }"
```

在这段代码中，通过 Symbol.iterator 获取了数组 values 的默认迭代器，并用它遍历数组中的元素。在 JavaScript 引擎中执行 for-of 循环语句时也会有类似的处理过程。

由于具有 Symbol.iterator 属性的对象都有默认的迭代器，因此可以用它来检测对象是否为可迭代对象：

```
function isIterable(object) {
    return typeof object[Symbol.iterator] === "function";
}
```

```
console.log(isIterable([1, 2, 3]));          // true
console.log(isIterable("Hello"));            // true
console.log(isIterable(new Map()));          // true
console.log(isIterable(new Set()));          // true
console.log(isIterable(new WeakMap()));      // false
console.log(isIterable(new WeakSet()));      // false
```

这里的 isIterable()函数可以检查指定对象中是否存在默认的函数类型迭代器，而 for-of 循环在执行前也会做相似的检查。

截至目前，本节的示例已经展示了如何使用内建的可迭代对象类型的 Symbol.iterator，当然，也可以使用 Symbol.iterator 来创建属于你自己的迭代器。

创建可迭代对象

默认情况下，开发者定义的对象都是不可迭代对象，但如果给 Symbol.iterator 属性添加一个生成器，则可以将其变为可迭代对象，例如：

```
let collection = {
    items: [],
    *[Symbol.iterator]() {
        for (let item of this.items) {
            yield item;
        }
    }

};

collection.items.push(1);
collection.items.push(2);
collection.items.push(3);

for (let x of collection) {
    console.log(x);
}
```

这段代码输出以下内容：

```
1
2
3
```

在这个示例中，先创建一个生成器（注意，星号仍然在属性名前）并将其赋值给对象的 Symbol.iterator 属性来创建默认的迭代器；而在生成器中，通过 for-of 循环迭代 this.items 并用 yield 返回每一个值。collection 对象默认迭代器的返回值由迭代器 this.items 自动生成，而非手动遍历来定义返回值。

NOTE 在本章后面的“委托生成器”一节中，将会讲解对象迭代器的另一种使用方式。

现在我们已了解了如何使用默认的数组迭代器，而在 ECMAScript 6 中还有很多内建迭代器可以简化集合数据的操作。

内建迭代器

迭代器是 ECMAScript 6 的一个重要组成部分，在 ECMAScript 6 中，已经默认为许多内建类型提供了内建迭代器，只有当这些内建迭代器无法实现你的目标时才需要自己创建。通常来说当你定义自己的对象和类时才会遇到这种情况，否则，完全可以依靠内建的迭代器完成工作，而最常使用的可能是集合的那些迭代器。

集合对象迭代器

在 ECMAScript 6 中有 3 种类型的集合对象：数组、Map 集合与 Set 集合。为了更好地访问对象中的内容，这 3 种对象都内建了以下三种迭代器：

- entries() 返回一个迭代器，其值为多个键值对。
- values() 返回一个迭代器，其值为集合的值。
- keys() 返回一个迭代器，其值为集合中的所有键名。

调用以上 3 个方法都可以访问集合的迭代器。

entries()迭代器

每次调用 next()方法时，entries()迭代器都会返回一个数组，数组中的两个元素分别表示集合中每个元素的键与值。如果被遍历的对象是数组，则第一个元素是数字类型的索引；如果是 Set 集合，则第一个元素与第二个元素都是值（Set 集合中的值被同时作为键与值使用）；如果是 Map 集合，则第一个元素为键名。

这里有几个 entries()迭代器的使用示例：

```
let colors = [ "red", "green", "blue" ];
```

```
let tracking = new Set([1234, 5678, 9012]);
let data = new Map();

data.set("title", "Understanding ECMAScript 6");
data.set("format", "ebook");

for (let entry of colors.entries()) {
    console.log(entry);
}

for (let entry of tracking.entries()) {
    console.log(entry);
}

for (let entry of data.entries()) {
    console.log(entry);
}
```

调用 console.log()方法后输出以下内容：

```
[0, "red"]
[1, "green"]
[2, "blue"]
[1234, 1234]
[5678, 5678]
[9012, 9012]
["title", "Understanding ECMAScript 6"]
["format", "ebook"]
```

在这段代码中，调用每个集合的 entries()方法获取一个迭代器，并使用 for-of 循环来遍历元素，且通过 console 将每一个对象的键值对输出出来。

values()迭代器

调用 values()迭代器时会返回集合中所存的所有值，例如：

```
let colors = [ "red", "green", "blue" ];
let tracking = new Set([1234, 5678, 9012]);
let data = new Map();
```

```
data.set("title", "Understanding ECMAScript 6");
data.set("format", "ebook");

for (let value of colors.values()) {
    console.log(value);
}

for (let value of tracking.values()) {
    console.log(value);
}

for (let value of data.values()) {
    console.log(value);
}
```

这段代码输出以下内容：

```
"red"
"green"
"blue"
1234
5678
9012
"Understanding ECMAScript 6"
"ebook"
```

如上所示，调用 values()迭代器后，返回的是每个集合中所包含的真正的数据，而不会包含数据在集合中的位置信息。

keys()迭代器

keys()迭代器会返回集合中存在的每一个键。如果遍历的是数组，则会返回数字类型的键，数组本身的其他属性不会被返回；如果是 Set 集合，由于键与值是相同的，因此 keys()和 values()返回的也是相同的迭代器；如果是 Map 集合，则 keys()迭代器会返回每个独立的键。请看下面这个示例：

```
let colors = [ "red", "green", "blue" ];
let tracking = new Set([1234, 5678, 9012]);
let data = new Map();
```

```
data.set("title", "Understanding ECMAScript 6");
data.set("format", "ebook");

for (let key of colors.keys()) {
    console.log(key);
}

for (let key of tracking.keys()) {
    console.log(key);
}

for (let key of data.keys()) {
    console.log(key);
}
```

这段代码输出以下内容：

```
0
1
2
1234
5678
9012
"title"
"format"
```

keys()迭代器会获取 colors、tracking 和 data 这 3 个集合中的每一个键，而且分别在 3 个 for-of 循环内部将这些键名打印出来。对于数组对象来说，无论是否为数组添加命名属性，打印出来的都是数字类型的索引；而 for-in 循环迭代的是数组属性而不是数字类型的索引。

不同集合类型的默认迭代器

每个集合类型都有一个默认的迭代器，在 for-of 循环中，如果没有显式指定则使用默认的迭代器。数组和 Set 集合的默认迭代器是 values()方法，Map 集合的默认迭代器是 entries()方法。有了这些默认的迭代器，可以更轻松地在 for-of 循环中使用集合对象。请看以下示例：

```
let colors = [ "red", "green", "blue" ];
let tracking = new Set([1234, 5678, 9012]);
let data = new Map();

data.set("title", "Understanding ECMAScript 6");
data.set("format", "print");

// 与调用 colors.values()方法相同
for (let value of colors) {
    console.log(value);
}

// 与调用 tracking.values()方法相同
for (let num of tracking) {
    console.log(num);
}

// 与使用 data.entries()方法相同
for (let entry of data) {
    console.log(entry);
}
```

上述代码未指定迭代器，所以将使用默认的迭代器。数组、Set 集合及 Map 集合的默认迭代器也会反应出这些对象的初始化过程，所以这段代码会输出以下内容：

```
"red"
"green"
"blue"
1234
5678
9012
["title", "Understanding ECMAScript 6"]
["format", "print"]
```

默认情况下，如果是数组和 Set 集合，会逐一返回集合中所有的值；如果是 Map 集合，则按照 Map 构造函数参数的格式返回相同的数组内容。而 WeakSet 集合与 WeakMap 集合就没有内建的迭代器，由于要管理弱引用，因而无法确切地知道集合中存在的值，也就无法迭代这些集合了。

解构与 for-of 循环

如果要在 for-of 循环中使用解构语法，则可以利用 Map 集合默认构造函数的行为来简化编码过程，就像这样：

```
let data = new Map();

data.set("title", "Understanding ECMAScript 6");
data.set("format", "ebook");

// 与使用 data.entries()方法相同
for (let [key, value] of data) {
    console.log(key + "=" + value);
}
```

在这段代码的 for-of 循环语句中，将 Map 集合中每一个条目解构为 key 和 value 两个变量。使用这种方法后，便不再需要访问含有键和值的两元素数组，也不需要通过 Map 集合的内建方法取出每一个键和值。除了 Map 集合外，我们也可将 for-of 循环中的解构方法应用于 Set 集合与数组。

字符串迭代器

自 ECMAScript 5 发布以后，JavaScript 字符串慢慢变得更像数组了，例如，ECMAScript 5 正式规定可以通过方括号访问字符串中的字符（也就是说，text[0] 可以获取字符串 text 的第一个字符，并以此类推）。由于方括号操作的是编码单元而非字符，因此无法正确访问双字节字符，就像这样：

```
var message = "A 吉 B";

for (let i=0; i < message.length; i++) {
    console.log(message[i]);
}
```

在这段代码中，访问 message 的 length 属性获取索引值，并通过方括号访问来迭代并打印一个单字符字符串，但是输出的结果却与预期不符：

```
A
(空)
(空)
(空)
(空)
B
```

由于双字节字符被视作两个独立的编码单元，从而最终在 A 与 B 之间打印出 4 个空行。

所幸，ECMAScript 6 的目标是全面支持 Unicode（见第 2 章），并且我们可以通过改变字符串的默认迭代器来解决这个问题，使其操作字符而不是编码单元。现在，我们修改前一个示例中字符串的默认迭代器，让 for-of 循环输出正确的内容，这是调整后的代码：

```
var message = "A 吉 B";

for (let c of message) {
    console.log(c);
}
```

这段代码输出以下内容：

```
A
(空)
吉
(空)
B
```

这个结果更符合预期，通过循环语句可以直接操作字符并成功打印出 Unicode 字符。

NodeList 迭代器

DOM 标准中有一个 NodeList 类型，代表页面文档中所有元素的集合。对于编写 Web 浏览器环境中的 JavaScript 的开发者来说，需要花一点儿功夫去理解 NodeList 对象和数组之间的差异。二者都使用 length 属性来表示集合中元素的数量，都可以通过方括号来访问集合中的独立元素；而在内部实现中，二者的表现非常不一致，因而会造成很多困扰。

自从ECMAScript 6添加了默认迭代器后，DOM定义中的NodeList类型（定义在HTML标准而不是ECMAScript 6标准中）也拥有了默认迭代器，其行为与数组的默认迭代器完全一致。所以可以将NodeList应用于for-of循环及其他支持对象默认迭代器的地方。

```
var divs = document.getElementsByTagName("div");

for (let div of divs) {
    console.log(div.id);
}
```

在这段代码中，通过调用getElementsByTagName()方法获取到document对象中所有<div>元素的列表，在for-of循环中遍历列表中的每一个元素并输出元素ID，实际上是按照处理数组的方式来处理NodeList的。

展开运算符与非数组可迭代对象

回想一下第7章，我们通过展开运算符（...）把Set集合转换成了一个数组，就像这样：

```
let set = new Set([1, 2, 3, 3, 3, 4, 5]),
    array = [...set];

console.log(array);             // [1,2,3,4,5]
```

这段代码中的展开运算符把Set集合的所有值填充到了一个数组字面量里，它可以操作所有可迭代对象，并根据默认迭代器来选取要引用的值，从迭代器读取所有值。然后按照返回顺序将它们依次插入到数组中。Set集合是一个可迭代对象，所以示例代码可正常运行。展开运算符也可以用于其他可迭代对象，这里有另外一个示例：

```
let map = new Map([["name", "Nicholas"], ["age", 25]]),
    array = [...map];

console.log(array);             // [["name", "Nicholas"], ["age", 25]]
```

在此示例中，展开运算符把Map集合转换成包含多个数组的数组，Map集合的默认迭代器返回的是多组键值对，所以结果数组与执行 new Map()时传入的数组看起来一样。

在数组字面量中可以多次使用展开运算符，将可迭代对象中的多个元素依次插入新数组中，替换原先展开运算符所在的位置。示例如下：

```
let smallNumbers = [1, 2, 3],
    bigNumbers = [100, 101, 102],
    allNumbers = [0, ...smallNumbers, ...bigNumbers];

console.log(allNumbers.length);     // 7
console.log(allNumbers);            // [0, 1, 2, 3, 100, 101, 102]
```

创建一个变量 allNumbers，用展开运算符将 smallNumbers 和 bigNumbers 里的值依次添加到 allNumbers 中。首先存入 0，然后存入 small 中的值，最后存入 bigNumbers 中的值。当然，原始数组中的值只是被复制到 allNumbers 中，它们本身并未改变。

由于展开运算符可以作用于任意可迭代对象，因此如果想将可迭代对象转换为数组，这是最简单的方法。你既可以将字符串中的每一个字符（不是编码单元）存入新数组中，也可以将浏览器中 NodeList 对象中的每一个节点存入新的数组中。

现在我们已经了解了迭代器的基本运行原理，也会将其应用于 for-of 循环和展开运算符中，现在我们来看一些更复杂的用例。

高级迭代器功能

迭代器的基础功能可以辅助我们完成很多任务，通过生成器创建迭代器的过程也很便捷，除了这些简单的集合遍历任务外，迭代器也可以被用于完成一些复杂的任务。在 ECMAScript 6 的开发过程中，出现了许多独立的思想和语言模式，创造者们深受鼓舞，为这门语言添加了更多的功能。即使这些功能微不足道，但是聚合在一起却可以完成一些有趣的交互，下面的章节我们将讨论这些有趣的实践。

给迭代器传递参数

在本章的示例中，已经展示了一些迭代器向外传值的方法，既可以用迭代器的 next()方法返回值，也可以在生成器内部使用 yield 关键字来生成值。如果给迭代器的 next()方法传递参数，则这个参数的值就会替代生成器内部上一条 yield 语句的返回值。而如果要实现更多像异步编程这样的高级功能，那么这种给迭代器传值的能力就变得至关重要。请看这个简单的示例：

```
function *createIterator() {
    let first = yield 1;
    let second = yield first + 2;       // 4 + 2
    yield second + 3;                   // 5 + 3
}

let iterator = createIterator();

console.log(iterator.next());           // "{ value: 1, done: false }"
console.log(iterator.next(4));          // "{ value: 6, done: false }"
console.log(iterator.next(5));          // "{ value: 8, done: false }"
console.log(iterator.next());           // "{ value: undefined, done: true }"
```

这里有一个特例，第一次调用 next()方法时无论传入什么参数都会被丢弃。由于传给 next()方法的参数会替代上一次 yield 的返回值，而在第一次调用 next()方法前不会执行任何 yield 语句，因此在第一次调用 next()方法时传递参数是毫无意义的。

第二次调用 next()方法传入数值 4 作为参数，它最后被赋值给生成器函数内部的变量 first。在一个含参 yield 语句中，表达式右侧等价于第一次调用 next()方法后的下一个返回值，表达式左侧等价于第二次调用 next()方法后，在函数继续执行前得到的返回值。第二次调用 next()方法传入的值为 4，它会被赋值给变量 first，函数则继续执行。

第二条 yield 语句在第一次 yield 的结果上加了 2，最终的返回值为 6。第三次调用 next()方法时，传入数值 5，这个值被赋值给 second，最后用于第三条 yield 语句并最终返回数值 8。

如果想理解程序内部的具体细节，想清楚这些会对你很有帮助：在生成器内部，代码每次继续执行前，正在执行的代码是哪一段。图 8-1 通过灰色阴影展示了每次 yield 前正在执行的代码。

```
                function*createIterator(){
next()              let first = yield 1;
next(4)             let second = yield first + 2;
next(5)             yield second + 3;
                }
```

图 8-1　生成器中的代码执行过程

在生成器内部，浅灰色高亮的是 next()方法的第一次调用，中灰色标示了 next(4)的调用过程，深灰色标示了 next(5)的调用过程，分别返回每一次 yield 生成的值。这里有一个过程很复杂，在执行左侧代码前，右侧的每一个表达式会先执行再停止。比起普通的函数，调试复杂的生成器会花费更多的精力。

给迭代器的 next()方法传值时，yield 语句可以返回相应计算后的值，而在生成器的内部，还有很多诸如此类的执行技巧可以使用，例如在迭代器中手动抛出错误。

在迭代器中抛出错误

除了给迭代器传递数据外，还可以给它传递错误条件。通过 throw()方法，当迭代器恢复执行时可令其抛出一个错误。这种主动抛出错误的能力对于异步编程而言至关重要，也能为你提供模拟结束函数执行的两种方法（返回值或抛出错误），从而增强生成器内部的编程弹性。将错误对象传给 throw()方法后，在迭代器继续执行时其会被抛出。例如：

```
function *createIterator() {
    let first = yield 1;
    let second = yield first + 2;       // yield 4 + 2，然后抛出错误
    yield second + 3;                  // 永远不会被执行
}

let iterator = createIterator();

console.log(iterator.next());                     // "{ value: 1, done: false }"
console.log(iterator.next(4));                    // "{ value: 6, done: false }"
console.log(iterator.throw(new Error("Boom"))); // 从生成器中抛出的错误
```

在这个示例中，前两个表达式正常求值，而调用 throw()方法后，在继续执行 let second 求值前，错误就会被抛出并阻止了代码继续执行。这个过程与直接抛出错误很相似，二者唯一的区别是抛出的时机不同。图 8-2 展示了代码的每一步执行过程。

```
                          function*createIterator(){
next()                        let first = yield 1;
next(4)                       let second = yield first + 2;
throw(newError());            yield second + 3;
                          }
```

图 8-2　在生成器中抛出错误

与图 8-1 一样，这里的浅灰色和中灰色分别标示了一次 next()方法调用和 yield 语句执行过程。深灰色高亮部分标示了 throw()方法调用过程，深灰色星星指明了调用 throw()方法后生成器内部抛出错误的位置，此后的代码都中止执行。知道了这一点，你就可以在生成器内部通过 try-catch 代码块来捕获这些错误：

```
function *createIterator() {
    let first = yield 1;
    let second;

    try {
        second = yield first + 2;  // yield 4 + 2，然后抛出错误
    } catch (ex) {
        second = 6;                // 如果捕获到错误，则给变量 second 赋另外一个值
    }
    yield second + 3;
}

let iterator = createIterator();

console.log(iterator.next());                   // "{ value: 1, done: false }"
console.log(iterator.next(4));                  // "{ value: 6, done: false }"
console.log(iterator.throw(new Error("Boom"))); // "{ value: 9, done: false }"
console.log(iterator.next());                   // "{ value: undefined, done: true }"
```

在此示例中，try-catch 代码块包裹着第二条 yield 语句。尽管这条语句本身没有错误，但在给变量 second 赋值前还是会主动抛出错误，catch 代码块捕获错误后将 second 变量赋值为 6，下一条 yield 语句继续执行后返回 9。

请注意这里有一个有趣的现象：调用 throw()方法后也会像调用 next()方法一样返回一个结果对象。由于在生成器内部捕获了这个错误，因而会继续执行下一条 yield 语句，最终返回数值 9。

如此一来，next()和 throw()就像是迭代器的两条指令，调用 next()方法命令迭代器继续执行（可能提供一个值），调用 throw()方法也会命令迭代器继续执行，但同时也抛出一个错误，在此之后的执行过程取决于生成器内部的代码。

在迭代器内部，如果使用了 yield 语句，则可以通过 next()方法和 throw()方法控制执行过程，当然，也可以使用 return 语句返回一些与普通函数返回语句不太一样的内容，下一节将讲解这方面的内容。

生成器返回语句

由于生成器也是函数，因此可以通过 return 语句提前退出函数执行，对于最后一次 next()方法调用，可以主动为其指定一个返回值。在本章的绝大多数示例中，最后一次调用返回的都是 undefined，正如在其他函数中那样，你可以通过 return 语句指定一个返回值。而在生成器中，return 表示所有操作已经完成，属性 done 被设置为 true；如果同时提供了相应的值，则属性 value 会被设置为这个值。这里有一个简单的示例：

```
function *createIterator() {
    yield 1;
    return;
    yield 2;
    yield 3;
}

let iterator = createIterator();

console.log(iterator.next());           // "{ value: 1, done: false }"
console.log(iterator.next());           // "{ value: undefined, done: true }"
```

这段代码中的生成器包含多条 yield 语句和一条 return 语句，其中 return 语句紧随第一条 yield 语句，其后的 yield 语句将不会被执行。

在 return 语句中也可以指定一个返回值，该值将被赋值给返回对象的 value 属性：

```
function *createIterator() {
    yield 1;
    return 42;
}

let iterator = createIterator();

console.log(iterator.next());           // "{ value: 1, done: false }"
console.log(iterator.next());           // "{ value: 42, done: true }"
console.log(iterator.next());           // "{ value: undefined, done: true }"
```

在此示例中，第二次调用 next()方法时返回对象的 value 属性值为 42，done

属性首次设为 true；第三次调用 next()方法依然返回一个对象，只是 value 属性的值会变为 undefined。因此，通过 return 语句指定的返回值，只会在返回对象中出现一次，在后续调用返回的对象中，value 属性会被重置为 undefined。

NOTE 展开运算符与 for-of 循环语句会直接忽略通过 return 语句指定的任何返回值，只要 done 一变为 true 就立即停止读取其他的值。不管怎样，迭代器的返回值依然是一个非常有用的特性，比如即将要讲到的委托生成器。

委托生成器

在某些情况下，我们需要将两个迭代器合二为一，这时可以创建一个生成器，再给 yield 语句添加一个星号，就可以将生成数据的过程委托给其他迭代器。当定义这些生成器时，只需将星号放置在关键字 yield 和生成器的函数名之间即可，就像这样：

```
function *createNumberIterator() {
    yield 1;
    yield 2;
}

function *createColorIterator() {
    yield "red";
    yield "green";
}

function *createCombinedIterator() {
    yield *createNumberIterator();
    yield *createColorIterator();
    yield true;
}

var iterator = createCombinedIterator();

console.log(iterator.next());          // "{ value: 1, done: false }"
console.log(iterator.next());          // "{ value: 2, done: false }"
console.log(iterator.next());          // "{ value: "red", done: false }"
console.log(iterator.next());          // "{ value: "green", done: false }"
console.log(iterator.next());          // "{ value: true, done: false }"
```

```
console.log(iterator.next());          // "{ value: undefined, done: true }"
```

这里的生成器 createCombinedIterator()先后委托了另外两个生成器 create-NumberIterator()和 createColorIterator()。仅根据迭代器的返回值来看，它就像是一个完整的迭代器，可以生成所有的值。每一次调用 next()方法就会委托相应的迭代器生成相应的值，直到最后由 createNumberIterator()和 createColorIterator()创建的迭代器无法返回更多的值，此时执行最后一条 yield 语句并返回 true。

有了生成器委托这个新功能，你可以进一步利用生成器的返回值来处理复杂任务，例如：

```
function *createNumberIterator() {
    yield 1;
    yield 2;
    return 3;
}

function *createRepeatingIterator(count) {
    for (let i=0; i < count; i++) {
        yield "repeat";
    }
}

function *createCombinedIterator() {
    let result = yield *createNumberIterator();
    yield *createRepeatingIterator(result);
}

var iterator = createCombinedIterator();

console.log(iterator.next());          // "{ value: 1, done: false }"
console.log(iterator.next());          // "{ value: 2, done: false }"
console.log(iterator.next());          // "{ value: "repeat", done: false }"
console.log(iterator.next());          // "{ value: "repeat", done: false }"
console.log(iterator.next());          // "{ value: "repeat", done: false }"
console.log(iterator.next());          // "{ value: undefined, done: true }"
```

在生成器 createCombinedIterator()中，执行过程先被委托给了生成器 createNumberIterator()，返回值会被赋值给变量 result，执行到 return 3 时会返回数值 3。这个值随后被传入 createRepeatingIterator()作为它的参数，因而生成字符串"repeat"的 yield 语句会被执行三次。

注意，无论通过何种方式调用迭代器的 next()方法，数值 3 永远不会被返回，它只存在于生成器 createCombinedIterator()的内部。但如果想输出这个值，则可以额外添加一条 yield 语句，例如：

```
function *createNumberIterator() {
    yield 1;
    yield 2;
    return 3;
}

function *createRepeatingIterator(count) {
    for (let i=0; i < count; i++) {
        yield "repeat";
    }
}

function *createCombinedIterator() {
    let result = yield *createNumberIterator();
    yield result;
    yield *createRepeatingIterator(result);
}

var iterator = createCombinedIterator();

console.log(iterator.next());           // "{ value: 1, done: false }"
console.log(iterator.next());           // "{ value: 2, done: false }"
console.log(iterator.next());           // "{ value: 3, done: false }"
console.log(iterator.next());           // "{ value: "repeat", done: false }"
console.log(iterator.next());           // "{ value: "repeat", done: false }"
console.log(iterator.next());           // "{ value: "repeat", done: false }"
console.log(iterator.next());           // "{ value: undefined, done: true }"
```

此处新添加的 yield 语句显式地输出了生成器 createNumberIterator()的返回值。

NOTE yield *也可直接应用于字符串，例如 yield * "hello"，此时将使用字符串的默认迭代器。

异步任务执行

生成器令人兴奋的特性多与异步编程有关，JavaScript 中的异步编程有利有弊：简单任务的异步化非常容易；而复杂任务的异步化会带来很多管理代码的挑战。由于生成器支持在函数中暂停代码执行，因而可以深入挖掘异步处理的更多用法。

执行异步操作的传统方式一般是调用一个函数并执行相应回调函数。举个例子，我们用 Node.js 编写一段从磁盘读取文件的代码：

```
let fs = require("fs");

fs.readFile("config.json", function(err, contents) {
    if (err) {
        throw err;
    }

    doSomethingWith(contents);
    console.log("Done");
});
```

调用 `fs.readFile()`方法时要求传入要读取的文件名和一个回调函数，操作结束后会调用该回调函数并检查是否存在错误，如果没有就可以处理返回的内容。如果要执行的任务很少，那么这样的方式可以很好地完成任务；如若需要嵌套回调或序列化一系列的异步操作，事情会变得非常复杂。此时，生成器和 `yield` 语句就派上用场了。

简单任务执行器

由于执行 `yield` 语句会暂停当前函数的执行过程并等待下一次调用 `next()` 方法，因此你可以创建一个函数，在函数中调用生成器生成相应的迭代器，从而在不用回调函数的基础上实现异步调用 `next()`方法，就像这样：

```
function run(taskDef) {

    // 创建一个无使用限制的迭代器
    let task = taskDef();

    // 开始执行任务
```

```
    let result = task.next();

    // 循环调用 next()的函数
    function step() {

        // 如果任务未完成，则继续执行
        if (!result.done) {
            result = task.next();
            step();
        }
    }

    // 开始迭代执行
    step();

}
```

函数 run()接受一个生成器函数作为参数，这个函数定义了后续要执行的任务，生成一个迭代器并将它储存在变量 task 中。首次调用迭代器的 next()方法时，返回的结果被储存起来稍后继续使用。step()函数会检查 result.done 的值，如果为 false 则执行迭代器的 next()方法，并再次执行 step()操作。每次调用 next()方法时，返回的最新信息总会覆写变量 result。在代码的最后，初始化执行 step()函数并开始整个的迭代过程，每次通过检查 result.done 来确定是否有更多任务需要执行。

借助这个 run()函数，可以像这样执行一个包含多条 yield 语句的生成器：

```
run(function*() {
    console.log(1);
    yield;
    console.log(2);
    yield;
    console.log(3);
});
```

这个示例最终会向控制台输出多次调用 next()方法的结果，分别为数值 1、2 和 3。当然，简单输出迭代次数不足以展示迭代器高级功能的实用之处，下一步我们将在迭代器与调用者之间互相传值。

向任务执行器传递数据

给任务执行器传递数据最简单的办法是，把 yield 返回的值传入下一次 next()方法的调用。在这段代码中，只需将 result.value 传入 next()方法即可：

```
function run(taskDef) {

    // 创建一个无使用限制的迭代器
    let task = taskDef();

    // 开始执行任务
    let result = task.next();

    // 循环调用 next()的函数
    function step() {

        // 如果任务未完成，则继续执行
        if (!result.done) {
            result = task.next(result.value);
            step();
        }
    }

    // 开始迭代执行
    step();

}
```

现在 result.value 作为 next()方法的参数被传入，这样就可以在 yield 调用之间传递数据了，就像这样：

```
run(function*() {
    let value = yield 1;
    console.log(value);         // 1

    value = yield value + 3;
    console.log(value);         // 4
});
```

此示例会向控制台输出两个数值 1 和 4。其中，数值 1 取自 `yield 1` 语句中回传给变量 `value` 的值；而 4 取自给变量 `value` 加 3 后回传给 value 的值。现在数据已经能够在 `yield` 调用间互相传递了，只需一个小小的改变便能支持异步调用。

异步任务执行器

之前的示例只是在多个 `yield` 调用间来回传递静态数据，而等待一个异步过程有些不同。任务执行器需要知晓回调函数是什么以及如何使用它。由于 `yield` 表达式会将值返回给任务执行器，所有的函数调用都会返回一个值，因而在某种程度上这也是一个异步操作，任务执行器会一直等待直到操作完成。

下面我们定义一个异步操作：

```
function fetchData() {
    return function(callback) {
        callback(null, "Hi!");
    };
}
```

本示例的原意是让任务执行器调用的所有函数都返回一个可以执行回调过程的函数，此处 `fetchData()`函数的返回值是一个可接受回调函数作为参数的函数，当调用它时会传入一个字符串`"Hi!"`作为回调函数的参数并执行。参数 `callback` 需要通过任务执行器指定，以确保回调函数执行时可以与底层迭代器正确交互。尽管 `fetchData()`是同步函数，但简单添加一个延迟方法即可将其变为异步函数：

```
function fetchData() {
    return function(callback) {
        setTimeout(function() {
            callback(null, "Hi!");
        }, 50);
    };
}
```

在这个版本的 `fetchData()`函数中，我们让回调函数延迟了 50 ms 再被调用，所以这种模式在同步和异步状态下都运行良好。只需保证每个要通过 `yield` 关键字调用的函数都按照与之相同的模式编写。

理解了函数中异步过程的运作方式，我们可以将任务执行器稍作修改。当 result.value 是一个函数时，任务执行器会先执行这个函数再将结果传入 next()方法，代码更新如下：

```
function run(taskDef) {

    // 创建一个无使用限制的迭代器
    let task = taskDef();

    // 开始执行任务
    let result = task.next();

    // 循环调用 next()函数
    function step() {

        // 如果任务未完成，则继续执行
        if (!result.done) {
            if (typeof result.value === "function") {
                result.value(function(err, data) {
                    if (err) {
                        result = task.throw(err);
                        return;
                    }

                    result = task.next(data);
                    step();
                });
            } else {
                result = task.next(result.value);
                step();
            }

        }
    }

    // 开始迭代执行
    step();

}
```

通过===操作符检查后，如果 result.value 是一个函数，会传入一个回调函数作为参数来调用它，回调函数遵循 Node.js 中有关执行错误的约定：所有可能的错误放在第一个参数（err）中，结果放在第二个参数中。如果传入了 err，则意味着执行过程中产生了错误，这时会通过 task.throw()正确输出错误对象；如果没有错误产生，data 被传入 task.run()，其执行结果被储存起来，并继续执行 step()方法。如果 result.value 不是一个函数，则直接将其传入 next()方法。

现在，这个新版的任务执行器已经可以用于所有的异步任务了。在 Node.js 环境中，如果要从文件中读取一些数据，需要在 fs.readFile()外围创建一个包装器（wrapper），与 fetchData()类似，会返回一个函数，例如：

```
let fs = require("fs");

function readFile(filename) {
    return function(callback) {
        fs.readFile(filename, callback);
    };
}
```

readFile()方法只接受一个文件名作为参数，返回一个可以执行回调函数的函数。回调函数被直接传入 fs.readFile()方法，读取完成后会执行它。下面是一段通过关键字 yield 执行这个任务的代码：

```
run(function*() {
    let contents = yield readFile("config.json");
    doSomethingWith(contents);
    console.log("Done");
});
```

在这段代码中没有任何回调变量，异步的 readFile()操作却正常执行，除了 yield 关键字外，其他代码与同步代码完全一样，只不过函数执行的是异步操作。所以遵循相同的接口，可以编写一些读起来像是同步代码的异步逻辑。

当然，这些示例中使用的模式也有缺点，也就是你不能百分百确认函数中返回的其他函数一定是异步的。着眼当下，最重要的是你能理解任务执行过程背后的理论知识。ECMAScript 6 中的新特性 Promise 可以提供一种更灵活的方式来调度异步任务，我们将在第 11 章深入讲解这个功能。

小结

迭代器是 ECMAScript 6 的一个重要组成部分，它是语言中某些关键语言元素的依赖。尽管迭代器看起来好像只是一种通过几个简单 API 返回一系列值的新特性，但在 ECMAScript 6 中，它还能被应用于许多更复杂的场景中。

`Symbol.iterator` 被用来定义对象的默认迭代器，内建对象和开发者定义的对象都支持这个特性，通过这个 Symbol 定义的方法可以返回一个迭代器。如果对象中有 `Symbol.iterator` 这个属性，则此对象为可迭代对象。

`for-of` 循环可以持续获取可迭代对象中的值，与传统的 `for` 循环迭代相比，`for-of` 循环不需要追踪值在集合中的位置，也不需要控制循环结束的时机，使用起来非常方便，它会自动地从迭代器中读取所有值，如果没有更多可返回的值就自动退出循环。

为了降低 `for-of` 的使用成本，ECMAScript 6 中的许多值都有默认迭代器。所有的集合类型（例如数组、Map 集合与 Set 集合）都有默认迭代器，字符串同样也有默认迭代器，其可以直接迭代字符串中的字符，避免了遍历编码单元带来的诸多问题。

展开运算符也可以作用于可迭代对象，通过迭代器从对象中读取相应的值并插入到一个数组中。

生成器是一类特殊函数，在定义时需要额外添加一个星号（*），被调用时会自动创建一个迭代器，并通过关键字 `yield` 来标识每次调用迭代器的 next() 方法时的返回值。

借助生成器委托这个新特性，便可重用已有生成器来创建新的生成器，从而进一步封装更复杂的迭代器行为。新语法使用 `yield *`来标识生成的值，新迭代器的返回值便可取自已有的多个迭代器。

在生成器和迭代器的所有应用场景中，最有趣且最令人兴奋的可能是用来创建更简洁的异步代码。这种方式无须在所有地方定义回调函数，其代码看起来像是同步代码，但实际上使用了 `yield` 生成的特性来等待异步操作最终完成。

9

JavaScript 中的类

大多数面向对象的编程语言都支持类和类继承的特性，而JavaScript 却不支持这些特性，只能通过其他方法定义并关联多个相似的对象。这个状态一直从 ECMAScript 1 延续到了 ECMAScript 5，甚至有许多库都通过创建一些实用程序（utilities）来给 JavaScript 添加类似的特性。尽管一部分 JavaScript 开发者强烈坚持 JavaScript 中不需要类，但由于类似的库层出不穷，最终还是在 ECMAScript 6 中引入了类的特性。

理解类的基本原理有助于理解 ECMAScript 6 中的类特性，本章一开始我们先探讨开发者是如何基于 ECMAScript 5 的语法实现类似的类特性的，当然你也将看到，ECMAScript 6 中的类与其他语言中的还是不太一样，其语法的设计实际上借鉴了 JavaScript 的动态性。

ECMAScript 5 中的近类结构

就像之前提到的那样，在 ECMAScript 5 及早期版本中没有类的概念，最相近的思路是创建一个自定义类型：首先创建一个构造函数，然后定义另一个方法并赋值给构造函数的原型。例如：

```
function PersonType(name) {
    this.name = name;
}

PersonType.prototype.sayName = function() {
    console.log(this.name);
};

var person = new PersonType("Nicholas");
person.sayName();   // outputs "Nicholas"

console.log(person instanceof PersonType);  // true
console.log(person instanceof Object);      // true
```

这段代码中的 PersonType 是一个构造函数，其执行后创建一个名为 name 的属性；给 PersonType 的原型添加一个 sayName()方法，所以 PersonType 对象的所有实例都将共享这个方法。然后使用 new 操作符创建一个 PersonType 的实例 person，并最终证实了 person 对象确实是 PersonType 的实例，且由于存在原型继承的特性，因而它也是 Object 的实例。

许多模拟类的 JavaScript 库都是基于这个模式进行开发，而且 ECMAScript 6 中的类也借鉴了类似的方法。

类的声明

ECMAScript 6 有一种与其他语言中类似的类特性：类声明。同时，它也是 ECMAScript 6 中最简单的类形式。

基本的类声明语法

要声明一个类，首先编写 class 关键字，紧跟着的是类的名字，其他部分的语法类似于对象字面量方法的简写形式，但不需要在类的各元素之间使用逗号分隔。请看这段简单的类声明代码：

```
class PersonClass {

    // 等价于 PersonType 构造函数
    constructor(name) {
```

```
        this.name = name;
    }

    // 等价于 PersonType.prototype.sayName
    sayName() {
        console.log(this.name);
    }
}

let person = new PersonClass("Nicholas");
person.sayName();   // outputs "Nicholas"

console.log(person instanceof PersonClass);        // true
console.log(person instanceof Object);             // true

console.log(typeof PersonClass);                   // "function"
console.log(typeof PersonClass.prototype.sayName);  // "function"
```

通过类声明语法定义 PersonClass 的行为与之前创建 PersonType 构造函数的过程相似，只是这里直接在类中通过特殊的 constructor 方法名来定义构造函数，且由于这种类使用简洁语法来定义方法，因而不需要添加 function 关键字。除 constructor 外没有其他保留的方法名，所以可以尽情添加方法。

自有属性是实例中的属性，不会出现在原型上，且只能在类的构造函数或方法中创建，此例中的 name 就是一个自有属性。这里建议你在构造函数中创建所有自有属性，从而只通过一处就可以控制类中的所有自有属性。

有趣的是，类声明仅仅是基于已有自定义类型声明的语法糖。typeof PersonClass 最终返回的结果是"function"，所以 PersonClass 声明实际上创建了一个具有构造函数方法行为的函数。此示例中的 sayName()方法实际上是 PersonClass.prototype 上的一个方法；与之类似的是，在之前的示例中，sayName()也是 PersonType.prototype 上的一个方法。通过语法糖包装以后，类就可以代替自定义类型的功能，你不必担心使用的是哪种方法，只需关注如何定义正确的类。

NOTE 与函数不同的是，类属性不可被赋予新值，在之前的示例中，PersonClass.prototype 就是这样一个只可读的类属性。

为何使用类语法

尽管类与自定义类型之间有诸多相似之处，我们仍需牢记它们的这些差异：

- 函数声明可以被提升，而类声明与 let 声明类似，不能被提升；真正执行声明语句之前，它们会一直存在于临时死区中。
- 类声明中的所有代码将自动运行在严格模式下，而且无法强行让代码脱离严格模式执行。
- 在自定义类型中，需要通过 Object.defineProperty()方法手工指定某个方法为不可枚举；而在类中，所有方法都是不可枚举的。
- 每个类都有一个名为[[Construct]]的内部方法，通过关键字 new 调用那些不含[[Construct]]的方法会导致程序抛出错误。
- 使用除关键字 new 以外的方式调用类的构造函数会导致程序抛出错误。
- 在类中修改类名会导致程序报错。

了解了这些差异之后，我们可以用除了类之外的语法为之前示例中的 PersonClass 声明编写等价代码：

```
// 等价于 PersonClass
let PersonType2 = (function() {

    "use strict";

    const PersonType2 = function(name) {

        // 确保通过关键字 new 调用该函数
        if (typeof new.target === "undefined") {
            throw new Error("必须通过关键字 new 调用构造函数");
        }

        this.name = name;
    }

    Object.defineProperty(PersonType2.prototype, "sayName", {
        value: function() {

            // 确保不会通过关键字 new 调用该方法
            if (typeof new.target !== "undefined") {
```

```
                throw new Error("不可使用关键字 new 调用该方法");
            }

            console.log(this.name);
        },
        enumerable: false,
        writable: true,
        configurable: true
    });

    return PersonType2;
}());
```

首先请注意，这段代码中有两处 PersonType2 声明：一处是外部作用域中的 let 声明，一处是立即执行函数表达式（IIFE）中的 const 声明，这也从侧面说明了为什么可以在外部修改类名而内部却不可修改。在构造函数中，先检查 new.target 是否通过 new 调用，如果不是则抛出错误；紧接着，将 sayName() 方法定义为不可枚举，并再次检查 new.target 是否通过 new 调用，如果是则抛出错误；最后，返回这个构造函数。

从这个示例我们可以看到，尽管可以在不使用 new 语法的前提下实现类的所有功能，但如此一来，代码变得极为复杂。

常量类名

类的名称只在类中为常量，所以尽管不能在类的方法中修改类名，但可以在外部修改：

```
class Foo {
   constructor() {
       Foo = "bar";    // 执行时会抛出错误
   }
}

// 但在类声明结束后就可以修改
Foo = "baz";
```

在这段代码中，类的外部有一个 Foo 声明，而类的构造函数里的 Foo

则是一个独立存在的绑定。内部的 Foo 就像是通过 const 声明的，修改它的值会导致程序抛出错误；而外部的 Foo 就像是通过 let 声明的，可以随时修改这个绑定的值。

类表达式

类和函数都有两种存在形式：声明形式和表达式形式。声明形式的函数和类都由相应的关键字（分别为 function 和 class）进行定义，随后紧跟一个标识符；表达式形式的函数和类与之类似，只是不需要在关键字后添加标识符。类表达式的设计初衷是为了声明相应变量或传入函数作为参数。

基本的类表达式语法

下面这段代码等价于之前 PersonClass 示例的类表达式，以及一些实际使用它的代码：

```
let PersonClass = class {

    // 等价于 PersonType 构造函数
    constructor(name) {
        this.name = name;
    }

    // 等价于 PersonType.prototype.sayName
    sayName() {
        console.log(this.name);
    }
};

let person = new PersonClass("Nicholas");
person.sayName();   // outputs "Nicholas"

console.log(person instanceof PersonClass);        // true
console.log(person instanceof Object);             // true

console.log(typeof PersonClass);                   // "function"
console.log(typeof PersonClass.prototype.sayName);  // "function"
```

如这个示例解释的，类表达式不需要标识符在类后。除了语法，类表达式在功能上等价于类声明。

类声明和类表达式的功能极为相似，只是代码编写方式略有差异，二者均不会像函数声明和函数表达式一样被提升，所以在运行时状态下无论选择哪一种方式代码最终的执行结果都没有太大差别。

命名类表达式

在上一节的示例中，我们定义的类表达式是匿名的，其实类与函数一样，都可以定义为命名表达式。声明时，在关键字 `class` 后添加一个标识符即可定义为命名类表达式：

```
let PersonClass = class PersonClass2 {

    // 等价于 PersonType 构造函数
    constructor(name) {
        this.name = name;
    }

    // 等价于 PersonType.prototype.sayName
    sayName() {
        console.log(this.name);
    }
};

console.log(typeof PersonClass);        // "function"
console.log(typeof PersonClass2);       // "undefined"
```

在此示例中，类表达式被命名为 `PersonClass2`，由于标识符 `PersonClass2` 只存在于类定义中，因此它可被用在像 `sayName()`这样的方法中。而在类的外部，由于不存在一个名为 `PersonClass2` 的绑定，因而 `typeof PersonClass2` 的值为`"undefined"`。为了进一步讲解背后的原理，我们来看一段没有使用关键字 `class` 的等价声明：

```
// 等价于命名类表达式 PersonClass
let PersonClass = (function() {
```

```
    "use strict";

    const PersonClass2 = function(name) {

        // 确保通过关键字 new 调用该函数
        if (typeof new.target === "undefined") {
            throw new Error("必须通过关键字 new 调用构造函数");
        }

        this.name = name;
    }

    Object.defineProperty(PersonClass2.prototype, "sayName", {
        value: function() {

            // 确保不会通过关键字 new 调用该方法
            if (typeof new.target !== "undefined") {
                throw new Error("不可使用关键字 new 调用该方法");
            }

            console.log(this.name);
        },
        enumerable: false,
        writable: true,
        configurable: true
    });

    return PersonClass2;
}());
```

在 JavaScript 引擎中，类表达式的实现与类声明稍有不同。对于类声明来说，通过 `let` 定义的外部绑定与通过 `const` 定义的内部绑定具有相同名称；而命名类表达式通过 `const` 定义名称，从而 `PersonClass2` 只能在类的内部使用。

尽管命名类表达式与命名函数表达式有不同的表现，但二者间仍有许多相似之处，都可以在多个场景中作为值使用，下面将继续讲解它们。

作为一等公民的类

在程序中，一等公民是指一个可以传入函数，可以从函数返回，并且可以赋值给变量的值。JavaScript 函数是一等公民（也被称作头等函数），这也正是 JavaScript 中的一个独特之处。

ECMAScript 6 延续了这个传统，将类也设计为一等公民，允许通过多种方式使用类的特性。例如，可以将类作为参数传入函数中：

```
function createObject(classDef) {
    return new classDef();
}

let obj = createObject(class {

    sayHi() {
        console.log("Hi!");
    }
});

obj.sayHi();        // "Hi!"
```

在这个示例中，调用 createObject()函数时传入一个匿名类表达式作为参数，然后通过关键字 new 实例化这个类并返回实例，将其储存在变量 obj 中。

类表达式还有另一种使用方式，通过立即调用类构造函数可以创建单例。用 new 调用类表达式，紧接着通过一对小括号调用这个表达式，例如：

```
let person = new class {

    constructor(name) {
        this.name = name;
    }

    sayName() {
        console.log(this.name);
```

```
    }

}("Nicholas");

person.sayName();   // "Nicholas"
```

这里先创建一个匿名类表达式，然后立即执行。依照这种模式可以使用类语法创建单例，并且不会在作用域中暴露类的引用，其后的小括号表明正在调用一个函数，而且可以传参数给这个函数。

截至目前，本章的示例集中展示了类与类的方法，而我们也可以通过类似对象字面量的语法在类中创建访问器属性。

访问器属性

尽管应该在类构造函数中创建自己的属性，但是类也支持直接在原型上定义访问器属性。创建 getter 时，需要在关键字 get 后紧跟一个空格和相应的标识符；创建 setter 时，只需把关键字 get 替换为 set 即可，就像这样：

```
class CustomHTMLElement {

    constructor(element) {
        this.element = element;
    }

    get html() {
        return this.element.innerHTML;
    }

    set html(value) {
        this.element.innerHTML = value;
    }
}

var descriptor = Object.getOwnPropertyDescriptor(CustomHTMLElement.prototype,
"html");
console.log("get" in descriptor);          // true
console.log("set" in descriptor);          // true
```

```
console.log(descriptor.enumerable);        // false
```

这段代码中的 CustomHTMLElement 类是一个针对现有 DOM 元素的包装器，并通过 getter 和 setter 方法将这个元素的 innerHTML 方法委托给 html 属性，这个访问器属性是在 CustomHTMLElement.prototype 上创建的。与其他方法一样，创建时声明该属性不可枚举。下面这段代码是非类形式的等价实现：

```
// 等同于上一个示例
let CustomHTMLElement = (function() {

    "use strict";

    const CustomHTMLElement = function(element) {

        // 确保通过关键字 new 调用该函数
        if (typeof new.target === "undefined") {
            throw new Error("必须通过关键字 new 调用构造函数");
        }

        this.element = element;
    }

    Object.defineProperty(CustomHTMLElement.prototype, "html", {
        enumerable: false,
        configurable: true,
        get: function() {
            return this.element.innerHTML;
        },
        set: function(value) {
            this.element.innerHTML = value;
        }
    });

    return CustomHTMLElement;
}());
```

由上可见，比起非类等效实现，类语法可以节省很多代码。在非类等效实现中，仅 html 访问器属性定义的代码量就与类声明一样多。

可计算成员名称

类和对象字面量还有更多相似之处，类方法和访问器属性也支持使用可计算名称。就像在对象字面量中一样，用方括号包裹一个表达式即可使用可计算名称，例如：

```
let methodName = "sayName";

class PersonClass {

    constructor(name) {
        this.name = name;
    }

    [methodName]() {
        console.log(this.name);
    }
};

let me = new PersonClass("Nicholas");
me.sayName();           // "Nicholas"
```

这个版本的 PersonClass 通过变量来给类定义中的方法命名，字符串"sayName"被赋值给 methodName 变量，然后 methodName 又被用于声明随后可直接访问的 sayName()方法。

通过相同的方式可以在访问器属性中应用可计算名称，就像这样：

```
let propertyName = "html";

class CustomHTMLElement {

    constructor(element) {
        this.element = element;
    }

    get [propertyName]() {
        return this.element.innerHTML;
    }
```

```
    set [propertyName](value) {
        this.element.innerHTML = value;
    }
}
```

在这里通过 propertyName 变量并使用 getter 和 setter 方法为类添加 html 属性，并且可以像往常一样通过 .html 访问该属性。

在类和对象字面量诸多的共同点中，除了方法、访问器属性及可计算名称上的共同点外，还需要了解另一个相似之处，也就是生成器方法。

生成器方法

回忆第 8 章，在对象字面量中，可以通过在方法名前附加一个星号（*）的方式来定义生成器，在类中亦是如此，可以将任何方法定义成生成器。请看这个示例：

```
class MyClass {

    *createIterator() {
        yield 1;
        yield 2;
        yield 3;
    }

}

let instance = new MyClass();
let iterator = instance.createIterator();
```

这段代码创建了一个名为 MyClass 的类，它有一个生成器方法 createIterator()，其返回值为一个硬编码在生成器中的迭代器。如果用对象来表示集合，又希望通过简单的方法迭代集合中的值，那么生成器方法就派上用场了。数组、Set 集合及 Map 集合为开发者们提供了多个生成器方法来与集合中的元素交互。

尽管生成器方法很实用，但如果你的类是用来表示值的集合的，那么为它定义一个默认迭代器会更有用。通过 Symbol.iterator 定义生成器方法即可为类定义默认迭代器：

```
class Collection {

    constructor() {
        this.items = [];
    }

    *[Symbol.iterator]() {
        yield *this.items.values();
    }
}

var collection = new Collection();
collection.items.push(1);
collection.items.push(2);
collection.items.push(3);

for (let x of collection) {
    console.log(x);
}

// 输出：
// 1
// 2
// 3
```

这个示例用可计算名称创建了一个代理 this.items 数组 values()迭代器的生成器方法。任何管理一系列值的类都应该引入默认迭代器，因为一些与特定集合有关的操作需要所操作的集合含有一个迭代器。现在可以将 Collection 的实例直接用于 for-of 循环中或用展开运算符操作它。

如果不介意在对象的实例中出现添加的方法和访问器属性，则可以将它们添加到类的原型中；如果你希望它们只出现在类中，那么需要使用静态成员。

静态成员

在 ECMAScript 5 及早期版本中，直接将方法添加到构造函数中来模拟静态成员是一种常见的模式，例如：

```
function PersonType(name) {
    this.name = name;
}

// 静态方法
PersonType.create = function(name) {
    return new PersonType(name);
};

// 实例方法
PersonType.prototype.sayName = function() {
    console.log(this.name);
};

var person = PersonType.create("Nicholas");
```

在其他编程语言中，由于工厂方法 `PersonType.create()`使用的数据不依赖 `PersonType` 的实例，因而其会被认为是一个静态方法。ECMAScript 6 的类语法简化了创建静态成员的过程，在方法或访问器属性名前使用正式的静态注释即可。下面这个类等价于之前的示例：

```
class PersonClass {

    // 等价于 PersonType 构造函数
    constructor(name) {
        this.name = name;
    }

    // 等价于 PersonType.prototype.sayName
    sayName() {
        console.log(this.name);
    }
```

```
    // 等价于 PersonType.create
    static create(name) {
        return new PersonClass(name);
    }
}

let person = PersonClass.create("Nicholas");
```

PersonClass 定义只有一个静态方法 create()，它的语法与 sayName()的区别只在于是否使用 static 关键字。类中的所有方法和访问器属性都可以用 static 关键字来定义，唯一的限制是不能将 static 用于定义构造函数方法。

NOTE 不可在实例中访问静态成员，必须要直接在类中访问静态成员。

继承与派生类

在 ECMAScript 6 之前，实现继承与自定义类型是一个不小的工作。严格意义上的继承需要多个步骤实现。请看以下示例：

```
function Rectangle(length, width) {
    this.length = length;
    this.width = width;
}

Rectangle.prototype.getArea = function() {
    return this.length * this.width;
};

function Square(length) {
    Rectangle.call(this, length, length);
}

Square.prototype = Object.create(Rectangle.prototype, {
    constructor: {
        value: Square,
        enumerable: true,
        writable: true,
        configurable: true
```

```
    }
});

var square = new Square(3);

console.log(square.getArea());              // 9
console.log(square instanceof Square);      // true
console.log(square instanceof Rectangle);   // true
```

Square继承自Rectangle，为了这样做，必须用一个创建自Rectangle.prototype的新对象重写Square.prototype并调用Rectangle.call()方法。JavaScript新手经常对这些步骤感到困惑，即使是经验丰富的开发者也常在这里出错。

类的出现让我们可以更轻松地实现继承功能，使用熟悉的extends关键字可以指定类继承的函数。原型会自动调整，通过调用super()方法即可访问基类的构造函数。这段代码是之前示例的ECMAScript 6等价版本：

```
class Rectangle {
    constructor(length, width) {
        this.length = length;
        this.width = width;
    }

    getArea() {
        return this.length * this.width;
    }
}

class Square extends Rectangle {
    constructor(length) {

        // 等价于Rectangle.call(this, length, length)
        super(length, length);
    }
}

var square = new Square(3);

console.log(square.getArea());              // 9
console.log(square instanceof Square);      // true
```

```
console.log(square instanceof Rectangle);      // true
```

这一次，Square 类通过 extends 关键字继承 Rectangle 类，在 Square 构造函数中通过 super()调用 Rectangle 构造函数并传入相应参数。请注意，与 ECMAScript 5 版本代码不同的是，标识符 Rectangle 只用于类声明（extends 之后）。

继承自其他类的类被称作派生类，如果在派生类中指定了构造函数则必须要调用 super()，如果不这样做程序就会报错。如果选择不使用构造函数，则当创建新的类实例时会自动调用 super()并传入所有参数。举个例子，以下两个类完全相同：

```
class Square extends Rectangle {
    // 没有构造函数
}

// 等价于

class Square extends Rectangle {
    constructor(...args) {
        super(...args);
    }
}
```

示例中的第二个类是所有派生类的等效默认构造函数，所有参数按顺序被传递给基类的构造函数。这里展示的功能不太正确，因为 Square 的构造函数只需要一个参数，所以最好手动定义构造函数。

使用 super()的小贴士

当使用 super()时切记以下几个关键点：

- 只可在派生类的构造函数中使用 super()，如果尝试在非派生类（不是用 extends 声明的类）或函数中使用则会导致程序抛出错误。
- 在构造函数中访问 this 之前一定要调用 super()，它负责初始化 this，如果在调用 super()之前尝试访问 this 会导致程序出错。
- 如果不想调用 super()，则唯一的方法是让类的构造函数返回一个对象。

类方法遮蔽

派生类中的方法总会覆盖基类中的同名方法。举个例子，给 Square 添加 getArea()方法来重新定义这个方法的功能：

```
class Square extends Rectangle {
    constructor(length) {
        super(length, length);
    }

    // 覆盖并遮蔽 Rectangle.prototype.getArea()方法
    getArea() {
        return this.length * this.length;
    }
}
```

由于为 Square 定义了 getArea()方法，便不能在 Square 的实例中调用 Rectangle.prototype.getArea()方法。当然，如果你想调用基类中的该方法，则可以调用 super.getArea()方法，就像这样：

```
class Square extends Rectangle {
    constructor(length) {
        super(length, length);
    }

    // 覆盖遮蔽后调用 Rectangle.prototype.getArea()
    getArea() {
        return super.getArea();
    }
}
```

以这种方法使用 Super 与我们在第 4 章讨论的 Super 引用一样，this 值会被自动正确设置，然后就可以进行简单的方法调用了。

静态成员继承

如果基类有静态成员，那么这些静态成员在派生类中也可用。JavaScript 中的继承与其他语言中的继承一样，只是在这里继承还是一个新概念。请看这个示例：

```
class Rectangle {
    constructor(length, width) {
        this.length = length;
        this.width = width;
    }

    getArea() {
        return this.length * this.width;
    }

    static create(length, width) {
        return new Rectangle(length, width);
    }
}

class Square extends Rectangle {
    constructor(length) {

        // 等价于 Rectangle.call(this, length, length)
        super(length, length);
    }
}

var rect = Square.create(3, 4);

console.log(rect instanceof Rectangle);     // true
console.log(rect.getArea());               // 12
console.log(rect instanceof Square);       // false
```

在这段代码中，新的静态方法 `create()`被添加到 `Rectangle` 类中，继承后的 `Square.create()`与 `Rectangle.create()`的行为很像。

派生自表达式的类

ECMAScript 6 最强大的一面或许是从表达式导出类的功能了。只要表达式可以被解析为一个函数并且具有`[[Construct]]`属性和原型，那么就可以用 `extends` 进行派生。举个例子：

```
function Rectangle(length, width) {
```

```
    this.length = length;
    this.width = width;
}

Rectangle.prototype.getArea = function() {
    return this.length * this.width;
};

class Square extends Rectangle {
    constructor(length) {
        super(length, length);
    }
}

var x = new Square(3);
console.log(x.getArea());                   // 9
console.log(x instanceof Rectangle);        // true
```

Rectangle是一个ECMAScript 5风格的构造函数，Square是一个类，由于Rectangle具有[[Construct]]属性和原型，因此Square类可以直接继承它。

extends强大的功能使得类可以继承自任意类型的表达式，从而创造更多可能性，例如动态地确定类的继承目标。例如：

```
function Rectangle(length, width) {
    this.length = length;
    this.width = width;
}

Rectangle.prototype.getArea = function() {
    return this.length * this.width;
};

function getBase() {
    return Rectangle;
}

class Square extends getBase() {
    constructor(length) {
```

```
        super(length, length);
    }
}

var x = new Square(3);
console.log(x.getArea());              // 9
console.log(x instanceof Rectangle);   // true
```

getBase()函数是类声明的一部分，直接调用后返回 Rectangle，此示例实现的功能与之前的示例等价。由于可以动态确定使用哪个基类，因而可以创建不同的继承方法。例如，可以像这样创建 mixin：

```
let SerializableMixin = {
    serialize() {
        return JSON.stringify(this);
    }
};

let AreaMixin = {
    getArea() {
        return this.length * this.width;
    }
};

function mixin(...mixins) {
    var base = function() {};
    Object.assign(base.prototype, ...mixins);
    return base;
}

class Square extends mixin(AreaMixin, SerializableMixin) {
    constructor(length) {
        super();
        this.length = length;
        this.width = length;
    }
}
```

```
var x = new Square(3);
console.log(x.getArea());                // 9
console.log(x.serialize());              // "{"length":3,"width":3}"
```

这个示例使用了 mixin 函数代替传统的继承方法，它可以接受任意数量的 mixin 对象作为参数。首先创建一个函数 base，再将每一个 mixin 对象的属性值赋值给 base 的原型，最后 minxin 函数返回这个 base 函数，所以 Square 类就可以基于这个返回的函数用 extends 进行扩展。请记住，由于使用了 extends，因此在构造函数中需要调用 super()。

Square 的实例拥有来自 AreaMixin 对象的 getArea() 方法和来自 SerializableMixin 对象的 serialize 方法，这都是通过原型继承实现的，mixin()函数会用所有 mixin 对象的自有属性动态填充新函数的原型。请记住，如果多个 mixin 对象具有相同属性，那么只有最后一个被添加的属性被保留。

NOTE 在 extends 后可以使用任意表达式，但不是所有表达式最终都能生成合法的类。如果使用 null 或生成器函数（曾在第 8 章讲解）会导致错误发生，类在这些情况下没有[[Consturct]]属性，尝试为其创建新的实例会导致程序无法调用[[Construct]]而报错。

内建对象的继承

自 JavaScript 数组诞生以来，开发者一直都希望通过继承的方式创建属于自己的特殊数组。在 ECMAScript 5 及早期版本中这几乎是不可能的，用传统的继承方式无法实现这样的功能。例如：

```
// 内建数组行为
var colors = [];
colors[0] = "red";
console.log(colors.length);         // 1

colors.length = 0;
console.log(colors[0]);             // undefined

// 尝试通过 ES5 语法继承数组

function MyArray() {
    Array.apply(this, arguments);
}
```

```
MyArray.prototype = Object.create(Array.prototype, {
    constructor: {
        value: MyArray,
        writable: true,
        configurable: true,
        enumerable: true
    }
});

var colors = new MyArray();
colors[0] = "red";
console.log(colors.length);         // 0

colors.length = 0;
console.log(colors[0]);             // "red"
```

这段代码最后console.log()的输出结果与预期不符，MyArray实例的length和数值型属性的行为与内建数组中的不一致，这是因为通过传统 JavaScript 继承形式实现的数组继承没有从Array.apply()或原型赋值中继承相关功能。

ECMAScript 6 类语法的一个目标是支持内建对象继承，因而 ES6 中的类继承模型与 ECMAScript 5 及早期版本中的稍有不同，主要体现在：

在 ECMAScript 5 的传统继承方式中，先由派生类型（例如，MyArray）创建 this 的值，然后调用基类型的构造函数（例如 Array.apply()方法）。这也意味着，this 的值开始指向的是 MyArray 的实例，但是随后会被来自 Array 的其他属性所修饰。

ECMAScript 6 中的类继承则与之相反，先由基类（Array）创建 this 的值，然后派生类的构造函数（MyArray）再修改这个值。所以一开始可以通过 this 访问基类的所有内建功能，然后再正确地接收所有与之相关的功能。

以下示例是一个基于类生成特殊数组的实践：

```
class MyArray extends Array {
    // 空
}

var colors = new MyArray();
colors[0] = "red";
```

```
console.log(colors.length);         // 1

colors.length = 0;
console.log(colors[0]);             // undefined
```

MyArray 直接继承自 Array，其行为与 Array 也很相似，操作数值型属性会更新 length 属性，操作 length 属性也会更新数值型属性。于是，可以正确地继承 Array 对象来创建自己的派生数组类型，当然也可以继承其他的内建对象。添加所有的这些功能后，内建对象继承的最后一个特殊情况便被 ECMAScript 6 及派生类语法有效解决了，只是这个特殊情况仍值得我们探索一番。

Symbol.species 属性

内建对象继承的一个实用之处是，原本在内建对象中返回实例自身的方法将自动返回派生类的实例。所以，如果你有一个继承自 Array 的派生类 MyArray，那么像 slice()这样的方法也会返回一个 MyArray 的实例。例如：

```
class MyArray extends Array {
    // 空
}

let items = new MyArray(1, 2, 3, 4),
    subitems = items.slice(1, 3);

console.log(items instanceof MyArray);      // true
console.log(subitems instanceof MyArray);   // true
```

正常情况下，继承自 Array 的 slice()方法应该返回 Array 的实例，但是在这段代码中，slice()方法返回的是 MyArray 的实例。在浏览器引擎背后是通过 Symbol.species 属性实现这一行为。

Symbol.species 是诸多内部 Symbol 中的一个，它被用于定义返回函数的静态访问器属性。被返回的函数是一个构造函数，每当要在实例的方法中（不是在构造函数中）创建类的实例时必须使用这个构造函数。以下这些内建类型均已定义 Symbol.species 属性：

- Array
- ArrayBuffer（将在第 10 章讨论）
- Map

- Promise
- RegExp
- Set
- Typed arrays（将在第 10 章讨论）

列表中的每个类型都有一个默认的 Symbol.species 属性，该属性的返回值为 this，这也意味着该属性总会返回构造函数。如果在自定义的类中实现这个功能，则代码看起来可能是这样的：

```
// 几个内建类型像这样使用 species
class MyClass {
    static get [Symbol.species]() {
        return this;
    }

    constructor(value) {
        this.value = value;
    }

    clone() {
        return new this.constructor[Symbol.species](this.value);
    }
}
```

在这个示例中，Symbol.species 被用来给 MyClass 赋值静态访问器属性，请注意，这里只有一个 getter 方法却没有 setter 方法，这是因为在这里不可以改变类的种类。调用 this.constructor[Symbol.species]会返回 MyClass，clone()方法通过这个定义可以返回新的实例，从而允许派生类覆盖这个值。举个例子：

```
class MyClass {
    static get [Symbol.species]() {
        return this;
    }

    constructor(value) {
        this.value = value;
    }
```

```
    clone() {
        return new this.constructor[Symbol.species](this.value);
    }
}

class MyDerivedClass1 extends MyClass {
    // 空
}

class MyDerivedClass2 extends MyClass {
    static get [Symbol.species]() {
        return MyClass;
    }
}

let instance1 = new MyDerivedClass1("foo"),
    clone1 = instance1.clone(),
    instance2 = new MyDerivedClass2("bar"),
    clone2 = instance2.clone();

console.log(clone1 instanceof MyClass);             // true
console.log(clone1 instanceof MyDerivedClass1);     // true
console.log(clone2 instanceof MyClass);             // true
console.log(clone2 instanceof MyDerivedClass2);     // false
```

在这里，MyDerivedClass1 继承 MyClass 时未改变 Symbol.species 属性，由于 this.constructor[Symbol.species]的返回值是 MyDerivedClass1，因此调用 clone()返回的是 MyDerivedClass1 的实例；MyDerivedClass2 继承 MyClass 时重写了 Symbol.species 让其返回 MyClass，调用 MyDerivedClass2 实例的 clone()方法时，返回值是一个 MyClass 的实例。通过 Symbol.species 可以定义当派生类的方法返回实例时，应该返回的值的类型。

例如，数组就通过 Symbol.species 来指定那些返回数组的方法应当从哪个类中获取。在一个派生自数组的类中，我们可以决定继承的方法返回何种类型的对象，就像这样：

```
class MyArray extends Array {
    static get [Symbol.species]() {
```

```
        return Array;
    }
}

let items = new MyArray(1, 2, 3, 4),
    subitems = items.slice(1, 3);

console.log(items instanceof MyArray);            // true
console.log(subitems instanceof Array);           // true
console.log(subitems instanceof MyArray);         // false
```

这段代码重写了 MyArray 继承自 Array 的 Symbol.species 属性，所有返回数组的继承方法现在将使用 Array 的实例而不使用 MyArray 的实例。

一般来说，只要想在类方法中调用 this.constructor，就应该使用 Symbol.species 属性，从而让派生类重写返回类型。而且如果你正从一个已定义 Symbol.species 属性的类创建派生类，那么要确保使用那个值而不是使用构造函数。

在类的构造函数中使用 new.target

在第 3 章，我们曾了解过 new.target 及它的值根据函数被调用的方式而改变的原理。在类的构造函数中也可以通过 new.target 来确定类是如何被调用的。在简单情况下，new.target 等于类的构造函数，就像下面示例：

```
class Rectangle {
    constructor(length, width) {
        console.log(new.target === Rectangle);
        this.length = length;
        this.width = width;
    }
}

// new.target 的值是 Rectangle
var obj = new Rectangle(3, 4);      // 输出 true
```

这段代码展示了当调用 new Rectangle(3, 4)时等价于 Rectangle 的 nwe.target。类构造函数必须通过 new 关键字调用，所以总是在类的构造函数中定义 new.target 属性。但是其值有时会不同，请看这段代码：

```
class Rectangle {
    constructor(length, width) {
        console.log(new.target === Rectangle);
        this.length = length;
        this.width = width;
    }
}

class Square extends Rectangle {
    constructor(length) {
        super(length, length)
    }
}

// new.target 的值是 Square
var obj = new Square(3);      // 输出 false
```

Square 调用 Rectangle 的构造函数，所以当调用发生时 new.target 等于 Square。这一点非常重要，因为每个构造函数都可以根据自身被调用的方式改变自己的行为。例如，可以用 new.target 创建一个抽象基类（不能被直接实例化的类），就像这样：

```
// 抽象基类
class Shape {
    constructor() {
        if (new.target === Shape) {
            throw new Error("这个类不能被直接实例化。")
        }
    }
}

class Rectangle extends Shape {
    constructor(length, width) {
        super();
        this.length = length;
        this.width = width;
    }
}
```

```
var x = new Shape();                // 抛出错误

var y = new Rectangle(3, 4);        // 没有错误
console.log(y instanceof Shape);    // true
```

在这个示例中，每当 new.target 是 Shape 时构造函数总会抛出错误，这相当于调用 new Shape()时总会出错。但是，仍可用 Shape 作为基类派生其他类，示例中的 Rectangle 便是这样。super()调用执行了 Shape 的构造函数，new.target 与 Rectangle 等价，所以构造函数继续执行不会抛出错误。

NOTE 因为类必须通过 new 关键字才能调用，所以在类的构造函数中，new.target 属性永远不会是 undefined。

小结

ECMAScript 6 的类语法让 JavaScript 中的继承更易于使用，所以你无须摒弃先前对于其他语言中继承语法的理解。ECMAScript 6 的类语法首先是作为 ECMAScript 5 传统继承模型的语法糖出现，但是添加了几个能够降低风险的特性。

ECMAScript 6 的类语法通过在类的原型上定义非静态方法来与原型继承协同工作，而静态方法最终放在构造函数上。所有方法都不可枚举，从而可以更好地匹配内建对象的行为，因为那些方法通常是不可枚举的。此外，类构造函数必须通过 new 关键字调用，以确保不会意外将类作为函数去调用。

基于类的继承支持从其他类、函数或表达式派生类，可以通过函数调用来确定最终要继承哪一个类，可以通过 mixin 对象和其他不同的组合模式来创建新的类，也可以继承诸如 Array 的内建对象并且像预期的那样运行。

在类的构造函数中，可以通过 new.target 来随着类被调用的多种方式而做出不同的对应。最常见的用法是创建一个抽象基类，如果直接实例化这个类会抛出错误，但是可以通过其他的类去实例化它。

总之，类是 JavaScript 新特性的一个重要组成部分，这一特性提供了一种更简洁的语法和更好的功能，可以让你通过一个安全、一致的方式来自定义对象类型。

10

改进的数组功能

数组是一种基础的 JavaScript 对象，随着时间推进，JavaScript 中的其他部分一直在演进，而直到 ECMAScript 5 标准才为数组对象引入一些新方法来简化使用。ECMAScript 6 标准继续改进数组，添加了很多新功能，例如，创建数组的新方法、几个实用便捷的方法及创建定型数组（Typed Array）的能力。本章将一一介绍这些新特性。

创建数组

在 ECMAScript 6 以前，创建数组的方式主要有两种，一种是调用 `Array` 构造函数，另一种是用数组字面量语法，这两种方法均需列举数组中的元素，功能非常受限。如果想将一个类数组对象（具有数值型索引和 `length` 属性的对象）转换为数组，可选的方法也十分有限，经常需要编写额外的代码。为了进一步简化 JavaScript 数组的创建过程，ECMAScript 6 新增了 `Array.of()`和 `Array.from()`两个方法。

Array.of()方法

ECMAScript 6 之所以向 JavaScript 添加新的创建方法，是要帮助开发者们规避通过 Array 构造函数创建数组时的怪异行为。事实上，Array 构造函数表现得与传入的参数类型及数量有些不符，例如：

```
let items = new Array(2);
console.log(items.length);          // 2
console.log(items[0]);              // undefined
console.log(items[1]);              // undefined

items = new Array("2");
console.log(items.length);          // 1
console.log(items[0]);              // "2"

items = new Array(1, 2);
console.log(items.length);          // 2
console.log(items[0]);              // 1
console.log(items[1]);              // 2

items = new Array(3, "2");
console.log(items.length);          // 2
console.log(items[0]);              // 3
console.log(items[1]);              // "2"
```

如果给 Array 构造函数传入一个数值型的值，那么数组的 length 属性会被设为该值；如果传入一个非数值类型的值，那么这个值会成为目标数据的唯一项；如果传入多个值，此时无论这些值是不是数值型的，都会变为数组的元素。这个特性令人感到困惑，你不可能总是注意传入数据的类型，所以存在一定的风险。

ECMAScript 6 通过引入 Array.of()方法来解决这个问题。Array.of()与 Array 构造函数的工作机制类似，只是不存在单一数值型参数值的特例，无论有多少参数，无论参数是什么类型的，Array.of()方法总会创建一个包含所有参数的数组。以下是一些 Array.of()方法的调用示例：

```
let items = Array.of(1, 2);
console.log(items.length);          // 2
console.log(items[0]);              // 1
console.log(items[1]);              // 2
```

```
items = Array.of(2);
console.log(items.length);        // 1
console.log(items[0]);            // 2

items = Array.of("2");
console.log(items.length);        // 1
console.log(items[0]);            // "2"
```

要用 Array.of()方法创建数组，只需传入你希望在数组中包含的值。第一个示例创建了一个包含两个数字的数组；第二个数组包含一个数字；最后一个数组包含一个字符串。这与数组字面量的使用方法很相似，在大多数时候，可以用数组字面量来创建原生数组，但如果需要给一个函数传入 Array 的构造函数，则你可能更希望传入 Array.of()来确保行为一致。例如：

```
function createArray(arrayCreator, value) {
   return arrayCreator(value);
}

let items = createArray(Array.of, value);
```

在这段代码中，createArray()函数接受两个参数，一个是数组创造者函数，另一个是要插入数组的值。可以传入 Array.of()作为 createArray()方法的第一个参数来创建新数组，如果不能保证传入的值一定不是数字，那么直接传入 Array 会非常危险。

NOTE Array.of()方法不通过 Symbol.species 属性（见第 9 章）确定返回值的类型，它使用当前构造函数（也就是 of()方法中的 this 值）来确定正确的返回数据的类型。

Array.from()方法

JavaScript 不支持直接将非数组对象转换为真实数组，arguments 就是一种类数组对象，如果要把它当作数组使用则必须先转换该对象的类型。在 ECMAScript 5 中，可能需要编写如下函数来把类数组对象转换为数组：

```
function makeArray(arrayLike) {
   var result = [];
```

```
    for (var i = 0, len = arrayLike.length; i < len; i++) {
        result.push(arrayLike[i]);
    }

    return result;
}

function doSomething() {
    var args = makeArray(arguments);

    // 使用 args
}
```

这种方法先是手动创建一个 result 数组，再将 arguments 对象里的每一个元素复制到新数组中。尽管这种方法有效，但需要编写很多代码才能完成如此简单的操作。最终，开发者们发现了一种只需编写极少代码的新方法，调用数组原生的 slice()方法可以将非数组对象转换为数组，就像这样：

```
function makeArray(arrayLike) {
    return Array.prototype.slice.call(arrayLike);
}

function doSomething() {
    var args = makeArray(arguments);

    // 使用 args
}
```

这段代码的功能等价于之前的示例，将 slice()方法执行时的 this 值设置为类数组对象，而 slice()对象只需数值型索引和 length 属性就能够正确运行，所以任何类数组对象都能被转换为数组。

尽管这项技术不需要编写很多代码，但是我们调用 Array.prototype.slice.call(arrayLike)时不能直觉地想到这是在“将 arrayLike 转换成一个数组”。所幸，ECMAScript 6 添加了一个语义清晰、语法简洁的新方法 Array.from()来将对象转化为数组。

Array.from()方法可以接受可迭代对象或类数组对象作为第一个参数，最终返回一个数组。请看以下这个简单的示例：

```
function doSomething() {
    var args = Array.from(arguments);

    // 使用 args
}
```

Array.from()方法调用会基于 arguments 对象中的元素创建一个新数组，args 是 Array 的一个实例，包含 arguments 对象中同位置的相同值。

NOTE Array.from()方法也是通过 this 来确定返回数组的类型的。

映射转换

如果想要进一步转化数组，可以提供一个映射函数作为 Array.from()的第二个参数，这个函数用来将类数组对象中的每一个值转换成其他形式，最后将这些结果储存在结果数组的相应索引中。请看以下示例：

```
function translate() {
    return Array.from(arguments, (value) => value + 1);
}

let numbers = translate(1, 2, 3);

console.log(numbers);              // 2,3,4
```

在这段代码中，为 Array.from()方法传入映射函数(value) => value + 1，数组中的每个元素在储存前都会被加 1。如果用映射函数处理对象，也可以给 Array.from()方法传入第三个参数来表示映射函数的 this 值。

```
let helper = {
    diff: 1,

    add(value) {
        return value + this.diff;
    }
};

function translate() {
```

```
    return Array.from(arguments, helper.add, helper);
}

let numbers = translate(1, 2, 3);

console.log(numbers);                // 2,3,4
```

此示例传入 helper.add()作为转换用的映射函数，由于该方法使用了 this.diff 属性，因此需要为 Array.from()方法提供第三个参数来指定 this 的值，从而无须通过调用 bind()方法或其他方式来指定 this 的值了。

用 Array.from()转换可迭代对象

Array.from()方法可以处理类数组对象和可迭代对象，也就是说该方法能够将所有含有 Symbol.iterator 属性的对象转换为数组，例如：

```
let numbers = {
    *[Symbol.iterator]() {
        yield 1;
        yield 2;
        yield 3;
    }
};

let numbers2 = Array.from(numbers, (value) => value + 1);

console.log(numbers2);               // 2,3,4
```

由于 numbers 是一个可迭代对象，因此可以直接将它传入 Array.from()来转换成数组。此处的映射函数将每一个数字加 1，所以结果数组最终包含的值为 2、3 和 4。

NOTE 如果一个对象既是类数组又是可迭代的，那么 Array.from()方法会根据迭代器来决定转换哪个值。

为所有数组添加的新方法

ECMAScript 6 延续了 ECMAScript 5 的一贯风格，也为数组添加了几个新的方法。find()方法和findIndex()方法可以协助开发者在数组中查找任意值；fill()方法和copyWithin()方法的灵感则来自于定型数组的使用过程，定型数组也是ECMAScript 6中的新特性，是一种只包含数字的数组。

find()方法和findIndex()方法

在ECMAScript 5以前的版本中，由于没有内建的数组搜索方法，因此想在数组中查找元素会比较麻烦，于是ECMAScript 5正式添加了indexOf()和lastIndexOf()两个方法，可以用它们在数组中查找特定的值。虽然这是一个巨大的进步，但这两种方法仍有局限之处，即每次只能查找一个值，如果想在一系列数字中查找第一个偶数，则必须自己编写代码来实现。于是ECMAScript 6引入了find()方法和findIndex()方法来解决这个问题。

find()方法和findIndex()方法都接受两个参数：一个是回调函数；另一个是可选参数，用于指定回调函数中this的值。执行回调函数时，传入的参数分别为：数组中的某个元素和该元素在数组中的索引及数组本身，与传入map()和forEach()方法的参数相同。如果给定的值满足定义的标准，回调函数应返回true，一旦回调函数返回true，find()方法和findIndex()方法都会立即停止搜索数组剩余的部分。

二者间唯一的区别是，find()方法返回查找到的值，findIndex()方法返回查找到的值的索引。请看这个示例：

```
let numbers = [25, 30, 35, 40, 45];

console.log(numbers.find(n => n > 33));         // 35
console.log(numbers.findIndex(n => n > 33));    // 2
```

这段代码通过调用find()方法和findIndex()方法来定位numbers数组中第一个比33大的值，调用find()方法返回的是35，而调用findIndex()方法返回的是35在numbers数组中的位置2。

如果要在数组中根据某个条件查找匹配的元素，那么find()方法和findIndex()方法可以很好地完成任务；如果只想查找与某个值匹配的元素，则indexOf()方法和lastIndexOf()方法是更好的选择。

fill()方法

fill()方法可以用指定的值填充一至多个数组元素。当传入一个值时，fill()方法会用这个值重写数组中的所有值，例如：

```
let numbers = [1, 2, 3, 4];

numbers.fill(1);

console.log(numbers.toString());    // 1,1,1,1
```

在此示例中，调用 numbers.fill(1)方法后 numbers 中所有的值会变成 1，如果只想改变数组某一部分的值，可以传入开始索引和不包含结束索引（不包含结束索引当前值）这两个可选参数，就像这样：

```
let numbers = [1, 2, 3, 4];

numbers.fill(1, 2);

console.log(numbers.toString());    // 1,2,1,1

numbers.fill(0, 1, 3);

console.log(numbers.toString());    // 1,0,0,1
```

在 numbers.fill(1, 2)调用中，参数 2 表示从索引 2 开始填充元素，由于未传入第三个参数作为不包含结束索引，因此使用 numbers.length 作为不包含结束索引，因而 numbers 数组的最后两个元素被填充为 1。操作 numbers.fill(0, 1, 3)会将数组中位于索引 1 和 2 的元素填充为 0。调用 fill()时若传入第二个和第三个参数则可以只填充数组中的部分元素。

NOTE 如果开始索引或结束索引为负值，那么这些值会与数组的 length 属性相加来作为最终位置。例如，如果开始位置为-1，那么索引的值实际为 array.length -1，array 为调用 fill()方法的数组。

copyWithin()方法

copyWithin()方法与 fill()方法相似，其也可以同时改变数组中的多个元素。fill()方法是将数组元素赋值为一个指定的值，而 copyWithin()方法则是从数组中复制元素的值。调用 copyWithin()方法时需要传入两个参数：一个是该方法开始填充值的索引位置，另一个是开始复制值的索引位置。

举个例子，复制数组前两个元素的值到后两个元素，需要这样做：

```
let numbers = [1, 2, 3, 4];

// 从数组的索引 2 开始粘贴值
```

```
// 从数组的索引 0 开始复制值
numbers.copyWithin(2, 0);

console.log(numbers.toString());    // 1,2,1,2
```

这段代码从 numbers 的索引 2 开始粘贴值，所以索引 2 和 3 将被重写。给 copyWithin()传入第二个参数 0 表示，从索引 0 开始复制值并持续到没有更多可复制的值。

默认情况下，copyWithin()会一直复制直到数组末尾的值，但是你可以提供可选的第三个参数来限制被重写元素的数量。第三个参数是不包含结束索引，用于指定停止复制值的位置。在代码中它是这样的：

```
let numbers = [1, 2, 3, 4];

// 从数组的索引 2 开始粘贴值
// 从数组的索引 0 开始复制值
// 当位于索引 1 时停止复制值
numbers.copyWithin(2, 0, 1);

console.log(numbers.toString());    // 1,2,1,4
```

在这个示例中，由于可选的结束索引被设置为了 1，因此只有位于索引 0 的值被复制了，数组中的最后一个元素保持不变。

NOTE 正如 fill()方法一样，copyWithin()方法的所有参数都接受负数值，并且会自动与数组长度相加来作为最终使用的索引。

可能此时你尚不知晓 fill()方法和 copyWithin()方法的实际用途，其原因是这两个方法起源于定型数组，为了保持数组方法的一致性才添加到常规数组中的。无论如何，正如我们将在下一节要学习的，如果使用定型数组来操作数字的比特，这些方法将大显身手。

定型数组

定型数组是一种用于处理数值类型（正如其名，不是所有类型）数据的专用数组，最早是在 WebGL 中使用的，WebGL 是 OpenGL ES 2.0 的移植版，在 Web 页面中通过<canvas>元素来呈现它。定型数组也被一同移植而来，其可为

JavaScript 提供快速的按位运算。

在 JavaScript 中，数字是以 64 位浮点格式存储的，并按需转换为 32 位整数，所以算术运算非常慢，无法满足 WebGL 的需求。因此在 ECMAScript 6 中引入定型数组来解决这个问题，并提供更高性能的算术运算。所谓定型数组，就是将任何数字转换为一个包含数字比特的数组，随后就可以通过我们熟悉的 JavaScript 数组方法来进一步处理。

ECMAScript 6 采用定型数组作为语言的正式格式来确保更好的跨 JavaScript 引擎兼容性以及与 JavaScript 数组的互操作性。尽管 ECMAScript 6 版本的定型数组与 WebGL 中的不一样，但是仍保留了足够的相似之处，这使得 ECMAScript 6 版本可以基于 WebGL 版本演化而不至于走向完全分化。

数值数据类型

JavaScript 数字按照 IEEE 754 标准定义的格式存储，也就是用 64 个比特来存储一个浮点形式的数字。这个格式用于表示 JavaScript 中的整数及浮点数，两种格式间经常伴随着数字改变发生相互转换。定型数组支持存储和操作以下 8 种不同的数值类型：

- 有符号的 8 位整数（int8）
- 无符号的 8 位整数（uint8）
- 有符号的 16 位整数（int16）
- 无符号的 16 位整数（uint16）
- 有符号的 32 位整数（int32）
- 无符号的 32 位整数（uint32）
- 32 位浮点数（float32）
- 64 位浮点数（float64）

如果用普通的 JavaScript 数字来存储 8 位整数，会浪费整整 56 个比特，这些比特原本可以存储其他 8 位整数或小于 56 比特的数字。这也正是定型数组的一个实际用例，即更有效地利用比特。

所有与定型数组有关的操作和对象都集中在这 8 个数据类型上，但是在使用它们之前，需要创建一个数组缓冲区存储这些数据。

NOTE 在本书中，笔者会用括号中的缩写来表示这 8 个数据类型，这些缩写不会出现在真正的 JavaScript 代码中，这里只是用来简化更长的文字表述。

数组缓冲区

数组缓冲区是所有定型数组的根基，它是一段可以包含特定数量字节的内存地址。创建数组缓冲区的过程类似于在 C 语言中调用 `malloc()`来分配内存，只是不需指明内存块所包含的数据类型。可以通过 `ArrayBuffer` 构造函数来创建数组缓冲区，就像这样：

```
let buffer = new ArrayBuffer(10);    // 分配 10 字节
```

调用构造函数时传入数组缓冲区应含的比特数量即可，此示例中的这条语句创建了一个 10 字节长度的数组缓冲区。创建完成后，可以通过 `byteLength` 属性查看缓冲区中的字节数量：

```
let buffer = new ArrayBuffer(10);    // 分配 10 字节
console.log(buffer.byteLength);      // 10
```

也可以通过 `slice()`方法分割已有数组缓冲区来创建一个新的，这个 `slice()`方法与数组上的 `slice()`方法很像：传入开始索引和结束索引作为参数，然后返回一个新的 `ArrayBuffer` 实例，新实例由原始数组缓冲区的切片组成。举个例子：

```
let buffer = new ArrayBuffer(10);    // 分配 10 字节
let buffer2 = buffer.slice(4, 6);
console.log(buffer2.byteLength);     // 2
```

在这段代码中，`buffer2` 创建从索引 4 和索引 5 提取的字节，此处 `slice()` 方法的调用与数组版本的类似，传入的第二个参数不包含在最终结果中。

当然，仅创建存储单元用途不大，除非能够将数据写到那个单元中，还需要创建一个视图来实现写入的功能。

NOTE 数组缓冲区包含的实际字节数量在创建时就已确定，可以修改缓冲区内的数据，但是不能改变缓冲区的尺寸大小。

通过视图操作数组缓冲区

数组缓冲区是内存中的一段地址，视图是用来操作内存的接口。视图可以操作数组缓冲区或缓冲区字节的子集，并按照其中一种数值型数据类型来读取和写入数据。`DataView` 类型是一种通用的数组缓冲区视图，其支持所有 8 种数值型数据类型。

要使用 DataView，首先要创建一个 ArrayBuffer 实例，然后用这个实例来创建新的 DataView，请看这个示例：

```
let buffer = new ArrayBuffer(10),
    view = new DataView(buffer);
```

在此示例中的 view 对象可以访问缓冲区中所有 10 字节。如果提供一个表示比特偏移量的数值，那么可以基于缓冲区的其中一部分来创建视图，DataView 将默认选取从偏移值开始到缓冲区末尾的所有比特。如果额外提供一个表示选取比特数量的可选参数，DataView 则从偏移位置后选取该数量的比特，例如：

```
let buffer = new ArrayBuffer(10),
    view = new DataView(buffer, 5, 2);      // 包含位于索引 5 和 6 的字节
```

这里的 view 只能操作位于索引 5 和索引 6 的字节。通过这种方法，可以基于同一个数组缓冲区创建多个 view，因而可以为应用申请一整块独立的内存地址，而不是当需要空间时再动态分配。

获取视图信息

可以通过以下几种只读属性来获取视图的信息：

- buffer　视图绑定的数组缓冲区。
- byteOffset　DataView 构造函数的第二个参数，默认是 0，只有传入参数时才有值。
- byteLength　DataView 构造函数的第三个参数，默认是缓冲区的长度 byteLength。

通过这些属性，可以查看视图正在操作缓冲区的哪一部分，就像这样：

```
let buffer = new ArrayBuffer(10),
    view1 = new DataView(buffer),           // 覆盖所有字节
    view2 = new DataView(buffer, 5, 2);     // 覆盖位于索引 5 和索引 6 的字节

console.log(view1.buffer === buffer);       // true
console.log(view2.buffer === buffer);       // true
console.log(view1.byteOffset);              // 0
console.log(view2.byteOffset);              // 5
console.log(view1.byteLength);              // 10
console.log(view2.byteLength);              // 2
```

这段代码一共创建了两个视图，view1 覆盖了整个数组缓冲区，view2 只操作其中的一小部分。由于这些视图都是基于相同的数组缓冲区创建的，因此它们具有相同的 buffer 属性，但每个视图的 byteOffset 和 byteLength 属性又互不相同，这两个属性的值取决于视图操作数组缓冲区的哪一部分。

当然，只从内存读取信息不是很有用，需要同时在内存中读写数据才能物尽其用。

读取和写入数据

JavaScript 有 8 种数值型数据类型，对于其中的每一种，都能在 DataView 的原型上找到相应的在数组缓冲区中写入数据和读取数据的方法。这些方法名都以 set 或 get 打头，紧跟着的是每一种数据类型的缩写。例如，以下这个列表是用于读取和写入 int8 和 unit8 类型数据的方法：

- getInt8(byteOffset, littleEndian) 读取位于 byteOffset 后的 int8 类型数据。
- setInt8(byteOffset, value, littleEndian) 在 byteOffset 处写入 int8 类型数据。
- getUint8(byteOffset, littleEndian) 读取位于 byteOffset 后的 uint8 类型数据。
- setUint8(byteOffset, value, littleEndian) 在 byteOffset 处写入 uint8 类型数据。

get 方法接受两个参数：读取数据时偏移的字节数量；和一个可选的布尔值，表示是否按照小端序进行读取（小端序是指最低有效字节位于字节 0 的字节顺序）。set 方法接受三个参数：写入数据时偏移的比特数量；写入的值；和一个可选的布尔值，表示是否按照小端序格式存储。

尽管这里只展示了用于 8 位值的方法，但是有一些相同的方法也可用于操作 16 或 32 位的值，只需将每一个方法名中的 8 替换为 16 或 32 即可。除所有整数方法外，DataView 同样支持以下读取和写入浮点数的方法：

- getFloat32(byteOffset, littleEndian) 读取位于 byteOffset 后的 float32 类型数据。
- setFloat32(byteOffset, value, littleEndian) 在 byteOffset 处写入 float32 类型数据。
- getFloat64(byteOffset, littleEndian) 读取位于 byteOffset 后的

float64 类型数据。

- setFloat64(byteOffset, value, littleEndian) 在 `byteOffset` 处写入 float64 类型数据。

以下示例分别展示了 `set` 和 `get` 方法的实际运用：

```
let buffer = new ArrayBuffer(2),
    view = new DataView(buffer);

view.setInt8(0, 5);
view.setInt8(1, -1);

console.log(view.getInt8(0));       // 5
console.log(view.getInt8(1));       // -1
```

这段代码使用两字节数组缓冲器来存储两个 int8 类型的值，分别位于偏移 0 和 1，每个值都横跨一整个字节（8 个比特）；随后通过 `getInt8()`方法将这些值从它们所在的位置提取出来。尽管这里用 int8 类型做示例，但你可以从 8 个数值类型中任选一种来调用相应的方法。

视图是独立的，无论数据之前是通过何种方式存储的，你都可在任意时刻读取或写入任意格式的数据。举个例子，写入两个 int8 类型的值，然后使用 int16 类型的方法也可以从缓冲区中读出这些值，例如：

```
let buffer = new ArrayBuffer(2),
    view = new DataView(buffer);

view.setInt8(0, 5);
view.setInt8(1, -1);

console.log(view.getInt16(0));      // 1535
console.log(view.getInt8(0));       // 5
console.log(view.getInt8(1));       // -1
```

调用 `view.getInt16(0)`时会读取视图中的所有字节并将其解释为数字 1535。我们看图 10-1，由每一行的 `setInt8()`方法执行后数组缓冲区的变化，我们可以理解为何会得到这个结果。

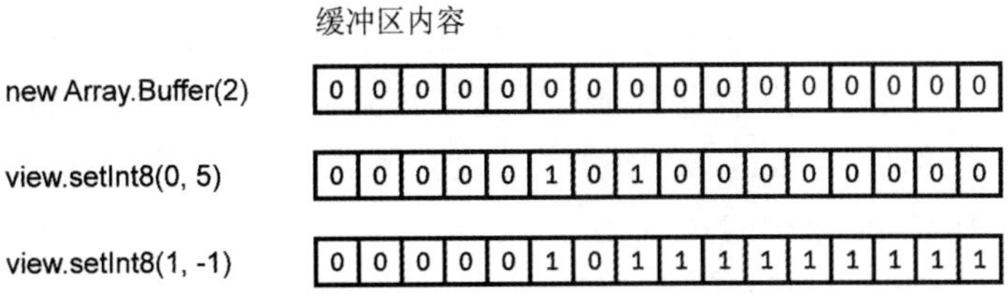

缓冲区内容

new Array.Buffer(2)	0 0 0 0 0 0 0 0 0 0 0 0 0 0 0 0
view.setInt8(0, 5)	0 0 0 0 0 1 0 1 0 0 0 0 0 0 0 0
view.setInt8(1, -1)	0 0 0 0 0 1 0 1 1 1 1 1 1 1 1 1

图 10-1　两次方法调用后的数组缓冲区

起初，数组缓冲区所有 16 个比特的值都是 0，通过 `setInt8()`方法将数字 5 写入第一个字节，其中两个数字 0 会变为数字 1（8 比特表示下的 5 是 00000101）；将-1 写入第二个字节，所有比特都会变为 1，这也是-1 的二进制补码表示。第二次调用 `setInt8()`后，数组缓冲区共包含 16 个比特，`getInt16()`会将这些比特读作一个 16 位整型数字，也就是十进制的 1535。

当混合使用不同数据类型时，`DataView` 对象是一个完美的选择，然而，如果你只使用某个特定的数据类型，那么特定类型的视图则是更好的选择。

定型数组是视图

ECMAScript 6 定型数组实际上是用于数组缓冲区的特定类型的视图，你可以强制使用特定的数据类型，而不是使用通用的 `DataView` 对象来操作数组缓冲区。8 个特定类型的视图对应于 8 种数值型数据类型，`uint8` 的值还有其他选择。表 10-1 展示的是截取自 ECMAScript 6 规范第 22.2 节特定类型视图列表的缩略版。

表 10-1　ECMAScript 6 中的特定类型视图

构造函数名称	元素尺寸（字节）	说明	等价的 C 语言类型
`Int8Array`	1	8 位二进制补码有符号整数	有符号 char 类型
`Uint8Array`	1	8 位无符号整数	无符号 char 类型
`Uint8ClampedArray`	1	8 位无符号整数(强制转换)	无符号 char 类型
`Int16Array`	2	16 位二进制补码有符号整数	short 类型
`Uint16Array`	2	16 位无符号整数	无符号 short 类型
`Int32Array`	4	32 位二进制补码有符号整数	int 类型
`Uint32Array`	4	32 位无符号整数	int 类型
`Float32Array`	4	32 位 IEEE 浮点数	float 类型
`Float64Array`	8	64 位 IEEE 浮点数	double 类型

“构造函数名称”一列列举了几个定型数组的构造函数，其他列描述了每一个定型数组可包含的数据。`Uint8ClampedArray` 与 `Uint8Array` 大致相同，唯一的区别在于数组缓冲区中的值如果小于 0 或大于 255，`Uint8ClampedArray` 会

分别将其转换为 0 或 255，例如，-1 会变为 0，300 会变为 255。

定型数组操作只能在特定的数据类型上进行，例如，所有 Int8Array 的操作都使用 int8 类型的值。定型数组中元素的尺寸也取决于数组的类型，Int8Array 中的元素占一个字节，而 Float64Array 中的每个元素占 8 字节。所幸的是，可以像正常数组一样通过数值型索引来访问元素，从而避免了调用 DataView 的 set 和 get 方法时的尴尬场面。

创建特定类型的视图

定型数组构造函数可以接受多种类型的参数，所以你可以通过多种方法来创建定型数组。首先，你可以传入 DataView 构造函数可接受的参数来创建新的定型数组，分别是：数组缓冲区、可选的比特偏移量、可选的长度值。例如：

```
let buffer = new ArrayBuffer(10),
    view1 = new Int8Array(buffer),
    view2 = new Int8Array(buffer, 5, 2);

console.log(view1.buffer === buffer);          // true
console.log(view2.buffer === buffer);          // true
console.log(view1.byteOffset);                 // 0
console.log(view2.byteOffset);                 // 5
console.log(view1.byteLength);                 // 10
console.log(view2.byteLength);                 // 2
```

在这段代码中，两个视图均是通过 buffer 生成的 Int8Array 实例，view1 和 view2 有相同的 buffer、byteOffset 和 byteLength 属性，DataView 的实例包含这三种属性。当你使用 DataView 时，只要希望只处理一种数值类型，总是很容易切换到相应的定型数组。

创建定型数组的第二种方法是：调用构造函数时传入一个数字。这个数字表示分配给数组的元素数量（不是字节数量），构造函数将创建一个新的缓冲区，并按照数组元素的数量来分配合理的字节数量，通过 length 属性可以访问数组中的元素数量。请看这个示例：

```
let ints = new Int16Array(2),
    floats = new Float32Array(5);

console.log(ints.byteLength);       // 4
console.log(ints.length);           // 2
```

```
console.log(floats.byteLength);     // 20
console.log(floats.length);         // 5
```

ints 数组创建时含有两个空元素，每个 16 比特整型值需要两个字节，因而分配了 4 字节给该数组；floats 数组创建时含有 5 个空元素，每个元素占 4 字节，所以共需要 20 字节。在这两种情况下，如果要访问新创建的缓冲区，则可以通过 buffer 属性来实现。

NOTE 调用定型数组的构造函数时如果不传参数，会按照传入 0 来处理，这样由于缓冲区没有分配到任何比特，因而创建的定型数组不能用来保存数据。

第三种创建定型数组的方法是调用构造函数时，将以下任一对象作为唯一的参数传入：

- **一个定型数组**　该数组中的每个元素会作为新的元素被复制到新的定型数组中。举个例子，如果将一个 int8 数组传入到 Int16Array 构造函数中，int8 的值会被复制到一个新的 int16 数组中，新的定型数组使用新的数组缓冲区。
- **一个可迭代对象**　对象的迭代器会被调用，通过检索所有条目来选取插入到定型数组的元素，如果所有元素都是不适用于该视图类型的无效类型，构造函数将会抛出一个错误。
- **一个数组**　数组中的元素会被复制到一个新的定型数组中，如果所有元素都是不适用于该视图类型的无效类型，构造函数将会抛出一个错误。
- **一个类数组对象**　与传入数组的行为一致。

在每个示例中，新创建的定型数组的数据均取自源对象，这在用一些值初始化定型数组时尤为有用，就像这样：

```
let ints1 = new Int16Array([25, 50]),
    ints2 = new Int32Array(ints1);

console.log(ints1.buffer === ints2.buffer);     // false

console.log(ints1.byteLength);      // 4
console.log(ints1.length);          // 2
console.log(ints1[0]);              // 25
console.log(ints1[1]);              // 50
```

```
console.log(ints2.byteLength);      // 8
console.log(ints2.length);          // 2
console.log(ints2[0]);              // 25
console.log(ints2[1]);              // 50
```

在此示例中创建了一个 Int16Array 并用含两个值的数组进行初始化，然后用 Int16Array 作为参数创建一个 Int32Array，由于两个定型数组的缓冲区完全独立，因此值 25 和 50 从 ints1 被复制到了 ints2。在两个定型数组中有相同的数字，只是 ints2 用 8 字节来表示数据，而 ints1 只用 4 字节。

元素大小

每种定型数组由多个元素组成，元素大小指的是每个元素表示的字节数。该值存储在每个构造函数和每个实例的 BYTES_PER_ELEMENT 属性中，因此可以像这样轻松地查询元素大小：

```
console.log(UInt8Array.BYTES_PER_ELEMENT);      // 1
console.log(UInt16Array.BYTES_PER_ELEMENT);     // 2

let ints = new Int8Array(5);
console.log(ints.BYTES_PER_ELEMENT);            // 1
```

如这段代码所示，你可以分别在不同的定型数组类或这些类的实例中访问 BYTES_PER_ELEMENT。

定型数组与普通数组的相似之处

正如你在本章中看到的那样，定型数组和普通数组有几个相似之处，在许多情况下可以按照普通数组的使用方式去使用定型数组。举个例子，通过 length 属性可以查看定型数组中含有的元素数量，通过数值型索引可以直接访问定型数组中的元素。例如：

```
let ints = new Int16Array([25, 50]);


console.log(ints.length);          // 2
```

```
console.log(ints[0]);            // 25
console.log(ints[1]);            // 50

ints[0] = 1;
ints[1] = 2;

console.log(ints[0]);            // 1
console.log(ints[1]);            // 2
```

在这段代码中，新创建的 Int16Array 中有两个元素，这些元素均通过数值型索引来被读取和写入，那些值会自动储存并转换成 int16 类型的值。当然，定型数组与普通数组还有其他相似之处。

NOTE 可以修改 length 属性来改变普通数组的大小，而定型数组的 length 属性是一个不可写属性，所以不能修改定型数组的大小，如果尝试修改这个值，在非严格模式下会直接忽略该操作，在严格模式下会抛出错误。

通用方法

定型数组也包括许多在功能上与普通数组方法等效的方法，以下方法均可用于定型数组：

copyWithin()	findIndex()	lastIndexOf()	slice()
entries()	forEach()	map()	some()
fill()	indexOf()	reduce()	sort()
filter()	join()	reduceRight()	values()
find()	keys()	reverse()	

请记住，尽管这些方法与 Array.prototype 中的很像，但并非完全一致，定型数组中的方法会额外检查数值类型是否安全，也会通过 Symbol.species 确认方法的返回值是定型数组而非普通数组。关于二者的区别，请看以下这个简单的示例：

```
let ints = new Int16Array([25, 50]),
    mapped = ints.map(v => v * 2);

console.log(mapped.length);        // 2
console.log(mapped[0]);            // 50
console.log(mapped[1]);            // 100
```

```
console.log(mapped instanceof Int16Array);  // true
```

这段代码使用 map()方法创建一个存放整数的新数组，并通过 map()方法将数组中的每个值乘以 2，最后返回一个新的 Int16Array 类型的数组。

相同的迭代器

定型数组与普通数组有 3 个相同的迭代器，分别是 entries()方法、keys()方法和 values()方法，这意味着可以把定型数组当作普通数组一样来使用展开运算符、for-of 循环。

```
let ints = new Int16Array([25, 50]),
    intsArray = [...ints];

console.log(intsArray instanceof Array);        // true
console.log(intsArray[0]);                      // 25
console.log(intsArray[1]);                      // 50
```

这段代码创建了一个名为 intsArray 的新数组，包含与定型数组 ints 相同的数据。展开运算符能够将可迭代对象转换为普通数组，也能将定型数组转换为普通数组。

of()方法和 from()方法

此外，所有定型数组都含有静态 of()方法和 from()方法，运行效果分别与 Array.of()方法和 Array.from()方法相似，区别是定型数组的方法返回定型数组，而普通数组的方法返回普通数组。以下示例使用了这些方法来创建定型数组：

```
let ints = Int16Array.of(25, 50),
    floats = Float32Array.from([1.5, 2.5]);

console.log(ints instanceof Int16Array);        // true
console.log(floats instanceof Float32Array);    // true

console.log(ints.length);       // 2
console.log(ints[0]);           // 25
console.log(ints[1]);           // 50
```

```
console.log(floats.length);     // 2
console.log(floats[0]);         // 1.5
console.log(floats[1]);         // 2.5
```

在此示例中，of()方法和from()方法分别创建Int16Array和Float32Array，通过这些方法可以确保定型数组的创建过程如普通数组一样简单。

定型数组与普通数组的差别

定型数组与普通数组最重要的差别是：定型数组不是普通数组。它不继承自Array，通过Array.isArray()方法检查定型数组返回的是false。举个例子：

```
let ints = new Int16Array([25, 50]);

console.log(ints instanceof Array);     // false
console.log(Array.isArray(ints));       // false
```

由于变量ints是一个定型数组，因此它既不是Array的实例，也不能被认作是一个数组。做此区分很重要，因为尽管定型数组与普通数组相似，但二者在很多方面的行为并不相同。

行为差异

当操作普通数组时，其可以变大变小，但定型数组却始终保持相同的尺寸。给定型数组中不存在的数值索引赋值会被忽略，而在普通数组中就可以。这里有个示例：

```
let ints = new Int16Array([25, 50]);

console.log(ints.length);          // 2
console.log(ints[0]);              // 25
console.log(ints[1]);              // 50

ints[2] = 5;

console.log(ints.length);          // 2
console.log(ints[2]);              // undefined
```

在这个示例中，尽管将数值索引 2 赋值为 5，但 ints 数组尺寸并未增长，赋值被丢弃，length 属性保持不变。

定型数组同样会检查数据类型的合法性，0 被用于代替所有非法值。例如：

```
let ints = new Int16Array(["hi"]);

console.log(ints.length);       // 1
console.log(ints[0]);           // 0
```

这段代码尝试向 Int16Array 数组中添加字符串值"hi"，当然，字符串在定型数组中属于非法数据类型，所以该值被转换为 0 插入数组，数组的长度仍然为 1，ints[0]包含的值为 0。

所有修改定型数组值的方法执行时都会受到相同限制，例如，如果给 map()方法传入的函数返回非法值，则最终会用 0 来代替：

```
let ints = new Int16Array([25, 50]),
    mapped = ints.map(v => "hi");

console.log(mapped.length);       // 2
console.log(mapped[0]);           // 0
console.log(mapped[1]);           // 0

console.log(mapped instanceof Int16Array);  // true
console.log(mapped instanceof Array);       // false
```

这里的字符串"hi"不是 16 位整数，所以在结果数组中会用 0 来替代它。由于有了这种错误更正的特性，故非法数据将不会在数组中出现，即使混入非法数据也不会抛出错误。

缺失的方法

尽管定型数组包含许多与普通数组相同的方法，但也缺失了几个。以下方法在定型数组中不可使用：

```
concat()        shift()
pop()           splice()
push()          unshift()
```

除 concat()方法外，这个列表中的方法都可以改变数组的尺寸，由于定型数组的尺寸不可更改，因而这些方法不适用于定型数组。定型数组不支持concat()方法是因为两个定型数组合并后的结果（尤其当两个数组分别处理不同数据类型时）会变得不确定，这直接违背了使用定型数组的初衷。

附加方法

最后，定型数组中还有两个没出现在普通数组中的方法：set()和subarray()。这两个方法的功能相反，set()方法将其他数组复制到已有的定型数组，subarray()提取已有定型数组的一部分作为一个新的定型数组。

set()方法接受两个参数：一个是数组（定型数组或普通数组都支持）；一个是可选的偏移量，表示开始插入数据的位置，如果什么都不传，默认的偏移量为 0。合法数据从作为参数传入的数组复制至目标定型数组中，例如：

```
let ints = new Int16Array(4);

ints.set([25, 50]);
ints.set([75, 100], 2);

console.log(ints.toString());   // 25,50,75,100
```

这段代码创建了一个含有 4 个元素的数组 Int16Array，先调用 set()方法将两个值分别复制到前两个位置，再次调用 set()方法并传入偏移量 2，将另外两个值复制到数组的后两个位置。

subarray()方法接受两个参数：一个是可选的开始位置，一个是可选的结束位置（与 slice()方法的结束位置一样，不包含当前位置的数据），最后返回一个新的定型数组。也可以省略这两个参数来克隆一个新的定型数组。例如：

```
let ints = new Int16Array([25, 50, 75, 100]),
    subints1 = ints.subarray(),
    subints2 = ints.subarray(2),
    subints3 = ints.subarray(1, 3);

console.log(subints1.toString());   // 25,50,75,100
console.log(subints2.toString());   // 75,100
console.log(subints3.toString());   // 50,75
```

在这个示例中，分别通过原始数组 ints 创建 3 个不同的定型数组。数组 subints1 是克隆 ints 得到的，故它们包含相同的信息；数组 subints2 从索引

2 开始复制数据，所以只包含数组 ints 的最后两个元素（75 和 100）；对于数组 subints3 而言，由于调用 subarray()方法时传入了起始和结束索引的位置，故 subints3 只包含数组 ints 中间的两个元素。

小结

ECMAScript 6 延续了 ECMAScript 5 的传统，进一步强化了数组功能。新增的特性包括两种创建数组的新方法：Array.of()和 Array.from()。Array.from()方法也可以将可迭代对象和类数组对象转换为数组。这两个方法都通过派生数组类继承，并通过 Symbol.species 属性来决定返回值的数据类型（其他继承方法在返回数组时同样也用到了 Symbol.species）。

此外，还介绍了几种新的数组方法。fill()方法和 copyWithin()方法可以更改数组中特定位置的元素值；find()方法和 findIndex()方法可以用于在数组中查找匹配某些标准的第一个元素，find()方法返回匹配规则的第一个元素，findIndex()方法返回该元素的索引值。

严格来讲定型数组不是数组，因为它们不继承自 Array，但它们确实看起来很像数组，行为也很像数组。定型数组中的值属于 8 种不同数值数据类型中的一个，它们是基于 ArrayBuffer 对象构建的，用于表示一个或多个数字底层的数位。按位运算更适合用定型数组来操作，因为其不会像 JavaScript 数字类型的操作那样将值在多种格式间反复转换。

11

Promise 与异步编程

JavaScript 有很多强大的功能，其中一个是它可以轻松地搞定异步编程。作为一门为 Web 而生的语言，它从一开始就需要能够响应异步的用户交互，如点击和按键操作等。Node.js 用回调函数代替了事件，使异步编程在 JavaScript 领域更加流行。但当更多程序开始使用异步编程时，事件和回调函数却不能满足开发者想要做的所有事情，它们还不够强大，而 Promise 就是这些问题的解决方案。

Promise 可以实现其他语言中类似 Future 和 Deferred 一样的功能，是另一种异步编程的选择，它既可以像事件和回调函数一样指定稍后执行的代码，也可以明确指示代码是否成功执行。基于这些成功或失败的状态，为了让代码更容易理解和调试，你可以链式地编写 Promise。

本章将讨论 Promise 是如何运转的，然而，要完全理解它的原理，了解构建 Promise 的一些基本概念很重要。

异步编程的背景知识

JavaScript 引擎是基于单线程（*Single-threaded*）事件循环的概念构建的，

同一时刻只允许一个代码块在执行，与之相反的是像 Java 和 C++一样的语言，它们允许多个不同的代码块同时执行。对于基于线程的软件而言，当多个代码块同时访问并改变状态时，程序很难维护并保证状态不会出错。

JavaScript 引擎同一时刻只能执行一个代码块，所以需要跟踪即将运行的代码，那些代码被放在一个任务队列（*job queue*）中，每当一段代码准备执行时，都会被添加到任务队列。每当 JavaScript 引擎中的一段代码结束执行，事件循环（*event loop*）会执行队列中的下一个任务，它是 JavaScript 引擎中的一段程序，负责监控代码执行并管理任务队列。请记住，队列中的任务会从第一个一直执行到最后一个。

事件模型

用户点击按钮或按下键盘上的按键会触发类似 onclick 这样的事件，它会向任务队列添加一个新任务来响应用户的操作，这是 JavaScript 中最基础的异步编程形式，直到事件触发时才执行事件处理程序，且执行时上下文与定义时的相同。例如：

```
let button = document.getElementById("my-btn");
button.onclick = function(event) {
    console.log("Clicked");
};
```

在这段代码中，单击 button 后会执行 console.log("Clicked")，赋值给 onclick 的函数被添加到任务队列中，只有当前面的任务都完成后它才会被执行。

事件模型适用于处理简单的交互，然而将多个独立的异步调用连接在一起会使程序更加复杂，因为你必须跟踪每个事件的事件目标（如此示例中的 button）。此外，必须要保证事件在添加事件处理程序之后才被触发。举个例子，如果先单击 button 再给 onclick 赋值，则任何事情都不会发生。所以，尽管事件模型适用于响应用户交互和完成类似的低频功能，但其对于更复杂的需求来说却不是很灵活。

回调模式

Node.js 通过普及回调函数来改进异步编程模型，回调模式与事件模型类似，异步代码都会在未来的某个时间点执行，二者的区别是回调模式中被调用的函数是作为参数传入的，如下所示：

```
readFile("example.txt", function(err, contents) {
    if (err) {
        throw err;
    }

    console.log(contents);
});

console.log("Hi!");
```

此示例使用 Node.js 传统的错误优先（error-first）回调风格。readFile()函数读取磁盘上的某个文件（指定为第一个参数），读取结束后执行回调函数（第二个参数）。如果出现错误，错误对象会被赋值给回调函数的 err 参数；如果一切正常，文件内容会以字符串的形式被赋值给 contents 参数。

由于使用了回调模式，readFile()函数立即开始执行，当读取磁盘上的文件时会暂停执行。也就是说，调用 readFile()函数后，console.log("Hi")语句立即执行并输出"Hi"；当 readFile()结束执行时，会向任务队列的末尾添加一个新任务，该任务包含回调函数及相应的参数，当队列前面所有的任务完成后才执行该任务，并最终执行 console.log(contents)输出所有内容。

回调模式比事件模型更灵活，因为相比之下，通过回调模式链接多个调用更容易。请看这个示例：

```
readFile("example.txt", function(err, contents) {
    if (err) {
        throw err;
    }

    writeFile("example.txt", function(err) {
        if (err) {
            throw err;
        }

        console.log("File was written!");
    });
});
```

在这段代码中，成功调用 readFile()函数后会执行另一个 writeFile()函数的异步调用，请注意，在这两个函数中是通过相同的基本模式来检查 err 是否存在的。当 readFile()函数执行完成后，会向任务队列中添加一个任务，如果没有错误产生，则执行 writeFile()函数，然后当 writeFile()函数执行结束后也向任务队列中添加一个任务。

虽然这个模式运行效果很不错，但很快你会发现由于嵌套了太多的回调函数，使自己陷入了回调地狱，就像这样：

```
method1(function(err, result) {

    if (err) {
        throw err;
    }

    method2(function(err, result) {

        if (err) {
            throw err;
        }

        method3(function(err, result) {

            if (err) {
                throw err;
            }

            method4(function(err, result) {

                if (err) {
                    throw err;
                }

                method5(result);
            });

        });

    });

});
```

像示例中这样嵌套多个方法调用，会创建出一堆难以理解和调试的代码。

如果你想实现更复杂的功能，回调函数的局限性同样也会显现出来，例如，并行执行两个异步操作，当两个操作都结束时通知你；或者同时进行两个异步操作，只取优先完成的操作结果。在这些情况下，你需要跟踪多个回调函数并清理这些操作，而 Promise 就能非常好地改进这样的情况。

Promise 的基础知识

Promise 相当于异步操作结果的占位符，它不会去订阅一个事件，也不会传递一个回调函数给目标函数，而是让函数返回一个 Promise，就像这样：

```
// readFile 承诺将在未来的某个时刻完成
let promise = readFile("example.txt");
```

在这段代码中，`readFile()`不会立即开始读取文件，函数会先返回一个表示异步读取操作的 Promise 对象，未来对这个对象的操作完全取决于 Promise 的生命周期。

Promise 的生命周期

每个 Promise 都会经历一个短暂的生命周期：先是处于进行中（*pending*）的状态，此时操作尚未完成，所以它也是未处理（*unsettled*）的；一旦异步操作执行结束，Promise 则变为已处理（*settled*）的状态。在之前的示例中，当 readFile() 函数返回 Promise 时它变为 pending 状态，操作结束后，Promise 可能会进入到以下两个状态中的其中一个：

- Fulfilled　Promise 异步操作成功完成。
- Rejected　由于程序错误或一些其他原因，Promise 异步操作未能成功完成。

内部属性`[[PromiseState]]`被用来表示 Promise 的 3 种状态：`"pending"`、`"fulfilled"`及`"rejected"`。这个属性不暴露在 Promise 对象上，所以不能以编程的方式检测 Promise 的状态，只有当 Promise 的状态改变时，通过 `then()`方法来采取特定的行动。

所有 Promise 都有 `then()`方法，它接受两个参数：第一个是当 Promise 的状态变为 fulfilled 时要调用的函数，与异步操作相关的附加数据都会传递给这个完成函数（fulfillment function）；第二个是当 Promise 的状态变为 rejected 时要调用的函数，其与完成时调用的函数类似，所有与失败状态相关的附加数据都会传递给这个拒绝函数（rejection function）。

NOTE 如果一个对象实现了上述的 then()方法，那这个对象我们称之为 thenable 对象。所有的 Promise 都是 thenable 对象，但并非所有 thenable 对象都是 Promise。

then()的两个参数都是可选的，所以可以按照任意组合的方式来监听 Promise，执行完成或被拒绝都会被响应。例如，试想以下这组 then()函数的调用：

```
let promise = readFile("example.txt");

promise.then(function(contents) {
    // 完成
    console.log(contents);
}, function(err) {
    // 拒绝
    console.error(err.message);
});

promise.then(function(contents) {
    // 完成
    console.log(contents);
});

promise.then(null, function(err) {
    // 拒绝
    console.error(err.message);
});
```

上面这 3 次 then()调用操作的是同一个 Promise。第一个同时监听了执行完成和执行被拒；第二个只监听了执行完成，错误时不报告；第三个只监听了执行被拒，成功时不报告。

Promise 还有一个 catch()方法，相当于只给其传入拒绝处理程序的 then()方法。例如，下面这个 catch()方法和 then()方法实现的功能是等价的：

```
promise.catch(function(err) {
    // 拒绝
```

```
    console.error(err.message);
});

// 与以下调用相同

promise.then(null, function(err) {
    // 拒绝
    console.error(err.message);
});
```

then()方法和 catch()方法一起使用才能更好地处理异步操作结果。这套体系能够清楚地指明操作结果是成功还是失败，比事件和回调函数更好用。如果使用事件，在遇到错误时不会主动触发；如果使用回调函数，则必须要记得每次都检查错误参数。你要知道，如果不给 Promise 添加拒绝处理程序，那所有失败就自动被忽略了，所以一定要添加拒绝处理程序，即使只在函数内部记录失败的结果也行。

如果一个 Promise 处于已处理状态，在这之后添加到任务队列中的处理程序仍将执行。所以无论何时你都可以添加新的完成处理程序或拒绝处理程序，同时也可以保证这些处理程序能被调用。举个例子：

```
let promise = readFile("example.txt");

// 最初的完成处理程序
promise.then(function(contents) {
    console.log(contents);

    // 现在又添加一个
    promise.then(function(contents) {
        console.log(contents);
    });
});
```

在这段代码中，一个完成处理程序被调用时向同一个 Promise 添加了另一个完成处理程序，此时这个 Promise 已经完成，所以新的处理程序会被添加到任务队列中，当前面的任务完成后其才被调用。这对拒绝处理程序也同样适用。

NOTE 每次调用 then()方法或 catch()方法都会创建一个新任务，当 Promise 被解决（resolved）时执行。这些任务最终会被加入到一个为 Promise 量身定制的独立队列中，这个任务队列的具体细节对于理解如何使用 Promise 而言不重要，通常你只要理解任务队列是如何运作的就可以了。

创建未完成的 Promise

用 Promise 构造函数可以创建新的 Promise，构造函数只接受一个参数：包含初始化 Promise 代码的执行器（executor）函数。执行器接受两个参数，分别是 `resolve()`函数和 `reject()`函数。执行器成功完成时调用 `resolve()`函数，反之，失败时则调用 `reject()`函数。

以下这个示例是在 Node.js 中用 Promise 实现我们在本章前面看到的 readFile() 函数：

```
// Node.js 示例

let fs = require("fs");

function readFile(filename) {
    return new Promise(function(resolve, reject) {

        // 触发异步操作
        fs.readFile(filename, { encoding: "utf8" }, function(err, contents) {

            // 检查是否有错误
            if (err) {
                reject(err);
                return;
            }

            // 成功读取文件
            resolve(contents);

        });
    });
}

let promise = readFile("example.txt");

// 同时监听执行完成和执行被拒
```

```
promise.then(function(contents) {
    // 完成
    console.log(contents);
}, function(err) {
    // 拒绝
    console.error(err.message);
});
```

在这个示例中，用 Promise 包裹了一个原生 Node.js 的 `fs.readFile()`异步调用。如果失败，执行器向 `reject()`函数传递错误对象；如果成功，执行器向 `resolve()`函数传递文件内容。

要记住，`readFile()`方法被调用时执行器会立刻执行，在执行器中，无论是调用 `resolve()`还是 `reject()`，都会向任务队列中添加一个任务来解决这个 Promise。如果你曾经使用过 `setTimeout()`或 `setInterval()`函数，你应该熟悉这种名为任务编排（*job scheduling*）的过程。当编排任务时，会向任务队列中添加一个新任务，并明确指定将任务延后执行。例如，使用 `setTimeOut()`函数可以指定将任务添加到队列前的延时。

```
// 在 500 ms 后将这个函数添加到任务队列
setTimeout(function() {
    console.log("Timeout");
}, 500)

console.log("Hi!");
```

这段代码编排了一个 500 ms 后才被添加到任务队列的任务，两次 `console.log()`调用分别输出以下内容：

```
Hi!
Timeout
```

由于有 500 ms 的延时，因而传入 `setTimeout()`的函数在 `console.log("Hi!")`输出"Hi"之后才输出"Timeout"。

Promise 具有类似的工作原理，Promise 的执行器会立即执行，然后才执行后续流程中的代码。例如：

```
let promise = new Promise(function(resolve, reject) {
    console.log("Promise");
```

```
    resolve();
});

console.log("Hi!");
```

这段代码的输出内容是：

```
Promise
Hi!
```

调用 resolve()后会触发一个异步操作，传入 then()和 catch()方法的函数会被添加到任务队列中并异步执行。请看这个示例：

```
let promise = new Promise(function(resolve, reject) {
    console.log("Promise");
    resolve();
});

promise.then(function() {
    console.log("Resolved.");
});

console.log("Hi!");
```

这个示例的输出内容为：

```
Promise
Hi!
Resolved
```

请注意，即使在代码中 then()调用位于 console.log("Hi!")之前，但其与执行器不同，它并没有立即执行。这是因为，完成处理程序和拒绝处理程序总是在执行器完成后被添加到任务队列的末尾。

创建已处理的 Promise

创建未处理 Promise 的最好方法是使用 Promise 的构造函数，这是由于 Promise 执行器具有动态性。但如果你想用 Promise 来表示一个已知值，则编排一个只是简单地给 resolve()函数传值的任务并无实际意义，反倒是可以用以下两种方法根据特定的值来创建已解决 Promise。

使用 Promise.resolve()

Promise.resolve()方法只接受一个参数并返回一个完成态的 Promise，也就是说不会有任务编排的过程，而且需要向 Promise 添加一至多个完成处理程序来获取值。例如：

```
let promise = Promise.resolve(42);

promise.then(function(value) {
    console.log(value);         // 42
});
```

这段代码创建了一个已完成 Promise，完成处理程序的形参 value 接受了传入值 42，由于该 Promise 永远不会存在拒绝状态，因而该 Promise 的拒绝处理程序永远不会被调用。

使用 Promise.reject()

也可以通过 Promise.reject()方法来创建已拒绝 Promise，它与 Promise.resolve()很像，唯一的区别是创建出来的是拒绝态的 Promise，例如：

```
let promise = Promise.reject(42);

promise.catch(function(value) {
    console.log(value);         // 42
});
```

任何附加到这个 Promise 的拒绝处理程序都将被调用，但却不会调用完成处理程序。

NOTE 如果向 Promise.resolve()方法或 Promise.reject()方法传入一个 Promise，那么这个 Promise 会被直接返回。

非 Promise 的 Thenable 对象

Promise.resolve()方法和 Promise.reject()方法都可以接受非 Promise 的 Thenable 对象作为参数。如果传入一个非 Promise 的 Thenable 对象，则这些方法会创建一个新的 Promise，并在 then()函数中被调用。

拥有 then()方法并且接受 resolve 和 reject 这两个参数的普通对象就是非 Promise 的 Thenable 对象，例如：

```
let thenable = {
    then: function(resolve, reject) {
        resolve(42);
    }
};
```

在此示例中，Thenable对象和Promise之间只有then()方法这一个相似之处，可以调用 Promise.resolve()方法将 Thenable 对象转换成一个已完成 Promise：

```
let thenable = {
    then: function(resolve, reject) {
        resolve(42);
    }
};

let p1 = Promise.resolve(thenable);
p1.then(function(value) {
    console.log(value);     // 42
});
```

在此示例中，Promise.resolve()调用的是 thenable.then()，所以 Promise 的状态可以被检测到。由于是在 then()方法内部调用了 resolve(42)，因此 Thenable 对象的 Promise 状态是已完成。新创建的已完成状态 Promise p1 从 Thenable 对象接受传入的值（也就是 42），p1 的完成处理程序将 42 赋值给形参 value。

可以使用与 Promise.resolve()相同的过程创建基于 Thenable 对象的已拒绝 Promise：

```
let thenable = {
    then: function(resolve, reject) {
        reject(42);
    }
};

let p1 = Promise.resolve(thenable);
p1.catch(function(value) {
    console.log(value);     // 42
});
```

此示例与前一个相比，除了 Thenable 对象是已拒绝状态外，其余部分比较相似。执行 thenable.then()时会用值 42 创建一个已拒绝状态的 Promise，这个值随后会被传入 p1 的拒绝处理程序。

有了 Promise.resolve()方法和 Promise.reject()方法，我们可以更轻松地处理非 Promise 的 Thenable 对象。在 ECMAScript 6 引入 Promise 对象之前，许多库都使用了 Thenable 对象，所以如果要向后兼容之前已有的库，则将 Thenable 对象转换为正式 Promise 的能力就显得至关重要了。如果不确定某个对象是不是 Promise 对象，那么可以根据预期的结果将其传入 Promise.resolve()方法中或 Promise.reject()方法中，如果它是 Promise 对象，则不会有任何变化。

执行器错误

如果执行器内部抛出一个错误，则 Promise 的拒绝处理程序就会被调用，例如：

```
let promise = new Promise(function(resolve, reject) {
    throw new Error("Explosion!");
});

promise.catch(function(error) {
    console.log(error.message);     // "Explosion!"
});
```

在这段代码中，执行器故意抛出了一个错误，每个执行器中都隐含一个 try-catch 块，所以错误会被捕获并传入拒绝处理程序。此例等价于：

```
let promise = new Promise(function(resolve, reject) {
    try {
        throw new Error("Explosion!");
    } catch (ex) {
        reject(ex);
    }
});

promise.catch(function(error) {
    console.log(error.message);     // "Explosion!"
});
```

为了简化这种常见的用例，执行器会捕获所有抛出的错误，但只有当拒绝处理程序存在时才会记录执行器中抛出的错误，否则错误会被忽略掉。在早期的时候，开发人员使用 Promise 会遇到这种问题，后来，JavaScript 环境提供了一些捕获已拒绝 Promise 的钩子函数来解决这个问题。

全局的 Promise 拒绝处理

有关 Promise 的其中一个最具争议的问题是，如果在没有拒绝处理程序的情况下拒绝一个 Promise，那么不会提示失败信息，这是 JavaScript 语言中唯一一处没有强制报错的地方，一些人认为这是标准中最大的缺陷。

Promise 的特性决定了很难检测一个 Promise 是否被处理过，例如：

```
let rejected = Promise.reject(42);

// 此时，rejected 还没有被处理

// 过了一会儿...
rejected.catch(function(value) {
    // 现在 rejected 已经被处理了
    console.log(value);
});
```

任何时候都可以调用 then()方法或 catch()方法，无论 Promise 是否已解决这两个方法都可以正常运行，但这样就很难知道一个 Promise 何时被处理。在此示例中，Promise 被立即拒绝，但是稍后才被处理。

尽管这个问题在未来版本的 ECMAScript 中可能会被解决，但是 Node.js 和浏览器环境都已分别做出了一些改变来解决开发者的这个痛点，这些改变不是 ECMAScript 6 标准的一部分，不过当你使用 Promise 的时候它们确实是非常有价值的工具。

Node.js 环境的拒绝处理

在 Node.js 中，处理 Promise 拒绝时会触发 process 对象上的两个事件：

- unhandledRejection 在一个事件循环中，当 Promise 被拒绝，并且没有提供拒绝处理程序时，触发该事件。
- rejectionHandled 在一个事件循环后，当 Promise 被拒绝时，若拒绝处理程序被调用，触发该事件。

设计这些事件是用来识别那些被拒绝却又没被处理过的 Promise 的。

拒绝原因（通常是一个错误对象）及被拒绝的 Promise 作为参数被传入 unhandledRejection 事件处理程序中，以下代码展示了 unhandledRejection 的实际应用：

```
let rejected;

process.on("unhandledRejection", function(reason, promise) {
    console.log(reason.message);            // "Explosion!"
    console.log(rejected === promise);      // true
});

rejected = Promise.reject(new Error("Explosion!"));
```

这个示例创建了一个已拒绝 Promise 和一个错误对象，并监听了 unhandledRejection 事件，事件处理程序分别接受错误对象和 Promise 作为它的两个参数。

rejectionHandled 事件处理程序只有一个参数，也就是被拒绝的 Promise，例如：

```
let rejected;

process.on("rejectionHandled", function(promise) {
    console.log(rejected === promise);      // true
});

rejected = Promise.reject(new Error("Explosion!"));

// 等待添加拒绝处理程序
setTimeout(function() {
    rejected.catch(function(value) {
        console.log(value.message);         // "Explosion!"
    });
}, 1000);
```

这里的 rejectionHandled 事件在拒绝处理程序最后被调用时触发，如果在创建 rejected 之后直接添加拒绝处理程序，那么 rejectionHandled 事件不会被触发，因为 rejected 创建的过程与拒绝处理程序的调用在同一个事件循环中，此时 rejectionHandled 事件尚未生效。

通过事件 rejectionHandled 和事件 unhandledRejection 将潜在未处理的拒绝存储为一个列表，等待一段时间后检查列表便能够正确地跟踪潜在的未处理拒绝。例如下面这个简单的未处理拒绝跟踪器：

```
let possiblyUnhandledRejections = new Map();

// 如果一个拒绝没被处理，则将它添加到 Map 集合中
process.on("unhandledRejection", function(reason, promise) {
    possiblyUnhandledRejections.set(promise, reason);
});

process.on("rejectionHandled", function(promise) {
    possiblyUnhandledRejections.delete(promise);
});

setInterval(function() {

    possiblyUnhandledRejections.forEach(function(reason, promise) {
        console.log(reason.message ? reason.message : reason);

        // 做一些什么来处理这些拒绝
        handleRejection(promise, reason);
    });

    possiblyUnhandledRejections.clear();

}, 60000);
```

这段代码使用 Map 集合来存储 Promise 及其拒绝原因，每个 Promise 键都有一个拒绝原因的相关值。每当触发 unhandledRejection 事件时，会向 Map 集合中添加一组 Promise 及拒绝原因；每当触发 rejectionHandled 事件时，已处理的 Promise 会从 Map 集合中移除。结果是，possiblyUnhandledRejections 会随着事件调用不断扩充或收缩。setInterval()调用会定期检查列表，将可能未处理的拒绝输出到控制台（实际上你会通过其他方式记录或者直接处理掉这个拒绝）。在这个示例中使用的是 Map 集合而不是 WeakMap 集合，这是因为你

需要定期检查 Map 集合来确认一个 Promise 是否存在，而这是 WeakMap 无法实现的。

尽管这个示例是针对 Node.js 设计的，但是浏览器也实现了一套类似的机制来提示开发者哪些拒绝还没有被处理。

浏览器环境的拒绝处理

浏览器也是通过触发两个事件来识别未处理的拒绝的，虽然这些事件是在 `window` 对象上触发的，但实际上与 Node.js 中的完全等效。

- unhandledrejection　在一个事件循环中，当 Promise 被拒绝，并且没有提供拒绝处理程序时，触发该事件。
- rejectionhandled　在一个事件循环后，当 Promise 被拒绝时，若拒绝处理程序被调用，触发该事件。

在 Node.js 实现中，事件处理程序接受多个独立参数；而在浏览器中，事件处理程序接受一个有以下属性的事件对象作为参数：

- type　事件名称（`"unhandledrejection"`或`"rejectionhandled"`）
- promise　被拒绝的 `Promise` 对象
- reason　来自 Promise 的拒绝值

浏览器实现中的另一处不同是，在两个事件中都可以使用拒绝值（`reason`），例如：

```
let rejected;

window.onunhandledrejection = function(event) {
    console.log(event.type);                      // "unhandledrejection"
    console.log(event.reason.message);            // "Explosion!"
    console.log(rejected === event.promise);      // true
};

window.onrejectionhandled = function(event) {
    console.log(event.type);                      // "rejectionhandled"
    console.log(event.reason.message);            // "Explosion!"
    console.log(rejected === event.promise);      // true
};

rejected = Promise.reject(new Error("Explosion!"));
```

这段代码用DOM 0级记法的onunhandledrejection和onrejectionhandled给两个事件处理程序赋值，如果你愿意的话也可以使用addEventListener("unhandledrejection")和addEventListener("rejectionhandled")，每个事件处理程序接受一个含有被拒绝Promise信息的事件对象，该对象的属性type、promise和reason在这两个事件处理程序中均可使用。

在浏览器中，跟踪未处理拒绝的代码也与Node.js中的非常相似：

```
let possiblyUnhandledRejections = new Map();

// 如果一个拒绝没被处理，则将它添加到Map集合中
window.onunhandledrejection = function(event) {
    possiblyUnhandledRejections.set(event.promise, event.reason);
};

window.onrejectionhandled = function(event) {
    possiblyUnhandledRejections.delete(event.promise);
};

setInterval(function() {

    possiblyUnhandledRejections.forEach(function(reason, promise) {
        console.log(reason.message ? reason.message : reason);

        // 做一些什么来处理这些拒绝
        handleRejection(promise, reason);
    });

    possiblyUnhandledRejections.clear();

}, 60000);
```

浏览器中的实现与Node.js中的几乎完全相同，二者都是用同样的方法将Promise及其拒绝值存储在Map集合中，然后再进行检索。唯一的区别是，在事件处理程序中检索信息的位置不同。

处理Promise拒绝的过程可能很复杂，但我们才刚刚开始明白Promise到底有多强大。下面我们会更进一步地把几个Promise串联在一起使用。

串联 Promise

至此，看起来好像Promise只是将回调函数和setTimeout()函数结合起来，并在此基础上做了一些改进。但 Promise 所能实现的远超我们目之所及，尤其是很多将 Promise 串联起来实现更复杂的异步特性的方法。

每次调用then()方法或catch()方法时实际上创建并返回了另一个Promise，只有当第一个 Promise 完成或被拒绝后，第二个才会被解决。请看以下这个示例：

```
let p1 = new Promise(function(resolve, reject) {
    resolve(42);
});

p1.then(function(value) {
    console.log(value);
}).then(function() {
    console.log("Finished");
});
```

这段代码输出以下内容：

```
42
Finished
```

调用 p1.then()后返回第二个 Promise，紧接着又调用了它的 then()方法，只有当第一个Promise被解决之后才会调用第二个then()方法的完成处理程序。如果将这个示例拆解开，看起来是这样的：

```
let p1 = new Promise(function(resolve, reject) {
    resolve(42);
});

let p2 = p1.then(function(value) {
    console.log(value);
})

p2.then(function() {
    console.log("Finished");
});
```

在这个非串联版本的代码中，调用 p1.then()的结果被存储在了 p2 中，然后 p2.then()被调用来添加最终的完成处理程序。你可能已经猜到，调用 p2.then()返回的也是一个 Promise，只是在此示例中我们并未使用它。

捕获错误

在之前的示例中，完成处理程序或拒绝处理程序中可能发生错误，而 Promise 链可以用来捕获这些错误。例如：

```
let p1 = new Promise(function(resolve, reject) {
    resolve(42);
});

p1.then(function(value) {
    throw new Error("Boom!");
}).catch(function(error) {
    console.log(error.message);     // "Boom!"
});
```

在这段代码中，p1 的完成处理程序抛出了一个错误，链式调用第二个 Promise 的 catch()方法后，可以通过它的拒绝处理程序接收这个错误。如果拒绝处理程序抛出错误，也可以通过相同的方式接收到这个错误：

```
let p1 = new Promise(function(resolve, reject) {
    throw new Error("Explosion!");
});

p1.catch(function(error) {
    console.log(error.message);     // "Explosion!"
    throw new Error("Boom!");
}).catch(function(error) {
    console.log(error.message);     // "Boom!"
});
```

此处的执行器抛出错误并触发 Promise p1 的拒绝处理程序，这个处理程序又抛出另外一个错误，并且被第二个 Promise 的拒绝处理程序捕获。链式 Promise 调用可以感知到链中其他 Promise 的错误。

NOTE 务必在 Promise 链的末尾留有一个拒绝处理程序以确保能够正确处理所有可能发生的错误。

Promise 链的返回值

Promise 链的另一个重要特性是可以给下游 Promise 传递数据，我们已经看到了从执行器 resolve()处理程序到 Promise 完成处理程序的数据传递过程，如果在完成处理程序中指定一个返回值，则可以沿着这条链继续传递数据。例如：

```
let p1 = new Promise(function(resolve, reject) {
    resolve(42);
});

p1.then(function(value) {
    console.log(value);         // "42"
    return value + 1;
}).then(function(value) {
    console.log(value);         // "43"
});
```

执行器传入的 value 为 42，p1 的完成处理程序执行后返回 value+1 也就是 43。这个值随后被传给第二个 Promise 的完成处理程序并输出到控制台。

在拒绝处理程序中也可以做相同的事情，当它被调用时可以返回一个值，然后用这个值完成链条中后续的 Promise，就像下面这个示例：

```
let p1 = new Promise(function(resolve, reject) {
    reject(42);
});

p1.catch(function(value) {
    // 第一个完成处理程序
    console.log(value);         // "42"
    return value + 1;
}).then(function(value) {
    // 第二个完成处理程序
    console.log(value);         // "43"
});
```

在这个示例中，执行器调用 reject()方法向 Promise 的拒绝处理程序传入值 42，最终返回 value+1。拒绝处理程序中返回的值仍可用在下一个 Promise 的完成处理程序中，在必要时，即使其中一个 Promise 失败也能恢复整条链的执行。

在 Promise 链中返回 Promise

在 Promise 间可以通过完成和拒绝处理程序中返回的原始值来传递数据，但如果返回的是对象呢？如果返回的是 Promise 对象，会通过一个额外的步骤来确定下一步怎么走。请看这个示例：

```
let p1 = new Promise(function(resolve, reject) {
    resolve(42);
});

let p2 = new Promise(function(resolve, reject) {
    resolve(43);
});

p1.then(function(value) {
    // 第一个完成处理程序
    console.log(value);     // 42
    return p2;
}).then(function(value) {
    // 第二个完成处理程序
    console.log(value);     // 43
});
```

在这段代码中，p1 编排的任务解决并传入 42，然后 p1 的完成处理程序返回一个已解决状态的 Promise p2，由于 p2 已经被完成，因此第二个完成处理程序被调用；如果 p2 被拒绝，则调用拒绝处理程序。

关于这个模式，最需要注意的是，第二个完成处理程序被添加到了第三个 Promise 而不是 p2，所以之前的示例等价于：

```
let p1 = new Promise(function(resolve, reject) {
    resolve(42);
});

let p2 = new Promise(function(resolve, reject) {
    resolve(43);
});

let p3 = p1.then(function(value) {
    // 第一个完成处理程序
```

```
    console.log(value);     // 42
    return p2;
});

p3.then(function(value) {
    // 第二个完成处理程序
    console.log(value);     // 43
});
```

很明显的是，此处第二个完成处理程序被添加到 p3 而非 p2，这个差异虽小但非常重要，如果 p2 被拒绝那么第二个完成处理程序将不会被调用，例如：

```
let p1 = new Promise(function(resolve, reject) {
    resolve(42);
});

let p2 = new Promise(function(resolve, reject) {
    reject(43);
});

p1.then(function(value) {
    // 第一个完成处理程序
    console.log(value);     // 42
    return p2;
}).then(function(value) {
    // 第二个完成处理程序
    console.log(value);     // 从未调用
});
```

在这个示例中，由于 p2 被拒绝了，因此完成处理程序永远不会被调用。不管怎样，我们还是可以添加一个拒绝处理程序：

```
let p1 = new Promise(function(resolve, reject) {
    resolve(42);
});

let p2 = new Promise(function(resolve, reject) {
    reject(43);
});
```

```
p1.then(function(value) {
    // 第一个完成处理程序
    console.log(value);     // 42
    return p2;
}).catch(function(value) {
    // 拒绝处理程序
    console.log(value);     // 43
});
```

p2 被拒绝后，拒绝处理程序被调用并传入 p2 的拒绝值 43。

在完成或拒绝处理程序中返回 Thenable 对象不会改变 Promise 执行器的执行时机，先定义的 Promise 的执行器先执行，后定义的后执行，以此类推。返回 Thenable 对象仅允许你为这些 Promise 结果定义额外的响应。在完成处理程序中创建新的 Promise 可以推迟完成处理程序的执行，例如：

```
let p1 = new Promise(function(resolve, reject) {
    resolve(42);
});

p1.then(function(value) {
    console.log(value);     // 42

    // 创建一个新的 promise
    let p2 = new Promise(function(resolve, reject) {
        resolve(43);
    });

    return p2
}).then(function(value) {
    console.log(value);     // 43
});
```

在此示例中，在 p1 的完成处理程序里创建了一个新的 Promise，直到 p2 被完成才会执行第二个完成处理程序。如果你想在一个 Promise 被解决后触发另一个 Promise，那么这个模式对你会很有帮助。

响应多个 Promise

到目前为止，本章中的每个示例展示的都是单 Promise 响应，而如果你想通过监听多个 Promise 来决定下一步的操作，则可以使用 ECMAScript 6 提供的 Promise.all()和 Promise.race()两个方法来监听多个 Promise。

Promise.all()方法

Promise.all()方法只接受一个参数并返回一个 Promise，该参数是一个含有多个受监视 Promise 的可迭代对象（例如，一个数组），只有当可迭代对象中所有 Promise 都被解决后返回的 Promise 才会被解决，只有当可迭代对象中所有 Promise 都被完成后返回的 Promise 才会被完成，正如这个示例所示：

```
let p1 = new Promise(function(resolve, reject) {
    resolve(42);
});

let p2 = new Promise(function(resolve, reject) {
    resolve(43);
});

let p3 = new Promise(function(resolve, reject) {
    resolve(44);
});

let p4 = Promise.all([p1, p2, p3]);

p4.then(function(value) {
    console.log(Array.isArray(value));  // true
    console.log(value[0]);             // 42
    console.log(value[1]);             // 43
    console.log(value[2]);             // 44
});
```

在这段代码中，每个 Promise 解决时都传入一个数字，调用 Promise.all()方法创建 Promise p4，最终当 Promise p1、p2 和 p3 都处于完成状态后 p4 才被完成。传入 p4 完成处理程序的结果是一个包含每个解决值（42、43 和 44）的数组，这些值按照传入参数数组中 Promise 的顺序存储，所以可以根据每个结果来匹配对应的 Promise。

所有传入 `Promise.all()`方法的 Promise 只要有一个被拒绝，那么返回的 Promise 没等所有 Promise 都完成就立即被拒绝：

```
let p1 = new Promise(function(resolve, reject) {
    resolve(42);
});

let p2 = new Promise(function(resolve, reject) {
    reject(43);
});

let p3 = new Promise(function(resolve, reject) {
    resolve(44);
});

let p4 = Promise.all([p1, p2, p3]);

p4.catch(function(value) {
    console.log(Array.isArray(value))   // false
    console.log(value);                // 43
});
```

在这个示例中，p2 被拒绝并传入值 43，没等 p1 或 p3 结束执行，p4 的拒绝处理程序就立即被调用。（p1 和 p3 的执行过程会结束，只是 p4 并未等待。）

拒绝处理程序总是接受一个值而非数组，该值来自被拒绝 Promise 的拒绝值。在本示例中，传入拒绝处理程序的 43 表示该拒绝来自 p2。

Promise.race()方法

`Promise.race()`方法监听多个 Promise 的方法稍有不同：它也接受含多个受监视 Promise 的可迭代对象作为唯一参数并返回一个 Promise，但只要有一个 Promise 被解决返回的 Promise 就被解决，无须等到所有 Promise 都被完成。一旦数组中的某个 Promise 被完成，`Promise.race()`方法也会像 `Promise.all()`方法一样返回一个特定的 Promise，例如：

```
let p1 = Promise.resolve(42);

let p2 = new Promise(function(resolve, reject) {
```

```
    resolve(43);
});

let p3 = new Promise(function(resolve, reject) {
    resolve(44);
});

let p4 = Promise.race([p1, p2, p3]);

p4.then(function(value) {
    console.log(value);     // 42
});
```

在这段代码中，p1 创建时便处于已完成状态，其他 Promise 用于编排任务。随后，p4 的完成处理程序被调用并传入值 42，其他 Promise 则被忽略。实际上，传给 Promise.race()方法的 Promise 会进行竞选，以决出哪一个先被解决，如果先解决的是已完成 Promise，则返回已完成 Promise；如果先解决的是已拒绝 Promise，则返回已拒绝 Promise。这里是一段拒绝示例：

```
let p1 = new Promise(function(resolve, reject) {
    setTimeout(function){resolve(42);},0);
});

let p2 = Promise.reject(43);

let p3 = new Promise(function(resolve, reject) {
    resolve(44);
});

let p4 = Promise.race([p1, p2, p3]);

p4.catch(function(value) {
    console.log(value);     // 43
});
```

此时，由于 p2 已处于被拒绝状态，因而当 Promise.race()方法被调用时 p4 也被拒绝了，尽管 p1 和 p3 最终被完成，但由于是发生在 p2 被拒后，因此它们的结果被忽略掉。

自 Promise 继承

Promise 与其他内建类型一样，也可以作为基类派生其他类，所以你可以定义自己的 Promise 变量来扩展内建 Promise 的功能。例如，假设你想创建一个既支持 `then()`方法和 `catch()`方法又支持 `success()`方法和 `failure()`方法的 Promise，则可以这样创建该 Promise 类型：

```
class MyPromise extends Promise {

    // 使用默认的构造函数

    success(resolve, reject) {
        return this.then(resolve, reject);
    }

    failure(reject) {
        return this.catch(reject);
    }

}

let promise = new MyPromise(function(resolve, reject) {
    resolve(42);
});

promise.success(function(value) {
    console.log(value);             // 42
}).failure(function(value) {
    console.log(value);
});
```

在这个示例中，派生自 Promise 的 `MyPromise` 扩展了另外两个方法：模仿 `resolve()`的 `success()`方法以及模仿 `reject()`的 `failure()`方法。

这两个新增方法都通过 this 来调用它模仿的方法，派生 Promise 与内建 Promise 的功能一样，只不过多了 `success()`和 `failure()`这两个可以调用的方法。

由于静态方法会被继承，因此派生的 Promise 也拥有 `MyPromise.resolve()`、`MyPromise.reject()`、`MyPromise.race()`和 `MyPromise.all()`这 4 个方法，后二

者与内建方法完全一致，而前二者却稍有不同。

由于MyPromise.resolve()方法和MyPromise.reject()方法通过Symbol.species属性（参见第 9 章）来决定返回 Promise 的类型，故调用这两个方法时无论传入什么值都会返回一个 MyPromise 的实例。如果将内建 Promise 作为参数传入这两个方法，则这个 Promise 将被解决或拒绝，然后该方法将会返回一个新的MyPromise，于是就可以给它的成功处理程序及失败处理程序赋值。例如：

```
let p1 = new Promise(function(resolve, reject) {
    resolve(42);
});

let p2 = MyPromise.resolve(p1);
p2.success(function(value) {
    console.log(value);                // 42
});

console.log(p2 instanceof MyPromise); // true
```

这里的 p1 是一个内建 Promise，被传入 MyPromise.resolve()方法后得到结果 p2，它是 MyPromise 的一个实例，来自 p1 的解决值被传入完成处理程序。

传入 MyPromise.resolve()方法或 MyPromise.reject()方法的 MyPromise 实例未经解决便直接返回。在其他方面，这两个方法的行为与 Promise.resolve()和 Promise.reject()很像。

基于 Promise 的异步任务执行

在第 8 章中，我们介绍了生成器并展示了如何在异步任务执行中使用它，就像这样：

```
let fs = require("fs");

function run(taskDef) {

    // 创建可以在其他地方使用的迭代器
    let task = taskDef();

    // 开始执行任务
```

```
    let result = task.next();

    // 不断调用 next()的递归函数
    function step() {

        // 如果有更多任务要做
        if (!result.done) {
            if (typeof result.value === "function") {
                result.value(function(err, data) {
                    if (err) {
                        result = task.throw(err);
                        return;
                    }

                    result = task.next(data);
                    step();
                });
            } else {
                result = task.next(result.value);
                step();
            }

        }
    }

    // 启动递归过程
    step();

}

// 定义一个可用于任务执行器的函数

function readFile(filename) {
    return function(callback) {
        fs.readFile(filename, callback);
    };
}
```

```
// 执行一个任务

run(function*() {
    let contents = yield readFile("config.json");
    doSomethingWith(contents);
    console.log("Done");
});
```

这个实现会导致一些问题。首先，在返回值是函数的函数中包裹每一个函数会令人感到困惑，这句话本身也是如此；其次，无法区分用作任务执行器回调函数的返回值和一个不是回调函数的返回值。

只要每个异步操作都返回 Promise，就可以极大地简化并通用化这个过程。以 Promise 作为通用接口用于所有异步代码可以简化任务执行器。

```
let fs = require("fs");

function run(taskDef) {

    // 创建迭代器
    let task = taskDef();

    // 开始执行任务
    let result = task.next();

    // 递归函数遍历
    (function step() {

        // 如果有更多任务要做
        if (!result.done) {

            // 用一个 Promise 来解决会简化问题
            let promise = Promise.resolve(result.value);
            promise.then(function(value) {
                result = task.next(value);
                step();
            }).catch(function(error) {
                result = task.throw(error);
                step();
```

```
            });
        }
    }());
}

// 定义一个可用于任务执行器的函数

function readFile(filename) {
    return new Promise(function(resolve, reject) {
        fs.readFile(filename, function(err, contents) {
            if (err) {
                reject(err);
            } else {
                resolve(contents);
            }
        });
    });
}

// 执行一个任务

run(function*() {
    let contents = yield readFile("config.json");
    doSomethingWith(contents);
    console.log("Done");
});
```

在这个版本的代码中，一个通用的run()函数执行生成器创建了一个迭代器，它调用task.next()方法来启动任务并递归调用step()方法直到迭代器完成。

在step()函数中，如果有更多任务，那么result.done的值为false，此时的result.value应该是一个Promise，调用Promise.resolve()是为了防止函数不返回Promise。（记住，传入Promise.resolve()的Promise直接通过，传入的非Promise会被包裹成一个Promise。）接下来，添加完成处理程序提取Promise的值并将其传回迭代器。然后在step()函数调用自身之前结果会被赋值给下一个生成的结果。

拒绝处理程序将所有拒绝结果存储到一个错误对象中，然后通过task.throw()方法将错误对象传回迭代器，如果在任务中捕获到错误，结果会被赋值给下一个生成结果。最后继续在 catch()内部调用 step()函数。

这个 run()函数可以运行所有使用 yield 实现异步代码的生成器，而且不会将 Promise 或回调函数暴露给开发者。事实上，由于函数调用的返回值总会被转换成一个 Promise，因此可以返回一些非 Promise 的值，也就是说，用 yield 调用同步或异步方法都可以正常运行，永远不需要检查返回值是否为 Promise。

唯一需要关注的是像 readFile()这样的异步函数，其返回的是一个能被正确识别状态的 Promise，所以调用 Node.js 的内建方法时不能使用回调函数，须将其转换为返回 Promise 的函数。

未来的异步任务执行

JavaScript 正在引入一种用于执行异步任务的更简单的语法，例如，await 语法致力于替代之前章节中基于 Promise 的示例。其基本思想是用 async 标记的函数代替生成器，用 await 代替 yield 来调用函数，例如：

```
(async function() {
    let contents = await readFile("config.json");
    doSomethingWith(contents);
    console.log("Done");
});
```

在函数前添加关键字 async 表示该函数以异步模式运行，await 关键字表示调用 readFile("config.json")的函数应该返回一个 Promise，否则，响应应该被包裹在 Promise 中。正如之前章节中的 run()实现，如果 Promise 被拒绝则 await 应该抛出错误，否则通过 Promise 来返回值。最后的结果是，你可以按照同步方式编写异步代码，唯一的开销是一个基于迭代器的状态机。

预计在 ECMAScript 2017（ECMAScript 8）中可以将 await 语法标准化。

小结

Promise 的设计目标是改进 JavaScript 中的异步编程，它能够让你更好地掌控并组合多个同步操作，比事件系统和回调更实用。Promise 编排的任务会被添加到 JavaScript 引擎任务队列并在未来执行，还有一个任务队列用于跟踪 Promise 的完成处理程序和拒绝处理程序并确保正确执行。

Promise 有 3 个状态：进行中（pending）、已完成（fulfilled）和已拒绝（rejected）。Promise 的起始状态是进行中，执行成功会变为已完成，失败则变为已拒绝。在后两种情况下你都可以添加处理程序，以便当 Promise 被解决（settled）时做出相应操作，通过 then()方法可以添加完成处理程序或拒绝处理程序，通过 catch()方法只能添加拒绝处理程序。

有多种方法可将 Promise 链接在一起并在它们之间传递信息，每次调用 `then()`方法会创建并返回一个新的 Promise，它会随前面 Promise 被解决而解决。这样的链条可用于触发一系列同步事件的响应，也可通过 `Promise.race()`方法和 `Promise.all()`方法来监控多个 Promise 的进程并做出相应响应。

由于 Promise 可以提供异步操作能返回的通用接口，因而将生成器和 Promise 结合后会进一步简化异步任务执行的过程，随后可用生成器和 `yield` 运算符来等待异步响应并做出相应反应。

大多数新的 Web API 都基于 Promise 构建，可以预期在未来会有更多的效仿者出现。

12

代理（Proxy）和反射（Reflection）API

ECMAScript 5 和 ECMAScript 6 致力于为开发者提供 JavaScript 已有却不可调用的功能。例如在 ECMAScript 5 出现以前，JavaScript 环境中的对象包含许多不可枚举和不可写的属性，但开发者不能定义自己的不可枚举或不可写属性，于是 ECMAScript 5 引入了 `Object.defineProperty()` 方法来支持开发者去做 JavaScript 引擎早就可以实现的事情。

ECMAScript 6 添加了一些内建对象，赋予开发者更多访问 JavaScript 引擎的能力。代理（*Proxy*）是一种可以拦截并改变底层 JavaScript 引擎操作的包装器，在新语言中通过它暴露内部运作的对象。本章首先详细描述代理要解决的问题，然后讨论如何有效地创建并使用代理。

数组问题

在 ECMAScript 6 出现以前，开发者不能通过自己定义的对象模仿 JavaScript 数组对象的行为方式。当给数组的特定元素赋值时，影响到该数组的 `length` 属性，也可以通过 `length` 属性修改数组元素。例如：

```
let colors = ["red", "green", "blue"];

console.log(colors.length);         // 3

colors[3] = "black";

console.log(colors.length);         // 4
console.log(colors[3]);             // "black"

colors.length = 2;

console.log(colors.length);         // 2
console.log(colors[3]);             // undefined
console.log(colors[2]);             // undefined
console.log(colors[1]);             // "green"
```

colors 数组一开始有 3 个元素，将 colors[3]赋值为"black"时 length 属性会自动增加到 4，将 length 属性设置为 2 时会移除数组的后两个元素而只保留前两个。在 ECMAScript 5 之前开发者无法自己实现这些行为，但现在通过代理就可以了。

NOTE 数值属性和 length 属性具有这种非标准行为，因而在 ECMAScript 6 中数组被认为是奇异对象（*exotic object*，与普通对象相对）。

代理和反射

调用 new Proxy()可创建代替其他目标（target）对象的代理，它虚拟化了目标，所以二者看起来功能一致。

代理可以拦截 JavaScript 引擎内部目标的底层对象操作，这些底层操作被拦截后会触发响应特定操作的陷阱函数。

反射 API 以 Reflect 对象的形式出现，对象中方法的默认特性与相同的底层操作一致，而代理可以覆写这些操作，每个代理陷阱对应一个命名和参数都相同的 Reflect 方法。表 12-1 总结了代理陷阱的特性。

表 12-1 JavaScript 中的代理陷阱

代理陷阱	覆写的特性	默认特性
get	读取一个属性值	Reflect.get()
set	写入一个属性	Reflect.set()
has	in 操作符	Reflect.has()
deleteProperty	delete 操作符	Reflect.deleteProperty()
getPrototypeOf	Object.getPrototypeOf()	Reflect.getPrototypeOf()
setPrototypeOf	Object.setPrototypeOf()	Reflect.setPrototypeOf()
isExtensible	Object.isExtensible()	Reflect.isExtensible()
preventExtensions	Object.preventExtensions()	Reflect.preventExtensions()
getOwnPropertyDescriptor	Object.getOwnPropertyDescriptor()	Reflect.getOwnPropertyDescriptor()
defineProperty	Object.defineProperty()	Reflect.defineProperty
ownKeys	Object.keys()、Object.getOwnPropertyNames()和Object.getOwnPropertySymbols()	Reflect.ownKeys()
apply	调用一个函数	Reflect.apply()
construct	用 new 调用一个函数	Reflect.construct()

每个陷阱覆写 JavaScript 对象的一些内建特性，可以用它们拦截并修改这些特性。如果仍需使用内建特性，则可以使用相应的反射 API 方法。创建代理会让代理和反射 API 的关系变得清楚，所以我们最好深入进去看一些示例。

NOTE 原始 ECMAScript 6 标准还有一个 enumerate 陷阱，可以用来修改 for-in 和 Object.keys()枚举对象属性的方式。然而由于难以实现，该标准在 ECMAScript 7（又称 ECMAScript 2016）中被移除。所有 JavaScript 环境均未实现 enumerate 陷阱，所以本章也不再赘述。

创建一个简单的代理

用 Proxy 构造函数创建代理需要传入两个参数：目标（target）和处理程序（handler）。处理程序是定义一个或多个陷阱的对象，在代理中，除了专门为操作定义的陷阱外，其余操作均使用默认特性。不使用任何陷阱的处理程序等价于简单的转发代理，就像这样：

```
let target = {};
```

```
let proxy = new Proxy(target, {});

proxy.name = "proxy";
console.log(proxy.name);        // "proxy"
console.log(target.name);       // "proxy"

target.name = "target";
console.log(proxy.name);        // "target"
console.log(target.name);       // "target"
```

这个示例中的代理将所有操作直接转发到目标，将"proxy"赋值给proxy.name属性时会在目标上创建name，代理只是简单地将操作转发给目标，它不会储存这个属性。由于proxy.name和target.name引用的都是target.name，因此二者的值相同，从而为target.name设置新值后，proxy.name也一同变化。当然，没有陷阱的代理不是很有趣，如果定义一个陷阱会发生什么呢？

使用 set 陷阱验证属性

假设你想创建一个属性值是数字的对象，对象中每新增一个属性都要加以验证，如果不是数字必须抛出错误。为了实现这个任务，可以定义一个set陷阱来覆写设置值的默认特性。set陷阱接受4个参数：

- trapTarget　用于接收属性（代理的目标）的对象。
- key　要写入的属性键（字符串或Symbol类型）。
- value　被写入属性的值。
- receiver　操作发生的对象（通常是代理）。

Reflect.set()是set陷阱对应的反射方法和默认特性，它和set代理陷阱一样也接受相同的4个参数，以方便在陷阱中使用。如果属性已设置陷阱应该返回true，如果未设置则返回false。（Reflect.set()方法基于操作是否成功来返回恰当的值。）

可以使用set陷阱并检查传入的值来验证属性值，例如：

```
let target = {
    name: "target"
};
```

```
let proxy = new Proxy(target, {
    set(trapTarget, key, value, receiver) {

        // 忽略不希望受到影响的已有属性
        if (!trapTarget.hasOwnProperty(key)) {
            if (isNaN(value)) {
                throw new TypeError("属性必须是数字");
            }
        }

        // 添加属性
        return Reflect.set(trapTarget, key, value, receiver);
    }
});

// 添加一个新属性
proxy.count = 1;
console.log(proxy.count);       // 1
console.log(target.count);      // 1

// 由于目标已有 name 属性因而可以给它赋值
proxy.name = "proxy";
console.log(proxy.name);        // "proxy"
console.log(target.name);       // "proxy"

// 给不存在的属性赋值会抛出错误
proxy.anotherName = "proxy";
```

这段代码定义了一个代理来验证添加到 `target` 的新属性，当执行 `proxy.count = 1` 时，`set` 陷阱被调用，此时 `trapTarget` 的值等于 `target`，`key` 等于`"count"`，`value` 等于 1，`receiver`（本例中未使用）等于 `proxy`。由于 `target` 上没有 `count` 属性，因此代理继续将 `value` 值传入 `isNaN()`，如果结果是 `NaN`，则证明传入的属性值不是数字，同时也抛出一个错误。在这段代码中，`count` 被设置为 1，所以代理调用 `Reflect.set()`方法并传入陷阱接受的 4 个参数来添加新属性。

`proxy.name` 可以成功被赋值为一个字符串，这是因为 `target` 已经拥有一个 `name` 属性，但通过调用 `trapTarget.hasOwnProperty()`方法验证检查后被排除了，所以目标已有的非数字属性仍然可以被操作。

然而，将 proxy.anotherName 赋值为一个字符串时会抛出错误。目标上没有 anotherName 属性，所以它的值需要被验证 ，而由于"proxy"不是一个数字值，因此抛出错误。

set 代理陷阱可以拦截写入属性的操作，get 代理陷阱可以拦截读取属性的操作。

用 get 陷阱验证对象结构（Object Shape）

JavaScript 有一个时常令人感到困惑的特殊行为，即读取不存在的属性时不会抛出错误，而是用 undefined 代替被读取属性的值，就像在这个示例中：

```
let target = {};

console.log(target.name);       // undefined
```

在大多数其他语言中，如果 target 没有 name 属性，尝试读取 target.name 会抛出一个错误。但 JavaScript 却用 undefined 来代替 target.name 属性的值。如果你曾接触过大型代码库，应该知道这个特性会导致重大问题，特别是当错误输入属性名称的时候，而代理可以通过检查对象结构来帮助你回避这个问题。

对象结构是指对象中所有可用属性和方法的集合，JavaScript 引擎通过对象结构来优化代码，通常会创建类来表示对象，如果你可以安全地假定一个对象将始终具有相同的属性和方法，那么当程序试图访问不存在的属性时会抛出错误，这对我们很有帮助。代理让对象结构检验变得简单。

因为只有当读取属性时才会检验属性，所以无论对象中是否存在某个属性，都可以通过 get 陷阱来检测，它接受 3 个参数：

- trapTarget　被读取属性的源对象（代理的目标）。
- key　要读取的属性键（字符串或 Symbol）。
- receiver　操作发生的对象（通常是代理）。

由于 get 陷阱不写入值，所以它复刻了 set 陷阱中除 value 外的其他 3 个参数，Reflect.get()也接受同样 3 个参数并返回属性的默认值。

如果属性在目标上不存在，则使用 get 陷阱和 Reflect.get()时会抛出错误，就像这样：

```
let proxy = new Proxy({}, {
```

```
    get(trapTarget, key, receiver) {
        if (!(key in receiver)) {
            throw new TypeError("属性 " + key + " 不存在");
        }

        return Reflect.get(trapTarget, key, receiver);
    }
});

// 添加一个属性，程序仍正常运行
proxy.name = "proxy";
console.log(proxy.name);           // "proxy"

// 如果属性不存在，则抛出错误
console.log(proxy.nme);            // 抛出错误
```

此示例中的 get 陷阱可以拦截属性读取操作，并通过 in 操作符来判断 receiver 上是否具有被读取的属性，这里之所以用 in 操作符检查 receiver 而不检查 trapTarget，是为了防止 receiver 代理含有 has 陷阱（下一节讲解）。在这种情况下检查 trapTarget 可能会忽略掉 has 陷阱，从而得到错误结果。属性如果不存在会抛出一个错误，否则就使用默认行为。

这段代码展示了如何在没有错误的情况下给 proxy 添加新属性 name，并写入值和读取值。最后一行包含一个输入错误：proxy.nme 有可能是 proxy.name，由于 nme 是一个不存在的属性，因而抛出错误。

使用 has 陷阱隐藏已有属性

可以用 in 操作符来检测给定对象中是否含有某个属性，如果自有属性或原型属性匹配这个名称或 Symbol 就返回 true。例如：

```
let target = {
    value: 42;
}

console.log("value" in target);     // true
console.log("toString" in target);  // true
```

value 是一个自有属性，toString 是一个继承自 Object 的原型属性，二者在对象上都存在，所以用 in 操作符检测二者都返回 true。在代理中使用 has 陷阱可以拦截这些 in 操作并返回一个不同的值。

每当使用 in 操作符时都会调用 has 陷阱，并传入两个参数：

- trapTarget 读取属性的对象（代理的目标）。
- key 要检查的属性键（字符串或 Symbol）。

Reflect.has()方法也接受这些参数并返回 in 操作符的默认响应，同时使用 has 陷阱和 Reflect.has()可以改变一部分属性被 in 检测时的行为，并恢复另外一些属性的默认行为。例如，可以像这样隐藏之前示例中的 value 属性：

```
let target = {
    name: "target",
    value: 42
};

let proxy = new Proxy(target, {
    has(trapTarget, key) {

        if (key === "value") {
            return false;
        } else {
            return Reflect.has(trapTarget, key);
        }
    }
});

console.log("value" in proxy);      // false
console.log("name" in proxy);       // true
console.log("toString" in proxy);   // true
```

代理中的 has 陷阱会检查 key 是否为"value"，如果是的话返回 false，若不是则调用 Reflect.has()方法返回默认行为。结果是，即使 target 上实际存在 value 属性，但用 in 操作符检查还是会返回 false，而对于 name 和 toString 则正确返回 true。

用 deleteProperty 陷阱防止删除属性

delete 操作符可以从对象中移除属性，如果成功则返回 true，不成功则返回 false。在严格模式下，如果你尝试删除一个不可配置（nonconfigurable）属性则会导致程序抛出错误，而在非严格模式下只是返回 false。这里有一个例子：

```
let target = {
    name: "target",
    value: 42
};

Object.defineProperty(target, "name", { configurable: false });

console.log("value" in target);       // true

let result1 = delete target.value;
console.log(result1);                 // true

console.log("value" in target);       // false

// 注意，在严格模式下，下面这行代码会抛出一个错误
let result2 = delete target.name;
console.log(result2);                 // false

console.log("name" in target);        // true
```

用 delete 操作符删除 value 属性后，第三个 console.log()调用中的 in 操作最终返回 false。不可配置属性 name 无法被删除，所以 delete 操作返回 false（如果这段代码运行在严格模式下会抛出错误）。在代理中，可以通过 deleteProperty 陷阱来改变这个行为。

每当通过 delete 操作符删除对象属性时，deleteProperty 陷阱都会被调用，它接受两个参数：

- trapTarget　要删除属性的对象（代理的目标）。
- key　要删除的属性键（字符串或 Symbol）。

Reflect.deleteProperty()方法为 deleteProperty 陷阱提供默认实现，并且接受同样的两个参数。结合二者可以改变 delete 的具体表现行为，例如，可

以像这样来确保 value 属性不会被删除：

```
let target = {
    name: "target",
    value: 42
};

let proxy = new Proxy(target, {
    deleteProperty(trapTarget, key) {

        if (key === "value") {
            return false;
        } else {
            return Reflect.deleteProperty(trapTarget, key);
        }
    }
});

// 尝试删除 proxy.value

console.log("value" in proxy);      // true

let result1 = delete proxy.value;
console.log(result1);               // false

console.log("value" in proxy);      // true

// 尝试删除 proxy.name

console.log("name" in proxy);       // true

let result2 = delete proxy.name;
console.log(result2);               // true

console.log("name" in proxy);       // false
```

这段代码与 has 陷阱的示例非常相似，deleteProperty 陷阱检查 key 是否为"value"，如果是的话返回 false，否则调用 Reflect.deleteProperty()方法来使用默认行为。由于通过代理的操作被捕获，因此 value 属性无法被删除，但 name 属性就如期被删除了。如果你希望保护属性不被删除，而且在严格模式下不抛出错误，那么这个方法非常实用。

原型代理陷阱

第 4 章介绍了 ECMAScript 6 新增的 Object.setPrototypeOf()方法，它被用于作为 ECMAScript 5 中的 Object.getPrototypeOf()方法的补充。通过代理中的 setPrototypeOf 陷阱和 getPrototypeOf 陷阱可以拦截这两个方法的执行过程，在这两种情况下，Object 上的方法会调用代理中的同名陷阱来改变方法的行为。

两个陷阱均与代理有关，但具体到方法只与每个陷阱的类型有关，setPrototypeOf 陷阱接受以下这些参数：

- trapTarget 接受原型设置的对象（代理的目标）。
- proto 作为原型使用的对象。

传入 Object.setPrototypeOf()方法和 Reflect.setPrototypeOf()方法的均是以上两个参数，另一方面，getPrototypeOf 陷阱中的 Object.getPrototypeOf()方法和 Reflect.getPrototypeOf()方法只接受参数 trapTarget。

原型代理陷阱的运行机制

原型代理陷阱有一些限制。首先，getPrototypeOf 陷阱必须返回对象或 null，只要返回值必将导致运行时错误，返回值检查可以确保 Object.getPrototypeOf()返回的总是预期的值；其次，在 setPrototypeOf 陷阱中，如果操作失败则返回的一定是 false，此时 Object.setPrototypeOf()会抛出错误，如果 setPrototypeOf 返回了任何不是 false 的值，那么 Object.setPrototypeOf()便假设操作成功。

以下示例通过总是返回 null，且不允许改变原型的方式隐藏了代理的原型：

```
let target = {};
let proxy = new Proxy(target, {
    getPrototypeOf(trapTarget) {
        return null;
    },
    setPrototypeOf(trapTarget, proto) {
```

```
        return false;
    }
});

let targetProto = Object.getPrototypeOf(target);
let proxyProto = Object.getPrototypeOf(proxy);

console.log(targetProto === Object.prototype);      // true
console.log(proxyProto === Object.prototype);       // false
console.log(proxyProto);                            // null

// 成功
Object.setPrototypeOf(target, {});

// 抛出错误
Object.setPrototypeOf(proxy, {});
```

这段代码强调了 target 和 proxy 的行为差异。Object.getPrototypeOf() 给 target 返回的是值，而给 proxy 返回值时，由于 getPrototypeOf 陷阱被调用，返回的是 null；同样，Object.setPrototypeOf()成功为 target 设置原型，而给 proxy 设置原型时，由于 setPrototypeOf 陷阱被调用，最终抛出一个错误。

如果你想使用这两个陷阱的默认行为，则可以使用 Reflect 上的相应方法。例如，下面的代码实现了 getPrototypeOf 和 setPrototypeOf 陷阱的默认行为：

```
let target = {};
let proxy = new Proxy(target, {
    getPrototypeOf(trapTarget) {
        return Reflect.getPrototypeOf(trapTarget);
    },
    setPrototypeOf(trapTarget, proto) {
        return Reflect.setPrototypeOf(trapTarget, proto);
    }
});

let targetProto = Object.getPrototypeOf(target);
let proxyProto = Object.getPrototypeOf(proxy);

console.log(targetProto === Object.prototype);      // true
console.log(proxyProto === Object.prototype);       // true
```

```
// 成功
Object.setPrototypeOf(target, {});

// 同样也成功
Object.setPrototypeOf(proxy, {});
```

由于本示例中的 getPrototypeOf 陷阱和 setPrototypeOf 陷阱仅使用了默认行为，因此可以交换使用 target 和 paroxy 并得到相同结果。由于 Reflect.getPrototypeOf()方法和 Reflect.setPrototypeOf()方法与 Object 上的同名方法存在一些重要差异，因此区别使用它们是很重要的。

为什么有两组方法

令人困惑的是，Reflect.getPrototypeOf()方法和Reflect.setPrototypeOf()方法看起来疑似Object.getPrototypeOf()方法和Object.setPrototypeOf()方法，尽管两组方法执行相似的操作，但两者间仍有一些不同之处。

Object.getPrototypeOf()和 Object.setPrototypeOf()是高级操作，创建伊始便是给开发者使用的；而Reflect.getPrototypeOf()方法和Reflect.setPrototypeOf()方法则是底层操作，其赋予开发者可以访问之前只在内部操作的[[GetPrototypeOf]]和[[SetPrototypeOf]]的权限。Reflect.getPrototypeOf()方法是内部[[GetPrototypeOf]]操作的包裹器（包含一些输入验证），Reflect.setPrototypeOf()方法与[[SetPrototypeOf]]的关系与之相同。Object 上相应的方法虽然也调用了[[GetPrototypeOf]]和[[SetPrototypeOf]]，但在此之前会执行一些额外步骤，并通过检查返回值来决定下一步的操作。

如果传入的参数不是对象，则 Reflect.getPrototypeOf()方法会抛出错误，而 Object.getPrototypeOf()方法则会在操作执行前先将参数强制转换为一个对象。给这两个方法传入一个数字，会得到不同的结果：

```
let result1 = Object.getPrototypeOf(1);
console.log(result1 === Number.prototype);  // true

// 抛出错误
Reflect.getPrototypeOf(1);
```

Object.getPrototypeOf()方法会强制让数字 1 变为 Number 对象，所以你可以检索它的原型并得到返回值 Number.prototype；而由于 Reflect.getPrototypeOf()方法不强制转化值的类型，而且 1 又不是一个对象，故会抛出一个错误。

Reflect.setPrototypeOf()方法与 Object.setPrototypeOf()方法也不尽相同。具体而言，Reflect.setPrototypeOf()方法返回一个布尔值来表示操作是否成功，成功时返回 true，失败则返回 false；而 Object.setPrototypeOf()方法一旦失败则会抛出一个错误。

正如之前“原型代理陷阱的运行机制”一节中的首个示例，当 setPrototypeOf 代理陷阱返回 false 时会导致 Object.setPrototypeOf()抛出一个错误。Object.setPrototypeOf()方法返回第一个参数作为它的值，因此其不适合用于实现 setPrototypeOf 代理陷阱的默认行为。以下代码展示了这些差异：

```
let target1 = {};
let result1 = Object.setPrototypeOf(target1, {});
console.log(result1 === target1);                    // true

let target2 = {};
let result2 = Reflect.setPrototypeOf(target2, {});
console.log(result2 === target2);                    // false
console.log(result2);                                // true
```

在这个示例中，Object.setPrototypeOf()返回 target1，但 Reflect.setPrototypeOf()返回的是 true。这种微妙的差异非常重要，在 Object 和 Reflect 上还有更多看似重复的方法，但是在所有代理陷阱中一定要使用 Reflect 上的方法。

NOTE 当 Reflect.getPrototypeOf()/Object.getPrototypeOf()和 Reflect.setPrototypeOf()/Object.setPrototypeOf()被用于一个代理时将调用代理陷阱 getPrototypeOf 和 setPrototypeOf。

对象可扩展性陷阱

ECMAScript 5 已经通过 Object.preventExtensions()方法和 Object.isExtensible()方法修正了对象的可扩展性，ECMAScript 6 可以通过代理中的 preventExtensions 和 isExtensible 陷阱拦截这两个方法并调用底层对象。两个陷阱都接受唯一参数 trapTarget 对象，并调用它上面的方法。isExtensible 陷阱返回的一定是一个布尔值，表示对象是否可扩展；preventExtensions 陷阱返回的也一定是布尔值，表示操作是否成功。

Reflect.preventExtensions()方法和 Reflect.isExtensible()方法实现了相应陷阱中的默认行为，二者都返回布尔值。

两个基础示例

以下这段代码是对象可扩展性陷阱的实际应用，实现了 isExtensible 和 preventExtensions 陷阱的默认行为：

```
let target = {};
let proxy = new Proxy(target, {
    isExtensible(trapTarget) {
        return Reflect.isExtensible(trapTarget);
    },
    preventExtensions(trapTarget) {
        return Reflect.preventExtensions(trapTarget);
    }
});


console.log(Object.isExtensible(target));       // true
console.log(Object.isExtensible(proxy));        // true

Object.preventExtensions(proxy);

console.log(Object.isExtensible(target));       // false
console.log(Object.isExtensible(proxy));        // false
```

此示例展示了Object.preventExtensions()方法和Object.isExtensible()方法直接从 proxy 传递到 target 的过程，当然，可以改变这种默认行为，例如，如果你想让 Object.preventExtensions()对于 proxy 失效，那么可以在 preventExtensions 陷阱中返回 false：

```
let target = {};
let proxy = new Proxy(target, {
    isExtensible(trapTarget) {
        return Reflect.isExtensible(trapTarget);
    },
    preventExtensions(trapTarget) {
        return false
    }
});
```

```
console.log(Object.isExtensible(target));       // true
console.log(Object.isExtensible(proxy));        // true

Object.preventExtensions(proxy);

console.log(Object.isExtensible(target));       // true
console.log(Object.isExtensible(proxy));        // true
```

这里的 Object.preventExtensions(proxy)调用实际上被忽略了，这是因为 preventExtensions 陷阱返回了 false，所以操作不会转发到底层目标，Object.isExtensible()最终返回 true。

重复的可扩展性方法

你可能已经再一次注意到，看似更加相似的重复方法出现在 Object 和 Reflect 上。Object.isExtensible()方法和 Reflect.isExtensible()方法非常相似，只有当传入非对象值时，Object.isExtensible()返回 false，而 Reflect.isExtensible()则抛出一个错误，请看这个示例：

```
let result1 = Object.isExtensible(2);
console.log(result1);                         // false

// 抛出错误
let result2 = Reflect.isExtensible(2);
```

这条限制类似于 Object.getPrototypeOf()方法与 Reflect.getPrototypeOf()方法之间的差异，因为相比高级功能方法而言，底层的具有更严格的错误检查。

Object.preventExtensions()方法和 Reflect.preventExtensions()方法同样非常相似。无论传入 Object.preventExtensions()方法的参数是否为一个对象，它总是返回该参数；而如果 Reflect.preventExtensions()方法的参数不是对象就会抛出错误；如果参数是一个对象，操作成功时 Reflect.preventExtensions()会返回 true，否则返回 false。例如：

```
let result1 = Object.preventExtensions(2);
console.log(result1);                               // 2

let target = {};
```

```
let result2 = Reflect.preventExtensions(target);
console.log(result2);                              // true

// 抛出错误
let result3 = Reflect.preventExtensions(2);
```

在这里，即使值 2 不是一个对象，Object.preventExtensions()方法也将其透传作为返回值，而 Reflect.preventExtensions()方法则会抛出错误，只有当传入对象时它才返回 true。

属性描述符陷阱

ECMAScript 5 最重要的特性之一是可以使用 Object.defineProperty()方法定义属性特性（property attribute）。在早期版本的 JavaScript 中无法定义访问器属性，无法将属性设置为只读或不可配置。直到 Object.defineProperty()方法出现之后才支持这些功能，并且可以通过 Object.getOwnPropertyDescriptor()方法来获取这些属性。

在代理中可以分别用 defineProperty 陷阱和 getOwnPropertyDescriptor 陷阱拦截 Object.defineProperty()方法和 Object.getOwnPropertyDescriptor()方法的调用。defineProperty 陷阱接受以下参数：

- trapTarget　要定义属性的对象（代理的目标）。
- key　属性的键（字符串或 Symbol）。
- descriptor　属性的描述符对象。

defineProperty 陷阱需要在操作成功后返回 true，否则返回 false。getOwnPropertyDescriptor 陷阱只接受 trapTarget 和 key 两个参数，最终返回描述符。Reflect.defineProperty()方法和 Reflect.getOwnPropertyDescriptor()方法与对应的陷阱接受相同参数。这个示例实现的是每个陷阱的默认行为：

```
let proxy = new Proxy({}, {
    defineProperty(trapTarget, key, descriptor) {
        return Reflect.defineProperty(trapTarget, key, descriptor);
    },
    getOwnPropertyDescriptor(trapTarget, key) {
        return Reflect.getOwnPropertyDescriptor(trapTarget, key);
    }
```

```
});

Object.defineProperty(proxy, "name", {
    value: "proxy"
});

console.log(proxy.name);          // "proxy"

let descriptor = Object.getOwnPropertyDescriptor(proxy, "name");

console.log(descriptor.value);     // "proxy"
```

这段代码通过 `Object.defineProperty()`方法在代理上定义了属性"name"，该属性的描述符可通过 `Object.getOwnPropertyDescriptor()`方法来获取。

给 Object.defineProperty()添加限制

`defineProperty` 陷阱返回布尔值来表示操作是否成功。返回 `true` 时，`Object.defineProperty()`方法成功执行；返回 `false` 时，`Object.defineProperty()`方法抛出错误。这个功能可以用来限制 `Object.defineProperty()`方法可定义的属性类型，例如，如果你希望阻止 Symbol 类型的属性，则可以当属性键为 `symbol` 时返回 `false`，就像这样：

```
let proxy = new Proxy({}, {
    defineProperty(trapTarget, key, descriptor) {

        if (typeof key === "symbol") {
            return false;
        }

        return Reflect.defineProperty(trapTarget, key, descriptor);
    }
});

Object.defineProperty(proxy, "name", {
    value: "proxy"
});
```

```
console.log(proxy.name);                    // "proxy"

let nameSymbol = Symbol("name");

// 抛出错误
Object.defineProperty(proxy, nameSymbol, {
    value: "proxy"
});
```

当 key 是 Symbol 类型时 defineProperty 代理陷阱返回 false，否则执行默认行为。调用 Object.defineProperty()并传入"name"，因此键的类型是字符串所以方法成功执行；调用 Object.defineProperty()方法并传入 nameSymbol，defineProperty 陷阱返回 false 所以抛出错误。

NOTE 如果让陷阱返回 true 并且不调用 Reflect.defineProperty()方法，则可以让 Object.defineProperty()方法静默失效，这既消除了错误又不会真正定义属性。

描述符对象限制

为确保Object.defineProperty()方法和Object.getOwnPropertyDescriptor()方法的行为一致，传入 defineProperty 陷阱的描述符对象已规范化。从 getOwnPropertyDescriptor 陷阱返回的对象总是由于相同原因被验证。

无论将什么对象作为第三个参数传递给 Object.defineProperty()方法，都只有属性 enumerable、configurable、value、writable、get 和 set 将出现在传递给 defineProperty 陷阱的描述符对象中。例如：

```
let proxy = new Proxy({}, {
    defineProperty(trapTarget, key, descriptor) {
        console.log(descriptor.value);              // "proxy"
        console.log(descriptor.name);               // undefined

        return Reflect.defineProperty(trapTarget, key, descriptor);
    }
});


Object.defineProperty(proxy, "name", {
```

```
    value: "proxy",
    name: "custom"
});
```

在这段代码中，调用 Object.defineProperty()时传入包含非标准 name 属性的对象作为第三个参数。当 defineProperty 陷阱被调用时，descriptor 对象有 value 属性却没有 name 属性，这是因为 descriptor 不是实际传入 Object.defineProperty()方法的第三个参数的引用，而是一个只包含那些被允许使用的属性的新对象。Reflect.defineProperty()方法同样也忽略了描述符上的所有非标准属性。

getOwnPropertyDescriptor 陷阱的限制条件稍有不同，它的返回值必须是 null、undefined 或一个对象。如果返回对象，则对象自己的属性只能是 enumerable、configurable、value、writable、get 和 set，在返回的对象中使用不被允许的属性会抛出一个错误，就像这样：

```
let proxy = new Proxy({}, {
    getOwnPropertyDescriptor(trapTarget, key) {
        return {
            name: "proxy";
        };
    }
});

// 抛出错误
let descriptor = Object.getOwnPropertyDescriptor(proxy, "name");
```

属性描述符中不允许有 name 属性，当调用 Object.getOwnPropertyDescriptor()时，getOwnPropertyDescriptor 的返回值会触发一个错误。这条限制可以确保无论代理中使用了什么方法，Object.getOwnPropertyDescriptor()返回值的结构总是可靠的。

重复的描述符方法

我们再一次在 ECMAScript 6 中看到这些令人困惑的相似方法：看起来 Object.defineProperty()方法和 Object.getOwnPropertyDescriptor()方法分别与 Reflect.defineProperty()方法和 Reflect.getOwnPropertyDescriptor()方法做了同样的事情。正如本章之前讨论的其他方法对，这 4 个方法也有一些微妙但却很重要的差异。

defineProperty()方法

Object.defineProperty()方法和 Reflect.defineProperty()方法只有返回值不同：Object.defineProperty()方法返回第一个参数，而 Reflect.defineProperty()的返回值与操作有关，成功则返回 true，失败则返回 false。例如：

```
let target = {};

let result1 = Object.defineProperty(target, "name", { value: "target "});

console.log(target === result1);        // true

let result2 = Reflect.defineProperty(target, "name", { value: "reflect" });

console.log(result2);                   // true
```

调用 Object.defineProperty()时传入 target，返回值是 target；调用 Reflect.defineProperty()时传入 target，返回值是 true，表示操作成功。由于 defineProperty 代理陷阱需要返回一个布尔值，因此必要时最好用 Reflect.defineProperty()来实现默认行为。

getOwnPropertyDescriptor()方法

调用 Object.getOwnPropertyDescriptor()方法时传入原始值作为第一个参数，内部会将这个值强制转换为一个对象；另一方面，若调用 Reflect.getOwnPropertyDescriptor()方法时传入原始值作为第一个参数，则会抛出一个错误。这个示例展示了两者的区别：

```
let descriptor1 = Object.getOwnPropertyDescriptor(2, "name");
console.log(descriptor1);       // undefined

// 抛出错误
let descriptor2 = Reflect.getOwnPropertyDescriptor(2, "name");
```

由于 Object.getOwnPropertyDescriptor()方法将数值 2 强制转换为一个不含 name 属性的对象，因此它返回 undefined，这是当对象中没有指定的 name 属性时的标准行为。然而当调用 Reflect.getOwnPropertyDescriptor()时立即抛出一个错误，因为该方法不接受原始值作为第一个参数。

ownKeys 陷阱

ownKeys 代理陷阱可以拦截内部方法[[OwnPropertyKeys]]，我们通过返回一个数组的值可以覆写其行为。这个数组被用于 Object.keys()、Object.getOwnPropertyNames()、Object.getOwnPropertySymbols()和 Object.assign() 4 个方法，Object.assign()方法用数组来确定需要复制的属性。

ownKeys 陷阱通过 Reflect.ownKeys()方法实现默认的行为，返回的数组中包含所有自有属性的键名，字符串类型和 Symbol 类型的都包含在内。Object.getOwnPropertyNames()方法和 Object.keys()方法返回的结果将 Symbol 类型的属性名排除在外，Object.getOwnPropertySymbols()方法返回的结果将字符串类型的属性名排除在外。Object.assign()方法支持字符串和 Symbol 两种类型。

ownKeys 陷阱唯一接受的参数是操作的目标，返回值必须是一个数组或类数组对象，否则就抛出错误。当调用 Object.keys()、Object.getOwnPropertyNames()、Object.getOwnPropertySymbols()或 Object.assign()方法时，可以用 ownKeys 陷阱来过滤掉不想使用的属性键。假设你不想引入任何以下划线字符（在 JavaScript 中下划线符号表示字段是私有的）开头的属性名称，则可以用 ownKeys 陷阱过滤掉那些键，就像这样：

```
let proxy = new Proxy({}, {
    ownKeys(trapTarget) {
        return Reflect.ownKeys(trapTarget).filter(key => {
            return typeof key !== "string" || key[0] !== "_";
        });
    }
});

let nameSymbol = Symbol("name");

proxy.name = "proxy";
proxy._name = "private";
proxy[nameSymbol] = "symbol";

let names = Object.getOwnPropertyNames(proxy),
    keys = Object.keys(proxy),
    symbols = Object.getOwnPropertySymbols(proxy);
```

```
console.log(names.length);      // 1
console.log(names[0]);          // name

console.log(keys.length);       // 1
console.log(keys[0]);           // name

console.log(symbols.length);    // 1
console.log(symbols[0]);        // "Symbol(name)"
```

这个示例使用了一个 ownKeys 陷阱，它首先调用 Reflect.ownKeys()获取目标的默认键列表；接下来，用 filter()过滤掉以下划线字符开始的字符串；然后，将 3 个属性添加到 proxy 对象：name、_name 和 nameSymbol。调用 Object.getOwnPropertyNames()和 Object.keys()时传入 proxy，只返回 name 属性；同样，调用 Object.getOwnPropertySymbols()时传入 proxy，只返回 nameSymbol。由于_name 属性被过滤掉了，因此它不出现在这两次结果中，

ownKeys 陷阱也会影响 for-in 循环，当确定循环内部使用的键时会调用陷阱。

函数代理中的 apply 和 construct 陷阱

所有代理陷阱中，只有 apply 和 construct 的代理目标是一个函数。回忆第 3 章，函数有两个内部方法[[Call]]和[[Construct]]，apply 陷阱和 construct 陷阱可以覆写这些内部方法。若使用 new 操作符调用函数，则执行[[Construct]]方法；若不用，则执行[[Call]]方法，此时会执行 apply 陷阱，它和 Reflect.apply()都接受以下参数：

- trapTarget　被执行的函数（代理的目标）。
- thisArg　函数被调用时内部 this 的值。
- argumentsList　传递给函数的参数数组。

当使用 new 调用函数时调用的 construct 陷阱接受以下参数：

- trapTarget　被执行的函数（代理的目标）。
- argumentsList　传递给函数的参数数组。

Reflect.construct()方法也接受这两个参数，其还有一个可选的第三个参数 newTarget。若给定这个参数，则该参数用于指定函数内部 new.target 的值。

有了 apply 和 construct 陷阱，可以完全控制任何代理目标函数的行为。要模拟函数的默认行为，可以这样做：

```
let target = function() { return 42 },
    proxy = new Proxy(target, {
        apply: function(trapTarget, thisArg, argumentList) {
            return Reflect.apply(trapTarget, thisArg, argumentList);
        },
        construct: function(trapTarget, argumentList) {
            return Reflect.construct(trapTarget, argumentList);
        }
    });

// 一个目标是函数的代理看起来也像一个函数
console.log(typeof proxy);                  // "function"

console.log(proxy());                       // 42

var instance = new proxy();
console.log(instance instanceof proxy);     // true
console.log(instance instanceof target);    // true
```

在这里，有一个返回数字 42 的函数，该函数的代理分别使用 apply 陷阱和 construct 陷阱来将那些行为委托给 Reflect.apply()方法和 Reflect.construct()方法。最终结果是代理函数与目标函数完全相同，包括在使用 typeof 时将自己标识为函数。不用 new 调用代理时返回 42，用 new 调用时创建一个 instance 对象，它同时是代理和目标的实例，因为 instanceof 通过原型链来确定此信息，而原型链查找不受代理影响，这也就是代理和目标好像有相同原型的原因。

验证函数参数

apply 陷阱和 construct 陷阱增加了一些可能改变函数执行方式的可能性，例如，假设你想验证所有参数都属于特定类型，则可以在 apply 陷阱中检查参数：

```
// 将所有参数相加
function sum(...values) {
    return values.reduce((previous, current) => previous + current, 0);
```

```
}

let sumProxy = new Proxy(sum, {
    apply: function(trapTarget, thisArg, argumentList) {

        argumentList.forEach((arg) => {
            if (typeof arg !== "number") {
                throw new TypeError("所有参数必须是数字。");
            }
        });

        return Reflect.apply(trapTarget, thisArg, argumentList);
    },
    construct: function(trapTarget, argumentList) {
        throw new TypeError("该函数不可通过 new 来调用");
    }
});

console.log(sumProxy(1, 2, 3, 4));          // 10

// 给不存在的属性赋值会抛出错误
console.log(sumProxy(1, "2", 3, 4));

// 同样抛出一个错误
let result = new sumProxy();
```

此示例使用 apply 陷阱来确保所有参数都是数字，sum()函数将所有传入的参数相加。如果传入非数字值，函数仍将尝试操作，可能导致意外结果发生。通过在 sumProxy()代理中封装 sum()，这段代码拦截了函数调用，并确保每个参数在被调用前一定是数字。为了安全起见，代码还使用 construct 陷阱来确保函数不会被 new 调用。

还可以执行相反的操作，确保必须用 new 来调用函数并验证其参数为数字：

```
function Numbers(...values) {
    this.values = values;
}

let NumbersProxy = new Proxy(Numbers, {
```

```
    apply: function(trapTarget, thisArg, argumentList) {
        throw new TypeError("该函数必须通过 new 来调用。");
    },

    construct: function(trapTarget, argumentList) {
        argumentList.forEach((arg) => {
            if (typeof arg !== "number") {
                throw new TypeError("所有参数必须是数字。");
            }
        });

        return Reflect.construct(trapTarget, argumentList);
    }
});

let instance = new NumbersProxy(1, 2, 3, 4);
console.log(instance.values);              // [1,2,3,4]

// 抛出错误
NumbersProxy(1, 2, 3, 4);
```

在这个示例中，apply 陷阱抛出一个错误，而 construct 陷阱使用 Reflect.construct()方法来验证输入并返回一个新实例。当然，也可以不借助代理而用 new.target 来完成相同的事情。

不用 new 调用构造函数

第 3 章介绍了 new.target 元属性，它是用 new 调用函数时对该函数的引用，所以可以通过检查 new.target 的值来确定函数是否是通过 new 来调用的，例如：

```
function Numbers(...values) {

    if (typeof new.target === "undefined") {
        throw new TypeError("该函数必须通过 new 来调用。");
    }

    this.values = values;
}
```

```
let instance = new Numbers(1, 2, 3, 4);
console.log(instance.values);             // [1,2,3,4]

// 抛出错误
Numbers(1, 2, 3, 4);
```

在这段代码中，不用 new 调用 Numbers()会抛出一个错误，这类似于“验证函数参数”一节中的第二个示例，但是没有使用代理。如果你的唯一目标是防止用 new 调用函数，则这样编写代码比使用代理简单得多。但有时你不能控制你要修改行为的函数，在这种情况下，使用代理才有意义。

假设 Numbers() 函数定义在你无法修改的代码中，你知道代码依赖 new.target，希望函数避免检查却仍想调用函数。在这种情况下，用 new 调用时的行为已被设定，所以你只能使用 apply 陷阱：

```
function Numbers(...values) {

    if (typeof new.target === "undefined") {
        throw new TypeError("该函数必须通过 new 来调用。");
    }

    this.values = values;
}


let NumbersProxy = new Proxy(Numbers, {
    apply: function(trapTarget, thisArg, argumentsList) {
        return Reflect.construct(trapTarget, argumentsList);
    }
});


let instance = NumbersProxy(1, 2, 3, 4);
console.log(instance.values);             // [1,2,3,4]
```

apply 陷阱用传入的参数调用 Reflect.construct()，就可以让 NumbersProxy() 函数无须使用 new 就能实现用 new 调用 Numbers()的行为。Numbers()内部的 new.target 等于 Numbers()，所以不会有错误抛出。尽管这个修改 new.target

的示例非常简单，但这样做显得更加直接。

覆写抽象基类构造函数

进一步修改 new.target，可以将第三个参数指定为 Reflect.construct() 作为赋值给 new.target 的特定值。这项技术在函数根据已知值检查 new.target 时很有用，例如创建抽象基类构造函数（第 9 章讨论过）。在一个抽象基类构造函数中，new.target 理应不同于类的构造函数，就像在这个示例中：

```
class AbstractNumbers {

    constructor(...values) {
        if (new.target === AbstractNumbers) {
            throw new TypeError("此函数必须被继承。");
        }

        this.values = values;
    }
}

class Numbers extends AbstractNumbers {}

let instance = new Numbers(1, 2, 3, 4);
console.log(instance.values);           // [1,2,3,4]

// 抛出错误
new AbstractNumbers(1, 2, 3, 4);
```

当调用 new AbstractNumbers()时，new.target 等于 AbstractNumbers 并抛出一个错误。调用 new Numbers()仍然有效，因为 new.target 等于 Numbers。可以手动用代理给 new.target 赋值来绕过构造函数限制。

```
class AbstractNumbers {

    constructor(...values) {
        if (new.target === AbstractNumbers) {
            throw new TypeError("此函数必须被继承。");
        }
```

```
        this.values = values;
    }
}

let AbstractNumbersProxy = new Proxy(AbstractNumbers, {
    construct: function(trapTarget, argumentList) {
        return Reflect.construct(trapTarget, argumentList, function() {});
    }
});


let instance = new AbstractNumbersProxy(1, 2, 3, 4);
console.log(instance.values);              // [1,2,3,4]
```

AbstractNumbersProxy 使用 construct 陷阱来拦截对 new AbstractNumbersProxy() 方法的调用。然后传入陷阱的参数来调用 Reflect.construct()方法，并添加一个空函数作为第三个参数。这个空函数被用作构造函数内部 new.target 的值。由于 new.target 不等于 AbstractNumbers，因此不会抛出错误，构造函数可以完全执行。

可调用的类构造函数

第 9 章解释说，必须用 new 来调用类构造函数，因为类构造函数的内部方法[[Call]]被指定来抛出一个错误。但是代理可以拦截对[[Call]]方法的调用，这意味着你可以通过使用代理来有效地创建可调用类构造函数。例如，如果你希望类构造函数不用 new 就可以运行，那么可以使用 apply 陷阱来创建一个新实例。以下是一些演示代码：

```
class Person {
    constructor(name) {
        this.name = name;
    }
}

let PersonProxy = new Proxy(Person, {
    apply: function(trapTarget, thisArg, argumentList) {
        return new trapTarget(...argumentList);
    }
```

```
});

let me = PersonProxy("Nicholas");
console.log(me.name);                        // "Nicholas"
console.log(me instanceof Person);           // true
console.log(me instanceof PersonProxy);      // true
```

PersonProxy 对象是 Person 类构造函数的代理，类构造函数是函数，所以当它们被用于代理时就像函数一样。apply 陷阱覆写默认行为并返回 trapTarget 的新实例，该实例与 Person 相等。（我们在本示例中使用 trapTarget，表示不需要手动指定类。）用展开运算符将 argumentList 传递给 trapTarget 来分别传递每个参数。不使用 new 调用 PersonProxy()可以返回一个 Person 的实例，如果你尝试不使用 new 调用 Person()，则构造函数将抛出一个错误。创建可调用类构造函数只能通过代理来进行。

可撤销代理

通常，在创建代理后，代理不能脱离其目标，本章中的所有示例都使用了不可撤销的代理。但是可能存在你想撤销代理的情况，然后代理便失去效力。无论是出于安全目的通过 API 提供一个对象，还是在任意时间点切断访问，你将发现撤销代理非常有用。

可以使用 Proxy.revocable()方法创建可撤销的代理，该方法采用与 Proxy 构造函数相同的参数：目标对象和代理处理程序。返回值是具有以下属性的对象：

- proxy　可被撤销的代理对象。
- revoke　撤销代理要调用的函数。

当调用 revoke()函数时，不能通过 proxy 执行进一步的操作。任何与代理对象交互的尝试都会触发代理陷阱抛出错误。例如：

```
let target = {
    name: "target"
};

let { proxy, revoke } = Proxy.revocable(target, {});
```

```
console.log(proxy.name);        // "target"

revoke();

// 抛出错误
console.log(proxy.name);
```

此示例创建一个可撤销代理，它使用解构功能将 proxy 和 revoke 变量赋值给 Proxy.revocable()方法返回的对象上的同名属性。之后，proxy 对象可以像不可撤销代理对象一样使用。因此 proxy.name 返回"target"，因为它直接透传了 target.name 的值。然而，一旦 revoke()函数被调用，proxy 对象不再是可用的代理对象，尝试访问 proxy.name 会抛出一个错误，正如任何会触发代理上陷阱的其他操作一样。

解决数组问题

在本章开始的时候我曾解释过，在 ECMAScript 6 出现以前，开发者不能在 JavaScript 中完全模仿数组的行为。而 ECMAScript 6 中的代理和反射 API 可以用来创建一个对象，该对象的行为与添加和删除属性时内建数组类型的行为相同。下面这个示例展示了如何用代理模仿这些行为：

```
let colors = ["red", "green", "blue"];

console.log(colors.length);         // 3

colors[3] = "black";

console.log(colors.length);         // 4
console.log(colors[3]);             // "black"

colors.length = 2;

console.log(colors.length);         // 2
console.log(colors[3]);             // undefined
console.log(colors[2]);             // undefined
console.log(colors[1]);             // "green"
```

注意此示例中的两个特别重要的行为：

- 当给 colors[3]赋值时，length 属性的值增加到 4。

- 当 `length` 属性被设置为 2 时，数组中最后两个元素被删除。

要完全重造内建数组，只需模拟上述两种行为。下面几节将讲解如何创建一个能正确模仿这些行为的对象。

检测数组索引

请记住，为整数属性键赋值是数组才有的特例，因为它们与非整数键的处理方式不同。要判断一个属性是否是一个数组索引，可以参考 ECMAScript 6 规范提供的以下说明：

> 当且仅当 ToString(ToUint32(P))等于 P，并且 ToUint32(P)不等于 2^{32}-1 时，字符串属性名称 P 才是一个数组索引。

此操作可以在 JavaScript 中实现，如下所示：

```
function toUint32(value) {
    return Math.floor(Math.abs(Number(value))) % Math.pow(2, 32);
}

function isArrayIndex(key) {
    let numericKey = toUint32(key);
    return String(numericKey) == key && numericKey < (Math.pow(2, 32) - 1);
}
```

`toUint32()`函数通过规范中描述的算法将给定的值转换为无符号 32 位整数；`isArrayIndex()`函数先将键转换为 uint32 结构，然后进行一次比较以确定这个键是否是数组索引。有了这两个实用函数，就可以开始实现一个模拟内建数组的对象。

添加新元素时增加 length 的值

请注意，我们之前描述的数组行为都依赖属性赋值，只需用 `set` 代理陷阱即可实现之前提到的两个行为。请看以下这个示例，当操作的数组索引大于 `length-1` 时，`length` 属性也一同增加，这实现了两个特性中的前一个：

```
function toUint32(value) {
    return Math.floor(Math.abs(Number(value))) % Math.pow(2, 32);
}
```

```
function isArrayIndex(key) {
    let numericKey = toUint32(key);
    return String(numericKey) == key && numericKey < (Math.pow(2, 32) - 1);
}

function createMyArray(length=0) {
    return new Proxy({ length }, {
        set(trapTarget, key, value) {

            let currentLength = Reflect.get(trapTarget, "length");

            // 特殊情况
            if (isArrayIndex(key)) {
                let numericKey = Number(key);

                if (numericKey >= currentLength) {
                    Reflect.set(trapTarget, "length", numericKey + 1);
                }
            }

            // 无论 key 是什么类型总是执行该语句
            return Reflect.set(trapTarget, key, value);
        }
    });
}

let colors = createMyArray(3);
console.log(colors.length);         // 3

colors[0] = "red";
colors[1] = "green";
colors[2] = "blue";

console.log(colors.length);         // 3

colors[3] = "black";

console.log(colors.length);         // 4
```

```
console.log(colors[3]);            // "black"
```

这段代码用 set 代理陷阱来拦截数组索引的设置过程。如果键是数组索引，则将其转换为数字，因为键始终作为字符串传递。接下来，如果该数值大于或等于当前长度属性，则将 length 属性更新为比数字键多 1（设置位置 3 意味着 length 必须是 4）。然后，由于你希望被设置的属性能够接收到指定的值，因此调用 Reflect.set()通过默认行为来设置该属性。

调用 createMyArray()并传入 3 作为 length 的值来创建最初的自定义数组，然后立即添加这 3 个元素的值，在此之前 length 属性一直是 3，直到把位置 3 赋值为值"black"时，length 才被设置为 4。

第一个数组特性已经正常运转了，下面我们继续来看第二个特性。

减少 length 的值来删除元素

仅当数组索引大于等于 length 属性时才需要模拟第一个数组特性，第二个特性与之相反，即当 length 属性被设置为比之前还小的值时会移除数组元素。这不仅涉及长度属性的改变，还要删除原本可能存在的元素。例如有一个长度为 4 的数组，如果将 length 属性设置为 2，则会删除位置 2 和 3 中的元素。同样可以在 set 代理陷阱中完成这个操作，这不会影响到第一个特性。以下示例在之前的基础上更新了 createMyArray 方法：

```
function toUint32(value) {
    return Math.floor(Math.abs(Number(value))) % Math.pow(2, 32);
}

function isArrayIndex(key) {
    let numericKey = toUint32(key);
    return String(numericKey) == key && numericKey < (Math.pow(2, 32) - 1);
}

function createMyArray(length=0) {
    return new Proxy({ length }, {
        set(trapTarget, key, value) {

            let currentLength = Reflect.get(trapTarget, "length");

            // 特殊情况
```

```
            if (isArrayIndex(key)) {
                let numericKey = Number(key);

                if (numericKey >= currentLength) {
                    Reflect.set(trapTarget, "length", numericKey + 1);
                }
            } else if (key === "length") {

                if (value < currentLength) {
                    for (let index = currentLength - 1; index >= value;
                            index--) {
                        Reflect.deleteProperty(trapTarget, index);
                    }
                }

            }

            // 无论 key 是什么类型总是执行该语句
            return Reflect.set(trapTarget, key, value);
        }
    });
}

let colors = createMyArray(3);
console.log(colors.length);         // 3

colors[0] = "red";
colors[1] = "green";
colors[2] = "blue";
colors[3] = "black";

console.log(colors.length);         // 4

colors.length = 2;

console.log(colors.length);         // 2
console.log(colors[3]);             // undefined
console.log(colors[2]);             // undefined
```

```
console.log(colors[1]);           // "green"
console.log(colors[0]);           // "red"
```

该代码中的 set 代理陷阱检查 key 是否为"length"，以便正确调整对象的其余部分。当开始检查时，首先用 Reflect.get()获取当前长度值，然后与新的值进行比较，如果新值比当前长度小，则通过一个 for 循环删除目标上所有不再可用的属性，for 循环从后往前从当前数组长度（currentLength）处开始删除每个属性，直到到达新的数组长度（value）为止。

此示例为 colors 添加了 4 种颜色，然后将它的 length 属性设置为 2，位于位置 2 和 3 的元素被移除，因此当你尝试访问它们时返回的是 undefined。length 属性被正确设置为 2，位置 0 和 1 中的元素仍可访问。

实现了这两个特性，就可以很轻松地创建一个模仿内建数组特性的对象了。但创建一个类来封装这些特性是更好的选择，所以下一步用一个类来实现这个功能。

实现 MyArray 类

想要创建使用代理的类，最简单的方法是像往常一样定义类，然后在构造函数中返回一个代理，那样的话，当类实例化时返回的对象是代理而不是实例（构造函数中 this 的值是该实例）。实例成为代理的目标，代理则像原本的实例那样被返回。实例完全私有化，除了通过代理间接访问外，无法直接访问它。

下面是从一个类构造函数返回一个代理的简单示例：

```
class Thing {
   constructor() {
      return new Proxy(this, {});
   }
}

let myThing = new Thing();
console.log(myThing instanceof Thing);      // true
```

在这个示例中，类 Thing 从它的构造函数中返回一个代理，代理的目标是 this，所以即使 myThing 是通过调用 Thing 构造函数创建的，但它实际上是一个代理。由于代理会将它们的特性透传给目标，因此 myThing 仍然被认为是 Thing 的一个实例，故对任何使用 Thing 类的人来说代理是完全透明的。

从构造函数中可以返回一个代理，理解这个概念后，用代理创建一个自定义数组类就相对简单了。其代码与之前“减少 length 的值来删除元素”一节中的代码大部分是一样的，你可以使用相同的代理代码，但这次需要把它放在一个类构造函数中。下面是完整的示例：

```
function toUint32(value) {
    return Math.floor(Math.abs(Number(value))) % Math.pow(2, 32);
}

function isArrayIndex(key) {
    let numericKey = toUint32(key);
    return String(numericKey) == key && numericKey < (Math.pow(2, 32) - 1);
}

class MyArray {
    constructor(length=0) {
        this.length = length;

        return new Proxy(this, {
            set(trapTarget, key, value) {

                let currentLength = Reflect.get(trapTarget, "length");

                // 特殊情况
                if (isArrayIndex(key)) {
                    let numericKey = Number(key);

                    if (numericKey >= currentLength) {
                        Reflect.set(trapTarget, "length", numericKey + 1);
                    }
                } else if (key === "length") {

                    if (value < currentLength) {
                        for (let index = currentLength - 1; index >= value;
                                index--) {
                            Reflect.deleteProperty(trapTarget, index);
                        }
                    }
```

```
                }

                // 无论 key 是什么类型总是执行该语句
                return Reflect.set(trapTarget, key, value);
            }
        });

    }
}


let colors = new MyArray(3);
console.log(colors instanceof MyArray);     // true

console.log(colors.length);         // 3

colors[0] = "red";
colors[1] = "green";
colors[2] = "blue";
colors[3] = "black";

console.log(colors.length);         // 4

colors.length = 2;

console.log(colors.length);         // 2
console.log(colors[3]);             // undefined
console.log(colors[2]);             // undefined
console.log(colors[1]);             // "green"
console.log(colors[0]);             // "red"
```

这段代码创建了一个 MyArray 类，从它的构造函数返回一个代理。length 属性被添加到构造函数中，初始化为传入的值或默认值 0，然后创建代理并返回。colors 变量看起来好像只是 MyArray 的一个实例，并实现了数组的两个关键特性。

虽然从类构造函数返回代理很容易，但这也意味着每创建一个实例都要创建一个新代理。然而，有一种方法可以让所有实例共享一个代理：将代理用作原型。

将代理用作原型

虽然可以将代理当作原型使用，但这与本章之前的示例相比更复杂一点。如果代理是原型，仅当默认操作继续执行到原型上时才会调用代理陷阱，这会限制代理作为原型的能力。请看下面的示例。

```
let target = {};
let newTarget = Object.create(new Proxy(target, {

    // 不会被调用
    defineProperty(trapTarget, name, descriptor) {

        // 如果调用会导致一个错误
        return false;
    }
}));

Object.defineProperty(newTarget, "name", {
    value: "newTarget"
});

console.log(newTarget.name);                        // "newTarget"
console.log(newTarget.hasOwnProperty("name"));      // true
```

创建 newTarget 对象，它的原型是一个代理。由于代理是透明的，用 target 作为代理的目标实际上让 target 成为 newTarget 的原型。现在，仅当 newTarget 上的操作被透传给目标时才会调用代理陷阱。

调用 Object.defineProperty()方法并传入 newTarget 来创建一个名为 name 的自有属性。在对象上定义属性的操作不需要操作对象原型，所以代理中的 defineProperty 陷阱永远不会被调用，name 作为自有属性被添加到 newTarget 上。

尽管代理作为原型使用时极其受限，但有几个陷阱却仍然有用，下面我们来看具体细节。

在原型上使用 get 陷阱

调用内部方法[[Get]]读取属性的操作先查找自有属性，如果未找到指定名称的自有属性，则继续到原型中查找，直到没有更多可以查找的原型过程结束。

如果设置一个 get 代理陷阱，则每当指定名称的自有属性不存在时，又由于存在以上过程，往往会调用原型上的陷阱。当访问我们不能保证存在的属性时，则可以用 get 陷阱来预防意外的行为。只需创建一个对象，在尝试访问不存在的属性时抛出错误即可：

```
let target = {};
let thing = Object.create(new Proxy(target, {
    get(trapTarget, key, receiver) {
        throw new ReferenceError(`${key} doesn't exist`);
    }
}));

thing.name = "thing";

console.log(thing.name);       // "thing"

// 抛出错误
let unknown = thing.unknown;
```

在这段代码中，用一个代理作为原型创建了 thing 对象，当调用它时，如果其上不存在给定的键，那么 get 陷阱会抛出错误。由于 thing.name 属性存在，故读取它的操作不会调用原型上的 get 陷阱，只有当访问不存在的 thing.unknown 属性时才会调用。

当执行最后一行时，由于 unknown 不是 thing 的自有属性，因此该操作继续在原型上查找，之后 get 陷阱会抛出一个错误。在 JavaScript 中，访问未知属性通常会静默返回 undefined，这种抛出错误的特性（其他语言中的做法）非常有用。

要明白，在这个示例中，理解 trapTarget 和 receiver 是不同的对象很重要。当代理被用作原型时，trapTarget 是原型对象，receiver 是实例对象。在这种情况下，trapTarget 与 target 相等，receiver 与 thing 相等，所以可以访问代理的原始目标和要操作的目标。

在原型上使用 set 陷阱

内部方法[[Set]]同样会检查目标对象中是否含有某个自有属性，如果不存在则继续查找原型。当给对象属性赋值时，如果存在同名自有属性则赋值给它；如果不存在给定名称，则继续在原型上查找。最棘手的是，无论原型上是否存在同名属性，给该属性赋值时都将默认在实例（不是原型）中创建该属性。

为了更好地了解何时会在原型上调用 set 陷阱，请思考以下显示默认行为的示例：

```
let target = {};
let thing = Object.create(new Proxy(target, {
    set(trapTarget, key, value, receiver) {
        return Reflect.set(trapTarget, key, value, receiver);
    }
}));

console.log(thing.hasOwnProperty("name"));          // false

// 触发 set 代理陷阱
thing.name = "thing";

console.log(thing.name);                            // "thing"
console.log(thing.hasOwnProperty("name"));          // true

// 不触发 set 代理陷阱
thing.name = "boo";

console.log(thing.name);                            // "boo"
```

在这个示例中，target 一开始没有自有属性，对象 thing 的原型是一个代理，其定义了一个 set 陷阱来捕获任何新属性的创建。当 thing.name 被赋值为 "thing"时，由于 name 不是 thing 的自有属性，故 set 代理陷阱会被调用。在陷阱中，trapTarget 等于 target，receiver 等于 thing。最终该操作会在 thing 上创建一个新属性，很幸运，如果传入 receiver 作为第 4 个参数，Reflect.set() 就可以实现这个默认行为。

一旦在 thing 上创建了 name 属性，那么在 thing.name 被设置为其他值时不再调用 set 代理陷阱，此时 name 是一个自有属性，所以[[Set]]操作不会继续在原型上查找。

在原型上使用 has 陷阱

回想一下 has 陷阱，它可以拦截对象中的 in 操作符。in 操作符先根据给定名称搜索对象的自有属性，如果不存在，则沿着原型链依次搜索后续对象的自有属性，直到找到给定的名称或无更多原型为止。

因此，只有在搜索原型链上的代理对象时才会调用 has 陷阱，而当你用代理作为原型时，只有当指定名称没有对应的自有属性时才会调用 has 陷阱。例如：

```
let target = {};
let thing = Object.create(new Proxy(target, {
    has(trapTarget, key) {
        return Reflect.has(trapTarget, key);
    }
}));

// 触发 has 代理陷阱
console.log("name" in thing);                    // false

thing.name = "thing";

// 不触发 has 代理陷阱
console.log("name" in thing);                    // true
```

这段代码在 thing 的原型上创建了一个 has 代理陷阱，由于使用 in 操作符时会自动搜索原型，因此这个 has 陷阱不像 get 陷阱和 set 陷阱一样再传递一个 receiver 对象，它只操作与 target 相等的 trapTarget。在此示例中，第一次使用 in 操作符时会调用 has 陷阱，因为属性 name 不是 thing 的自有属性；而给 thing.name 赋值时会再次使用 in 操作符，这一次不会调用 has 陷阱，因为 name 已经是 thing 的自有属性了，故不会继续在原型中查找。

在此前的原型示例中我们已经讲解了如何用 Object.create()方法创建对象，但是如果你想创建一个原型是代理的类，过程会更复杂一些。

将代理用作类的原型

由于类的 prototype 属性是不可写的，因此不能直接修改类来使用代理作为类的原型。然而，可以通过继承的方法来让类误以为自己可以将代理用作自己的原型。首先，需要用构造函数创建一个 ECMAScript 5 风格的类型定义。请看这个示例：

```
function NoSuchProperty() {
    // 空
}
```

```
NoSuchProperty.prototype = new Proxy({}, {
    get(trapTarget, key, receiver) {
        throw new ReferenceError(`${key} doesn't exist`);
    }
});

let thing = new NoSuchProperty();

// 在 get 代理陷阱中抛出错误
let result = thing.name;
```

NoSuchProperty 表示类将继承的基类，函数的 prototype 属性没有限制，于是你可以用代理将它重写。当属性不存在时会通过 get 陷阱来抛出错误，thing 对象作为 NoSuchProperty 的实例被创建，被访问的属性 name 不存在于是抛出错误。

下一步是创建一个从 NoSuchProperty 继承的类。简单来说可以使用在第 9 章讨论的扩展语法来将代理引入到类的原型链，就像这样：

```
function NoSuchProperty() {
    // 空
}

NoSuchProperty.prototype = new Proxy({}, {
    get(trapTarget, key, receiver) {
        throw new ReferenceError(`${key} doesn't exist`);
    }
});

class Square extends NoSuchProperty {
    constructor(length, width) {
        super();
        this.length = length;
        this.width = width;
    }
}

let shape = new Square(2, 6);
```

```
let area1 = shape.length * shape.width;
console.log(area1);                          // 12

// 由于“wdth”不存在于是抛出错误
let area2 = shape.length * shape.wdth;
```

Square 类继承自 NoSuchProperty，所以它的原型链中包含代理。之后创建的 shape 对象是 Square 的新实例，它有两个自有属性：length 和 width。读取这两个属性的值时不会调用 get 代理陷阱，只有当访问 shape 对象上不存在的属性时（例如 shape.wdth，很明显这是一个错误拼写）才会触发 get 代理陷阱并抛出一个错误。另一方面这也说明代理确实在 shape 对象的原型链中。但是有一点不太明显的是，代理不是 shape 对象的直接原型，实际上它位于 shape 对象的原型链中，需要几个步骤才能到达，只需稍微修改前面的示例就能更清楚地看到这一点：

```
function NoSuchProperty() {
    // 空
}

// 存储一份代理的引用，后面其会作为原型使用
let proxy = new Proxy({}, {
    get(trapTarget, key, receiver) {
        throw new ReferenceError(`${key} doesn't exist`);
    }
});

NoSuchProperty.prototype = proxy;

class Square extends NoSuchProperty {
    constructor(length, width) {
        super();
        this.length = length;
        this.width = width;
    }
}

let shape = new Square(2, 6);
```

```
let shapeProto = Object.getPrototypeOf(shape);

console.log(shapeProto === proxy);              // false

let secondLevelProto = Object.getPrototypeOf(shapeProto);

console.log(secondLevelProto === proxy);        // true
```

在这一版代码中，为了便于后续识别，代理被存储在变量 proxy 中。shape 的原型 Square.prototype 不是一个代理，但是 Shape.prototype 的原型是继承自 NoSuchProperty 的代理。

通过继承在原型链中额外增加另一个步骤非常重要，因为需要经过额外的一步才能触发代理中的 get 陷阱。如果 Shape.prototype 有一个属性，将会阻止 get 代理陷阱被调用，如下面的示例：

```
function NoSuchProperty() {
    // 空
}

NoSuchProperty.prototype = new Proxy({}, {
    get(trapTarget, key, receiver) {
        throw new ReferenceError(`${key} doesn't exist`);
    }
});

class Square extends NoSuchProperty {
    constructor(length, width) {
        super();
        this.length = length;
        this.width = width;
    }

    getArea() {
        return this.length * this.width;
    }
}

let shape = new Square(2, 6);

let area1 = shape.length * shape.width;
```

```
console.log(area1);                     // 12

let area2 = shape.getArea();
console.log(area2);                     // 12

// 由于“width”不存在于是抛出错误
let area3 = shape.length * shape.wdth;
```

在这里，Square 类有一个 getArea()方法，这个方法被自动地添加到 Square.prototype，所以当调用 shape.getArea()时，会先在 shape 实例搜索 getArea()方法然后再继续在它的原型中搜索。由于 getArea()是在原型中找到的，搜索结束，代理没有被调用。你一定不希望当 getArea()被调用时还错误地抛出错误，这就是你想要的结果。

如果你需要这样的功能，尽管要通过一点额外的代码来创建原型链中有代理的类，付出的努力也值得了。

小结

在 ECMAScript 6 之前，开发者无法复制某些对象（例如数组对象）表现出来的行为，代理的出现改变了这个局面，可以用它自定义几个 JavaScript 底层操作的非标准特性。可以通过代理陷阱复制所有内建 JavaScript 对象的行为，当各种各样的操作（例如使用 in 操作符）发生时，这些陷阱会被自动调用。

ECMAScript 6 也引入了反射 API，这使开发者能够实现每个代理的默认行为。ECMAScript 6 还添加了 Reflect 对象，其上有每个代理陷阱对应的同名方法。结合使用代理陷阱和反射 API 方法可以过滤一些操作，它们默认执行内置行为，只在某些条件下才会表现不同的行为。

可撤销代理是一些可通过 revoke()函数禁用的特殊代理，revoke()函数会终止代理上的所有功能，所以调用它之后再操作代理的属性会导致程序抛出错误。可撤销代理对于应用安全非常重要，因为第三方开发者可能需要在指定的时间内访问特定对象。

虽然直接使用代理可以发挥出最大的作用，但还是可以将它作为其他对象的原型使用。在这种情况下，实际可以使用的代理陷阱数量有限，用例较少，只有 get、set 和 has 代理陷阱可以被调用。

13

用模块封装代码

JavaScript 用“共享一切”的方法加载代码，这是该语言中最容易出错且容易令人感到困惑的地方。其他语言使用诸如包这样的概念来定义代码作用域，但在 ECMAScript 6 以前，在应用程序的每一个 JavaScript 中定义的一切都共享一个全局作用域。随着 Web 应用程序变得更加复杂，JavaScript 代码的使用量也开始增长，这一做法会引起问题，如命名冲突和安全问题。ECMAScript 6 的一个目标是解决作用域问题，也为了使 JavaScript 应用程序显得有序，于是引进了模块。

什么是模块

模块是自动运行在严格模式下并且没有办法退出运行的 JavaScript 代码。与共享一切架构相反的是，在模块顶部创建的变量不会自动被添加到全局共享作用域，这个变量仅在模块的顶级作用域中存在，而且模块必须导出一些外部代码可以访问的元素，如变量或函数。模块也可以从其他模块导入绑定。

另外两个模块的特性与作用域关系不大，但也很重要。首先，在模块的顶部，`this` 的值是 `undefined`；其次，模块不支持 HTML 风格的代码注释，这是从早期浏览器残余下来的 JavaScript 特性。

脚本，也就是任何不是模块的 JavaScript 代码，则缺少这些特性。模块和其他 JavaScript 代码之间的差异可能乍一看不起眼，但是它们代表了 JavaScript 代码加载和求值的一个重要变化。模块真正的魔力所在是仅导出和导入你需要的绑定，而不是将所用东西都放到一个文件。只有很好地理解了导出和导入才能理解模块与脚本的区别。

导出的基本语法

可以用 export 关键字将一部分已发布的代码暴露给其他模块，在最简单的用例中，可以将 export 放在任何变量、函数或类声明的前面，以将它们从模块导出，像这样：

```
// 导出数据
export var color = "red";
export let name = "Nicholas";
export const magicNumber = 7;

// 导出函数
export function sum(num1, num2) {
    return num1 + num1;
}

// 导出类
export class Rectangle {
    constructor(length, width) {
        this.length = length;
        this.width = width;
    }
}

// 这个函数是模块私有的
function subtract(num1, num2) {
    return num1 - num2;
}
```

```
// 定义一个函数...
function multiply(num1, num2) {
    return num1 * num2;
}

// ...之后将它导出
export multiply;
```

在这个示例中需要注意几个细节，除了 export 关键字外，每一个声明与脚本中的一模一样。因为导出的函数和类声明需要有一个名称，所以代码中的每一个函数或类也确实有这个名称。除非用 default 关键字，否则不能用这个语法导出匿名函数或类（随后在“模块的默认值”一节中会详细讨论）。

另外，我们看 multiply()函数，在定义它时没有马上导出它。由于不必总是导出声明，可以导出引用，因此这段代码可以运行。此外，请注意，这个示例并未导出 subtract()函数，任何未显式导出的变量、函数或类都是模块私有的，无法从模块外部访问。

导入的基本语法

从模块中导出的功能可以通过 import 关键字在另一个模块中访问，import 语句的两个部分分别是：要导入的标识符和标识符应当从哪个模块导入。

这是该语句的基本形式：

```
import { identifier1, identifier2 } from "./example.js";
```

import 后面的大括号表示从给定模块导入的绑定（binding），关键字 from 表示从哪个模块导入给定的绑定，该模块由表示模块路径的字符串指定（被称作模块说明符）。浏览器使用的路径格式与传给<script>元素的相同，也就是说，必须把文件扩展名也加上。另一方面，Node.js 则遵循基于文件系统前缀区分本地文件和包的惯例。例如，example 是一个包而./example.js 是一个本地文件。

NOTE 导入绑定的列表看起来与解构对象很相似，但它不是。

当从模块中导入一个绑定时，它就好像使用 const 定义的一样。结果是你无法定义另一个同名变量（包括导入另一个同名绑定），也无法在 import 语句前使用标识符或改变绑定的值。

导入单个绑定

假设前面的示例在一个名为"example.js"的模块中，我们可以导入并以多种方式使用这个模块中的绑定。举例来说，可以只导入一个标识符：

```
// 只导入一个
import { sum } from "./example.js";

console.log(sum(1, 2));     // 3

sum = 1;                    // 抛出一个错误
```

尽管example.js导出的函数不止一个，但这个示例导入的却只有sum()函数。如果尝试给sum赋新值，结果是抛出一个错误，因为不能给导入的绑定重新赋值。

NOTE 为了最好地兼容多个浏览器和Node.js环境，一定要在字符串之前包含/、./或../来表示要导入的文件。

导入多个绑定

如果你想从示例模块导入多个绑定，则可以明确地将它们列出如下：

```
// 导入多个
import { sum, multiply, magicNumber } from "./example.js";
console.log(sum(1, magicNumber));      // 8
console.log(multiply(1, 2));           // 2
```

在这段代码中，从example模块导入3个绑定：sum、multiply和magicNumber。之后使用它们，就像它们在本地定义的一样。

导入整个模块

特殊情况下，可以导入整个模块作为一个单一的对象。然后所有的导出都可以作为对象的属性使用。例如：

```
// 导入一切
import * as example from "./example.js";
console.log(example.sum(1,
        example.magicNumber));          // 8
console.log(example.multiply(1, 2));    // 2
```

在这段代码中，从example.js中导出的所有绑定被加载到一个被称作 example 的对象中。指定的导出（sum()函数、mutiply()函数和 magicNumber）之后会作为 example 的属性被访问。这种导入格式被称作命名空间导入（namespace import）。因为 example.js 文件中不存在 example 对象，故而它作为 example.js 中所有导出成员的命名空间对象而被创建。

但是，请记住，不管在 import 语句中把一个模块写了多少次，该模块将只执行一次。导入模块的代码执行后，实例化过的模块被保存在内存中，只要另一个 import 语句引用它就可以重复使用它。思考以下几点：

```
import { sum } from "./example.js";
import { multiply } from "./example.js";
import { magicNumber } from "./example.js";
```

尽管在这个模块中有 3 个 import 语句，但 example.js 将只执行一次。如果同一个应用程序中的其他模块也从 example.js 导入绑定，那么那些模块与此代码将使用相同的模块实例。

模块语法的限制

export 和 import 的一个重要的限制是，它们必须在其他语句和函数之外使用。例如，下面代码会给出一个语法错误：

```
if (flag) {
    export flag;    // 语法错误
}
```

export 语句不允许出现在 if 语句中，不能有条件导出或以任何方式动态导出。模块语法存在的一个原因是要让 JavaScript 引擎静态地确定哪些可以导出。因此，只能在模块顶部使用 export。

同样，不能在一条语句中使用 import，只能在顶部使用它。下面这段代码也会给出语法错误：

```
function tryImport() {
    import flag from "./example.js";    // 语法错误
}
```

出于同样的原因，不能动态地导入或导出绑定。export 和 import 关键字被设计成静态的，因而像文本编辑器这样的工具可以轻松地识别模块中哪些信息是可用的。

导入绑定的一个微妙怪异之处

ECMAScript 6 的 import 语句为变量、函数和类创建的是只读绑定，而不是像正常变量一样简单地引用原始绑定。标识符只有在被导出的模块中可以修改，即便是导入绑定的模块也无法更改绑定的值。例如，假设我们想使用这个模块：

```
export var name = "Nicholas";
export function setName(newName) {
    name = newName;
}
```

当导入这两个绑定后，setName()函数可以改变 name 的值：

```
import { name, setName } from "./example.js";

console.log(name);       // "Nicholas"
setName("Greg");
console.log(name);       // "Greg"

name = "Nicholas";       // 抛出错误
```

调用 setName("Greg")时会回到导出 setName()的模块中去执行，并将 name 设置为"Greg"。请注意，此更改会自动在导入的 name 绑定上体现。其原因是，name 是导出的 name 标识符的本地名称。本段代码中所使用的 name 和模块中导入的 name 不是同一个。

导出和导入时重命名

有时候，从一个模块导入变量、函数或者类时，我们可能不希望使用它们的原始名称。幸运的是，可以在导出过程和导入过程中改变导出元素的名称。

在第一种情况中，假设要使用不同的名称导出一个函数，则可以用 as 关键字来指定函数在模块外应该被称为什么名称。

```
function sum(num1, num2) {
    return num1 + num2;
}

export { sum as add };
```

在这里，函数 sum()是本地名称，add()是导出时使用的名称。也就是说，当另一个模块要导入这个函数时，必须使用 add 这个名称：

```
import { add } from "./example.js";
```

如果模块想使用不同的名称来导入函数，也可以使用 as 关键字：

```
import { add as sum } from "./example.js";
console.log(typeof add);            // "undefined"
console.log(sum(1, 2));             // 3
```

这段代码导入 add()函数时使用了一个导入名称来重命名 sum()函数（当前上下文中的本地名称）。导入时改变函数的本地名称意味着即使模块导入了 add()函数，在当前模块中也没有 add()标识符。

模块的默认值

由于在诸如 CommonJS（浏览器外的另一个 JavaScript 使用规范）的其他模块系统中，从模块中导出和导入默认值是一个常见的做法，该语法被进行了优化。模块的默认值指的是通过 default 关键字指定的单个变量、函数或类，只能为每个模块设置一个默认的导出值，导出时多次使用 default 关键字是一个语法错误。

导出默认值

下面是一个使用 default 关键字的简单示例：

```
export default function(num1, num2) {
    return num1 + num2;
}
```

这个模块导出了一个函数作为它的默认值，default 关键字表示这是一个默认的导出，由于函数被模块所代表，因而它不需要一个名称。

也可以在 export default 之后添加默认导出值的标识符，就像这样：

```
function sum(num1, num2) {
    return num1 + num2;
}

export default sum;
```

先定义 sum()函数，然后再将其导出为默认值，如果需要计算默认值，则可以使用这个方法。

为默认导出值指定标识符的第三种方法是使用重命名语法，如下所示：

```
function sum(num1, num2) {
    return num1 + num2;
}

export { sum as default };
```

在重命名导出时标识符 default 具有特殊含义，用来指示模块的默认值。由于 default 是 JavaScript 中的默认关键字，因此不能将其用于变量、函数或类的名称；但是，可以将其用作属性名称。所以用 default 来重命名模块是为了尽可能与非默认导出的定义一致。如果想在一条导出语句中同时指定多个导出（包括默认导出），这个语法非常有用。

导入默认值

可以使用以下语法从一个模块导入一个默认值：

```
// 导入默认值
import sum from "./example.js";

console.log(sum(1, 2));     // 3
```

这条 import 语句从模块 example.js 中导入了默认值，请注意，这里没有使用大括号，与你见过的非默认导入的情况不同。本地名称 sum 用于表示模块导出的任何默认函数，这种语法是最纯净的，ECMAScript 6 的创建者希望它能够成为 Web 上主流的模块导入形式，并且可以使用已有的对象。

对于导出默认值和一或多个非默认绑定的模块，可以用一条语句导入所有导出的绑定。例如，假设有以下这个模块：

```
export let color = "red";

export default function(num1, num2) {
    return num1 + num2;
}
```

可以用以下这条 import 语句导入 color 和默认函数：

```
import sum, { color } from "./example.js";

console.log(sum(1, 2));     // 3
console.log(color);         // "red"
```

用逗号将默认的本地名称与大括号包裹的非默认值分隔开，请记住，在 import 语句中，默认值必须排在非默认值之前。

与导出默认值一样，也可以在导入默认值时使用重命名语法：

```
import { default as sum, color } from "./example.js";

console.log(sum(1, 2));     // 3
console.log(color);         // "red"
```

在这段代码中，默认导出（export）值被重命名为 sum，并且还导入了 color。该示例与之前的示例相同。

重新导出一个绑定

最终，可能需要重新导出模块已经导入的内容。例如，你正在用几个小模块创建一个库，则可以用本章已经讨论的模式重新导出已经导入的值，如下所示：

```
import { sum } from "./example.js";
export { sum }
```

虽然这样可以运行，但只通过一条语句也可以完成同样的任务：

```
export { sum } from "./example.js";
```

这种形式的 export 在指定的模块中查找 sum 声明，然后将其导出。当然，对于同样的值你也可以不同的名称导出：

```
export { sum as add } from "./example.js";
```

这里的 sum 是从 example.js 导入的，然后再用 add 这个名字将其导出。

如果想导出另一个模块中的所有值，则可以使用*模式：

```
export * from "./example.js";
```

导出一切是指导出默认值及所有命名导出值，这可能会影响你可以从模块导出的内容。例如，如果 example.js 有默认的导出值，则使用此语法时将无法定义一个新的默认导出。

无绑定导入

某些模块可能不导出任何东西，相反，它们可能只修改全局作用域中的对象。尽管模块中的顶层变量、函数和类不会自动地出现在全局作用域中，但这并不意味着模块无法访问全局作用域。内建对象（如 Array 和 Object）的共享定义可以在模块中访问，对这些对象所做的更改将反映在其他模块中。

例如，要向所有数组添加 pushAll()方法，则可以定义如下所示的模块：

```
// 没有 export 或 import 的模块代码
Array.prototype.pushAll = function(items) {

    // items 必须是一个数组
    if (!Array.isArray(items)) {
        throw new TypeError("参数必须是一个数组。");
    }

    // 使用内建的 push()和展开运算符
    return this.push(...items);
};
```

即使没有任何导出或导入的操作，这也是一个有效的模块。这段代码既可以用作模块也可以用作脚本。由于它不导出任何东西，因而你可以使用简化的导入操作来执行模块代码，而且不导入任何的绑定：

```
import "./example.js";

let colors = ["red", "green", "blue"];
let items = [];

items.pushAll(colors);
```

这段代码导入并执行了模块中包含的 pushAll()方法，所以 pushAll()被添加到数组的原型，也就是说现在模块中的所有数组都可以使用 pushAll()方法了。

NOTE 无绑定导入最有可能被应用于创建 Polyfill 和 Shim。

加载模块

虽然 ECMAScript 6 定义了模块的语法，但它并没有定义如何加载这些模块。这正是规范复杂性的一个体现，应由不同的实现环境来决定。ECMAScript 6 没有尝试为所有 JavaScript 环境创建一套统一的标准，它只规定了语法，并将加载机制抽象到一个未定义的内部方法 HostResolveImportedModule 中。Web 浏览器和 Node.js 开发者可以通过对各自环境的认知来决定如何实现 HostResolveImportedModule。

在 Web 浏览器中使用模块

即使在 ECMAScript 6 出现以前，Web 浏览器也有多种方式可以将 JavaScript 包含在 Web 应用程序中，这些脚本加载的方法分别是：

- 在<script>元素中通过 src 属性指定一个加载代码的地址来加载 JavaScript 代码文件。
- 将 JavaScript 代码内嵌到没有 src 属性的<script>元素中。
- 通过 Web Worker 或 Service Worker 的方法加载并执行 JavaScript 代码文件。

为了完全支持模块功能，Web 浏览器必须更新这些机制。具体细节在 HTML 规范中有完整的说明，下面我们来总结一下。

在<script>中使用模块

<script>元素的默认行为是将 JavaScript 文件作为脚本加载，而非作为模块加载，当 type 属性缺失或包含一个 JavaScript 内容类型（如"text/javascript"）时就会发生这种情况。<script>元素可以执行内联代码或加载 src 中指定的文

件，当 type 属性的值为"module"时支持加载模块。将 type 设置为"module"可以让浏览器将所有内联代码或包含在 src 指定的文件中的代码按照模块而非脚本的方式加载。这里有一个简单的示例：

```
<!--加载一个 JavaScript 模块文件 -->
<script type="module" src="module.js"></script>

<!-- 内联引入一个模块 -->
<script type="module">

import { sum } from "./example.js";

let result = sum(1, 2);

</script>
```

此示例中的第一个<script>元素使用 src 属性加载了一个外部的模块文件，它与加载脚本之间的唯一区别是 tpye 的值是"module"。第二个<script>元素包含了直接嵌入在网页中的模块。变量 result 没有暴露到全局作用域，它只存在于模块中（由<script>元素定义），因此不会被添加到 window 作为它的属性。

如你所见，在 Web 页面中引入模块的过程类似于引入脚本，相当简单。但是，模块实际的加载过程却有一些不同。

NOTE 你可能已经注意到，"module"与"text/javascript"这样的内容类型并不相同。JavaScript 模块文件与 JavaScript 脚本文件具有相同的内容类型，因此无法仅根据内容类型进行区分。此外，当无法识别 type 的值时，浏览器会忽略<script>元素，因此不支持模块的浏览器将自动忽略<script type ="module">来提供良好的向后兼容性。

Web 浏览器中的模块加载顺序

模块与脚本不同，它是独一无二的，可以通过 import 关键字来指明其所依赖的其他文件，并且这些文件必须被加载进该模块才能正确执行。为了支持该功能，<script type ="module">执行时自动应用 defer 属性。

加载脚本文件时，defer 是可选属性；加载模块时，它就是必需属性。一旦 HTML 解析器遇到具有 src 属性的<script type ="module">，模块文件便开始下载，直到文档被完全解析模块才会执行。模块按照它们出现在 HTML 文件中的顺序执行，也就是说，无论模块中包含的是内联代码还是指定 src 属性，第一个<script type="module">总是在第二个之前执行。例如：

```
<!-- 先执行这个标签 -->
<script type="module" src="module1.js"></script>

<!-- 再执行这个标签 -->
<script type="module">
import { sum } from "./example.js";

let result = sum(1, 2);
</script>

<!-- 最后执行这个标签 -->
<script type="module" src="module2.js"></script>
```

这 3 个<script>元素按照它们被指定的顺序执行，所以模块 module1.js 保证会在内联模块前执行，而内联模块保证会在 module2.js 模块之前执行。

每个模块都可以从一个或多个其他的模块导入，这会使问题复杂化。因此，首先解析模块以识别所有导入语句；然后，每个导入语句都触发一次获取过程（从网络或从缓存），并且在所有导入资源都被加载和执行后才会执行当前模块。

用<script type="module">显式引入和用 import 隐式导入的所有模块都是按需加载并执行的。在这个示例中，完整的加载顺序如下：

1. 下载并解析 module1.js。
2. 递归下载并解析 module1.js 中导入的资源。
3. 解析内联模块。
4. 递归下载并解析内联模块中导入的资源。
5. 下载并解析 module2.js。
6. 递归下载并解析 module2.js 中导入的资源。

加载完成后，只有当文档完全被解析之后才会执行其他操作。文档解析完成后，会发生以下操作：

1. 递归执行 module1.js 中导入的资源。
2. 执行 module1.js。
3. 递归执行内联模块中导入的资源。
4. 执行内联模块。
5. 递归执行 module2.js 中导入的资源。
6. 执行 module2.js。

请注意，内联模块与其他两个模块唯一的不同是，它不必先下载模块代码。否则，加载导入资源和执行模块的顺序就是一样的。

NOTE <script type="module">元素会忽略 defer 属性，因为它执行时 defer 属性默认是存在的。

Web 浏览器中的异步模块加载

你可能熟悉<script>元素上的 async 属性。当其应用于脚本时，脚本文件将在文件完全下载并解析后执行。但是，文档中 async 脚本的顺序不会影响脚本执行的顺序，脚本在下载完成后立即执行，而不必等待包含的文档完成解析。

async 属性也可以应用在模块上，在<script type ="module">元素上应用 async 属性会让模块以类似于脚本的方式执行，唯一的区别是，在模块执行前，模块中所有的导入资源都必须下载下来。这可以确保只有当模块执行所需的所有资源都下载完成后才执行模块，但不能保证的是模块的执行时机。请考虑以下代码：

```
<!-- 无法保证这两个哪个先执行 -->
<script type="module" async src="module1.js"></script>
<script type="module" async src="module2.js"></script>
```

在这个示例中，两个模块文件被异步加载。只是简单地看这个代码判断不出哪个模块先执行，如果 module1.js 首先完成下载（包括其所有的导入资源），它将先执行；如果 module2.js 首先完成下载，那么它将先执行。

将模块作为 Woker 加载

Worker，例如 Web Worker 和 Service Woker，可以在网页上下文之外执行 JavaScript 代码。创建新 Worker 的步骤包括：创建一个新的 Worker 实例（或其他的类），传入 JavaScript 文件的地址。默认的加载机制是按照脚本的方式加载文件，如下所示：

```
// 按照脚本的方式加载 script.js
let worker = new Worker("script.js");
```

为了支持加载模块，HTML 标准的开发者向这些构造函数添加了第二个参数，第二个参数是一个对象，其 type 属性的默认值为"script"。可以将 type 设置为"module"来加载模块文件：

```
// 按照模块的方式加载 module.js
let worker = new Worker("module.js", { type: "module" });
```

在此示例中，给第二个参数传入一个对象，其 type 属性的值为"module"，即按照模块而不是脚本的方式加载 module.js。（这里的 type 属性是为了模仿 <script>标签的 type 属性，用以区分模块和脚本。）所有浏览器中的 Worker 类型都支持第二个参数。

Worker 模块通常与 Worker 脚本一起使用，但也有一些例外。首先，Worker 脚本只能从与引用的网页相同的源加载，但是 Worker 模块不会完全受限，虽然 Worker 模块具有相同的默认限制，但它们还是可以加载并访问具有适当的跨域资源共享（CORS）头的文件；其次，尽管 Worker 脚本可以使用 self.importScripts() 方法将其他脚本加载到 Worker 中，但 Worker 模块却始终无法通过 self.importScripts() 加载资源，因为应该使用 import 来导入。

浏览器模块说明符解析

本章之前的所有示例，模块说明符（module specifier）使用的都是相对路径（例如，字符串"./example.js"），浏览器要求模块说明符具有以下几种格式之一：

- 以/开头的解析为从根目录开始。
- 以./开头的解析为从当前目录开始。
- 以../开头的解析为从父目录开始。
- URL 格式。

例如，假设有一个模块文件位于 https://www.example.com/modules/module.js，其中包含以下代码：

```
// 从 https://www.example.com/modules/example1.js 导入
import { first } from "./example1.js";

// 从 https://www.example.com/example2.js 导入
import { second } from "../example2.js";

// 从 https://www.example.com/example3.js 导入
import { third } from "/example3.js";

// 从 https://www2.example.com/example4.js 导入
import { fourth } from "https://www2.example.com/example4.js";
```

此示例中的每个模块说明符都适用于浏览器，包括最后一行中的那个完整的 URL。（为了支持跨域加载，只需确保 www2.example.com 的 CORS 头的配置是正确的。）尽管尚未完成的模块加载器规范将提供解析其他格式的方法，但目前，这些是浏览器默认情况下唯一可以解析的模块说明符的格式。

故此，一些看起来正常的模块说明符在浏览器中实际上是无效的，并且会导致错误，例如：

```
// 无效的，没有以 /、./或../开头
import { first } from "example.js";

// 无效的，没有以 /、./或../开头
import { second } from "example/index.js";
```

由于这两个模块说明符的格式不正确（缺少正确的起始字符），因此它们无法被浏览器加载，即使在`<script>`标签中用作 `src` 的值时二者都可以正常工作。`<script>`标签和 `import` 之间的这种行为差异是有意为之。

小结

ECMAScript 6 语言中的模块是一种打包和封装功能的方式，模块的行为与脚本不同，模块不会将它的顶级变量、函数和类修改为全局作用域，而且 `this` 的值为 `undefined`。要实现这个行为，需通过不同的模式来加载模块。

必须导出所有要让模块使用者使用的功能，变量、函数和类都可以导出，每个模块还可以有一个默认的导出值。导出后，另一个模块可以导入部分或所有导出的名称，这些名称表现得像是通过 `const` 定义的，运行起来与块级作用域绑定一样，在同一个模块中无法重新声明它们。

如果模块只操作全局作用域，则不需要导出任何值。实际上，导入这样一个模块不会将任何绑定引入到当前的模块作用域。

由于模块必须运行在不同的模式下，因此浏览器引入`<script type="module">`来表示按照模块方式执行的源文件或内联代码。通过`<script type="module">`加载的模块文件默认具有 `defer` 属性。在文档完全被解析之后，模块也按照它们在包含文档中出现的顺序依次执行。

ECMAScript 6 中较小的改动

除了本书前面章节介绍的较大的变化外，ECMAScript 6 还包含了其他一些来辅助优化 JavaScript 的较小的改动。这些改动包括简化整数的使用，添加新的计算方法，调整 Unicode 标识符，以及将__proto__属性正式化。本附录将讲解这些改动。

使用整数

JavaScript 使用 IEEE 754 编码系统来表示整数和浮点数，多年以来这给开发者造成了不少混乱。这门语言煞费苦心地帮助开发者解决数字编码的问题，但是问题仍会不时地发生。ECMAScript 6 力图通过降低整数的识别和使用的难度来解决这些问题。

识别整数

ECMAScript 6 添加了 `Number.isInteget()`方法来确定一个值是否为 JavaScript 整数类型。虽然 JavaScript 使用 IEEE 754 编码系统来表示两种类型的数字，但浮点数与整数的存储方式不同，`Number.isInteger()`方法则利用了这种存储的差异，当调用该方法并传入一个值时，JavaScript 引擎会查看该值的底层表示方式来确定该值是否为整数。因此，如果有些数字看起来像浮点数，却存储为整数，Number.isInteger()方法会返回 true。例如：

```
console.log(Number.isInteger(25)); // true
console.log(Number.isInteger(25.0)); // true
console.log(Number.isInteger(25.1)); // false
```

这段代码将 25 和 25.0 传入 Number.isInteger()方法，尽管后者看起来像是一个浮点数，但两次调用返回的都是 true。在 JavaScript 中，只给数字添加小数点不会让整数变为浮点数，此处的 25.0 确实是 25，所以会按照整数的形式存储。但是，由于数字 25.1 含有小数部分，因此它会按照浮点数的形式存储。

安全整数

IEEE 754 只能准确地表示-2^{53}~2^{53}之间的整数，在这个“安全”范围之外，则通过重用二进制来表示多个数值。所以在问题尚未凸显时，JavaScript 只能安全地表示 IEEE 754 范围内的整数。例如，请看这段代码：

```
console.log(Math.pow(2, 53)); // 9007199254740992
console.log(Math.pow(2, 53) + 1); // 9007199254740992
```

此示例中没有误输入，两个不同的数字确实是由同一个 JavaScript 整数来表示的。离安全范围越远，这种情况就越常见。

ECMAScript 6 还引入了 Number.isSafeInteger()方法来识别语言可以准确表示的整数，添加了 Number.MAX_SAFE_INTEGER 属性和 Number.MIN_SAFE_INTEGER 属性来分别表示整数范围的上限与下限。Number.isSafeInteger()方法可以用来确保一个值是整数，并且落在整数值的安全范围内，如下例所示：

```
var inside = Number.MAX_SAFE_INTEGER,
      outside = inside + 1;

console.log(Number.isInteger(inside)); // true
console.log(Number.isSafeInteger(inside)); // true

console.log(Number.isInteger(outside)); // true
console.log(Number.isSafeInteger(outside)); // false
```

数字 inside 是最大的安全整数，所以将它传入 Number.isInteger()方法和 Number.isSafeInteger()方法返回的都是 true。数字 outside 是第一个有问题的整数值，虽然它仍是一个整数，但却不是一个安全整数。

大多数情况下，当你在 JavaScript 中进行整数计算或比较运算时，只希望处理安全的整数，因此，用 Number.isSafeInteger()方法来验证输入是个好主意。

新的 Math 方法

ECMAScript 6 引入定型数组来增强游戏和图形体验，此举让 JavaScript 引擎可以进行更有效的数学计算。但是诸如 asm.js 的优化策略，一方面利用一部分 JavaScript 来提升性能，但是也需要更多信息才能以最快的速度执行计算。例如，基于硬件的操作远比基于软件的操作要快得多，能够区分 32 位整数与 64 位浮点数对这些操作来说至关重要。

因此，ECMAScript 6 为 Math 对象添加了几种方法，以提高通常的数学计算的速度，同时可以提高密集计算应用程序（例如，图形程序）的总体速度。表 A-1 展示了这些新方法。

表 A-1 ECMAScript 6 中的 Math 对象方法

方 法	返 回
Math.acosh(x)	x 的反双曲余弦
Math.asinh(x)	x 的反双曲正弦
Math.atanh(x)	x 的反双曲正切
Math.cbrt(x)	x 的立方根
Math.clz32(x)	x 的 32 位整数表示中的前导零位数
Math.cosh(x)	x 的双曲余弦
Math.expm1(x)	从 x 的指数函数中减去 1 的结果
Math.fround(x)	与 x 最接近的单精度浮点数
Math.hypot(...values)	每个参数的平方和的平方根
Math.imul(x, y)	执行两个参数的 32 位有符号乘法的结果
Math.log1p(x)	1 + x 的自然对数
Math.log2(x)	以 2 为底的 x 的对数
Math.log10(x)	以 10 为底的 x 的对数
Math.sign(x)	如果 x 为负，则为-1 如果 x 为+0 或-0，则为 0 如果 x 为正，则为 1

续表

方法	返回
Math.sinh(x)	x 的双曲正弦
Math.tanh(x)	x 的双曲正切
Math.trunc(x)	一个整数（从浮点数中删除小数位数）

详细解释每种方法及其作用超出了本书的范围，不过，如果你的应用程序需要进行常见的运算，务必在动手实现之前检查 Math 对象的新方法。

Unicode 标识符

ECMAScript 6 对 Unicode 的支持比早期版本的 JavaScript 更好，并且更改了可用作标识符的字符。在 ECMAScript 5 中，可以将 Unicode 转义序列用作标识符，例如：

```
// 在 ECMAScript 5 和 6 中均合法
var \u0061 = "abc";

console.log(\u0061);     // "abc"

// 等价于：
console.log(a);          // "abc"
```

在此示例中，可以通过 var 语句之后的\ u0061 或 a 来访问变量。在 ECMAScript 6 中，还可以使用 Unicode 码位转义序列来作为标识符，如下所示：

```
// 在 ECMAScript 5 和 6 中均合法
var \u{61} = "abc";

console.log(\u{61});     // "abc"

// 等价于：
console.log(a);          // "abc"
```

这个示例只是用等效的码位替代了\u0061，除此之外与之前的示例代码完全一样。

另外，ECMAScript 6 通过 Unicode 31 号标准附录“Unicode 标识符和模式

语法”（http://unicode.org/reports/tr31/）正式指定了有效的标识符，其中包括以下规则：

- 第一个字符必须是$、_或任何带有 ID_Start 的派生核心属性的 Unicode 符号。
- 后续的每个字符必须是$、_、\u200c（零宽度不连字，zero-width non-joiner)、\u200d（零宽度连字，zero-width joiner）或具有 ID_Continue 的派生核心属性的任何 Unicode 符号。

ID_Start和ID_Continue派生的核心属性是在“Unicode标识符和模式语法”中定义的，用于标识适用于标识符（如变量和域名）的符号。该规范不是 JavaScript 特有的。

正式化__proto__属性

__proto__不是一个新属性，即使在 ECMAScript 5 以前，几个 JavaScript 引擎就已实现该自定义属性，其可用于获取和设置[[Prototype]]属性。实际上，__proto__是 Object.getPrototypeOf()方法和 Object.setPrototypeOf()方法的早期实现。指望所有 JavaScript 引擎删除此属性是不现实的（多个流行的 JavaScript 库均使用了__proto__），所以 ECMAScript 6 也正式添加了__proto__特性。但正式标准出现在 ECMA-262 附录 B 中，并附带一段警告：

> 这些特性被认为不属于 ECMAScript 语言核心的一部分，在编写新的 ECMAScript 代码时，程序员不应使用这些功能和特性，也不应假定它们是存在的。除非在 Web 浏览器中或者需要像 Web 浏览器一样执行遗留的 ECMAScript 代码，否则不鼓励 ECMAScript 实现这些功能。

ECMAScript 标准建议使用 Object.getPrototypeOf()方法和 Object.setPrototypeOf()方法，缘于__proto__具有以下特征：

- 只能在对象字面量中指定一次__proto__，如果指定两个__proto__属性则会抛出错误。这是唯一具有该限制的对象字面量属性。
- 可计算形式的["__proto__"]的行为类似于普通属性，不会设置或返回当前对象的原型。在与对象字面量属性相关的所有规则中，可计算形式与非计算形式一般是等价的，只有 proto 例外。

尽管应该避免使用__proto__属性，但是需要注意规范定义该属性的方式。在 ECMAScript 6 引擎中，Object.prototype.__proto__被定义为一个访问器属性，其 get 方法会调用 Object.getPrototypeOf()方法，其 set 方法会调用 Object.setPrototypeOf()方法。因此，使用__proto__和使用 Object.getPrototypeOf()方法或 Object.setPrototypeOf()方法的区别在于，__proto__可以直接设置对象字面量的原型。以下这段代码展示了二者的区别：

```
let person = {
    getGreeting() {
        return "Hello";
    }
};

let dog = {
    getGreeting() {
        return "Woof";
    }
};

// 原型是 person
let friend = {
    __proto__: person
};
console.log(friend.getGreeting());                      // "Hello"
console.log(Object.getPrototypeOf(friend) === person);  // true
console.log(friend.__proto__ === person);               // true

// 将原型设置为 dog
friend.__proto__ = dog;
console.log(friend.getGreeting());                      // "Woof"
console.log(friend.__proto__ === dog);                  // true
console.log(Object.getPrototypeOf(friend) === dog);     // true
```

此示例没有通过调用 Object.create()方法来创建 friend 对象，而是创建一个标准对象字面量，并将一个值赋给__proto__属性。而另一方面，当使用 Object.create()方法创建对象时，必须为对象的任意附加属性指定完整的属性描述符。

B

了解 ECMAScript 7（2016）

ECMAScript 6 的发展经历了 4 年时间，之后，TC-39 决议认为耗时过长不利于可持续发展，于是将发布周期转换为每年发布一版，以确保新的语言特性能够更快地发展。

ECMAScript 发布更频繁意味着未来的每个新版本所具有的新功能比 ECMAScript 6 更少，为了明示这一变化，新版本规范不再显著标明版本号，而是参考发布规范的年份。因此，ECMAScript 6 也被称为 ECMAScript 2015，ECMAScript 7 则被正式称为 ECMAScript 2016。EC-39 希望在 ECMAScript 未来的版本中使用基于年份的命名系统。

ECMAScript 2016 于 2016 年 3 月完成，仅添加了三种新特性：新的数学运算符、新的数组方法和新的语法错误。本附录将讲解这三个新特性。

指数运算符

ECMAScript 2016 引入的唯一一个 JavaScript 语法变化是求幂运算符，它是一种将指数应用于基数的数学运算。JavaScript 已有的 Math.pow()方法可以执行求幂运算，但它也是为数不多的需要通过方法而不是正式的运算符来进行求幂运算的语言之一。此外，一些开发者认为运算符更易阅读和理解。

求幂运算符是两个星号（**）：左操作数是基数，右操作数是指数。例如：

```
let result = 5 ** 2;

console.log(result);                        // 25
console.log(result === Math.pow(5, 2));     // true
```

此示例计算 5^2，得到的结果为 25。你仍然可以使用 Math.pow()方法来获得相同的结果。

运算顺序

求幂运算符在 JavaScript 所有二进制运算符中具有最高的优先级（一元运算符的优先级高于**），这意味着它首先应用于所有复合操作，如此示例所示：

```
let result = 2 * 5 ** 2;
console.log(result);            // 50
```

先计算 5^2，然后将得到的值乘以 2，最终结果为 50。

运算限制

取幂运算符确实有其他运算符没有的一些不寻常的限制，它左侧的一元表达式只能使用++或--。例如，这段代码使用了无效的语法：

```
// 语法错误
let result = -5 ** 2;
```

此示例中的-5 的写法是一个语法错误，因为运算的顺序是不明确的。-是只适用于 5 呢，还是适用于表达式 5**2 的结果？禁用求幂运算符左侧的一元表达式可以消除歧义。要明确指明意图，需要用括号包裹-5 或 5**2，如下所示：

```
// 可以包裹 5**2
let result1 = -(5 ** 2);                // 等于-25

// 也可以包裹-5
let result2 = (-5) ** 2;                // 等于 25
```

如果在表达式两端放置括号，则-将应用于整个表达式；如果在-5 两端放置括号，则表明想计算-5 的二次幂。

在求幂运算符左侧无须用括号就可以使用++和--，因为这两个运算符都明确定义了作用于操作数的行为。前缀++或--会在其他所有操作发生之前更改操作数，而后缀版本直到整个表达式被计算过后才会进行改变。这两个用法在运算符左侧都是安全的，代码如下：

```
let num1 = 2,
    num2 = 2;

console.log(++num1 ** 2);             // 9
console.log(num1);                    // 3

console.log(num2-- ** 2);             // 4
console.log(num2);                    // 1
```

在这个示例中，num1 在应用取幂运算符之前先加 1，所以 num1 变为 3，运算结果为 9；而 num2 取幂运算的值保持为 2，之后再减 1。

Array.prototype.includes()方法

你可能还记得 ECMAScript 6 通过添加 String.prototype.includes()方法来检查给定字符串中是否存在某些子字符串。起初，ECMAScript 6 也通过引入 Array.prototype.includes()方法来延续相似的字符串和数组处理方式。但在 ECMAScript 6 到期时 Array.prototype.includes()的标准仍未完善，所以它最终出现在 ECMAScript 2016 中。

如何使用 Array.prototype.includes()方法

Array.prototype.includes()方法接受两个参数：要搜索的值及开始搜索的索引位置，第二个参数是可选的。提供第二个参数时，includes()将从该索引开始匹配（默认的开始索引位置为 0）。如果在数组中找到要搜索的值，则返回 true，否则返回 false。例如：

```
let values = [1, 2, 3];

console.log(values.includes(1));        // true
console.log(values.includes(0));        // false
```

```
// start the search from index 2
console.log(values.includes(1, 2));        // false
```

这里，调用 values.includes()方法时若传入 1 则返回 true；若传入 0 则返回 false，因为 0 不在数组中。当传入第二个参数时，从索引 2（该位置的值为 3）的位置开始搜索，values.includes()方法返回 false，因为从索引 2 到数组结尾这中间没有 1 这个值。

值的比较

用 includes()方法进行值比较时，===操作符的使用有一个例外：即使 NaN===NaN 的计算结果为 false，NaN 也被认为是等于 NaN，这与 indexOf()方法的行为不同，后者严格使用===进行比较。我们通过以下代码来看二者的差异：

```
let values = [1, NaN, 2];

console.log(values.indexOf(NaN));         // -1
console.log(values.includes(NaN));        // true
```

即使 NaN 包含在数组中，给 values.indexOf()方法传入 NaN 时也会返回-1，而给 values.includes()方法传入 NaN 时则返回 true，因为它使用了一个不同的值比较运算符。

如果你只想检查数组中是否存在某个不知道索引的值，由于给 includes()方法和 indexOf()方法分别传入 NaN 的结果差异，这里建议使用 includes()方法。如果你想知道某个值在数组的哪个位置，则必须使用 indexOf()方法。

这个实现还有另外一个奇怪之处，+0 和-0 被认为是相等的。在这种情况下，indexOf()和 includes()的表现行为相同：

```
let values = [1, +0, 2];

console.log(values.indexOf(-0));       // 1
console.log(values.includes(-0));      // true
```

在这个示例中，由于两个值被认为是相等的，因此传入-0 时，indexOf()和 includes()都会找到+0。请注意，这些方法与 Object.is()方法的行为不同，它会将+0 和-0 识别为不同的值。

函数作用域严格模式的一处改动

当 ECMAScript 5 中引入严格模式时，其语言比起 ECMAScript 6 中的语言要简单得多，但在 ECMAScript 6 中仍然可以使用"use strict"指令来指定严格模式。当该指令被用于全局作用域时，所有代码都将运行在严格模式下；当该指令被用于函数作用域时，只有该函数运行在严格模式下。后者在 ECMAScript 6 中会引发一些问题，因为参数可能会以更复杂的方式来定义，特别是通过解构来定义和提供默认参数值时。

要理解问题所在，请看以下代码：

```
function doSomething(first = this) {
    "use strict";
    return first;
}
```

在这个示例中，首先将命名参数 first 赋值为 this，你可能认为 ECMAScript 6 标准会指示 JavaScript 引擎在这种情况下用严格模式来处理参数，所以 first 的值是 undefined。但是函数中存在"use strict"时，实现运行在严格模式下的参数非常困难，因为参数默认值也可以是函数。这个难点导致大多数 JavaScript 引擎均不实现此功能，而是将其等同于全局对象。

由于实现困难，ECMAScript 2016 规定在参数被解构或有默认参数的函数中禁止使用"use strict"指令。只有参数为不包含解构或默认值的简单参数列表时才可以在函数体中使用"use strict"。以下是一些合法与非法使用指令的示例：

```
// 此处使用简单参数列表，可以运行
function okay(first, second) {
    "use strict";
    return first;
}

// 抛出语法错误
function notOkay1(first, second=first) {
    "use strict";
    return first;
}
```

```
// 抛出语法错误
function notOkay2({ first, second }) {
    "use strict";
    return first;
}
```

你仍然可以在应用简单参数列表的同时使用"use strict"指令，这也是okay()如预期运行的原因（就像在 ECMAScript 5 中一样）。notOkay1()函数会抛出语法错误，因为在 ECMAScript 2016 中，使用默认参数值的函数不能再使用"use strict"指令；同样，notOkay2()函数也会抛出语法错误，因为在有解构参数的函数中也不能使用"use strict"指令。

总而言之，这是 JavaScript 开发者感到迷惑的一点，这一改变消除了这些疑惑并解决了 JavaScript 引擎的一个实现问题。

索　引

Symbols

A

B

C

D

E

F

G

H

I

J

K

L

M

N

O

P

R

S

T

U

V

W

Y